ライブラリ工科系物質科学＝8

工学のための
無機材料科学
― セラミックスを中心に ―

片山 恵一・大倉 利典
橋本 和明・山下 仁大 共著

サイエンス社

サイエンス社のホームページのご案内
http://www.saiensu.co.jp
ご意見・ご要望は　rikei@saiensu.co.jp　まで

まえがき

　これまでにも，無機材料科学に関する書籍は多数出版されている．しかし，そのほとんどが無機材料の研究・開発に携わる学生や社会人を対象として書かれたものであり，少し専門的過ぎる．また，工業高等学校用として出版されている教科書や参考書もあるが，これらは読みやすい反面，内容がかなり実践的であるためにかえって初学者にとっては取っ付きにくいようである．

　筆者らは，長年無機材料を研究対象として扱っており，大学においては応用化学系学生に無機材料関連の科目を教えている．しかし，その際に使用する教科書については，上述したような状況のために適切なものがなく，講義の際には必要な資料を集めて纏めるなどの作業にかなりの時間を割かなければならない．「このような状況を少しでも改善したい」という思いが本書の出発点であり，一冊で無機材料に関する基本から応用までを簡潔に解説した書籍を目指した．その目的を達成するために，本書は以下に示すような内容の4章で構成されている．

　第1章は，無機材料を学ぶ際に不可欠な基礎事項を，平易，かつ簡潔に記載したものであり，高校で化学を学んでいれば理解できるであろう．ただし，高校では扱わない項目も含まれているために多少難しく感じる箇所があるかも知れないが，焦らずに精読してほしい．

　第2章は，無機材料の応用例とその際に利用される特性について解説したものである．ここで取り上げた応用例は，携帯電話などの通信機器から環境・エネルギー，さらには生体，化粧品に用いられる無機材料など，日常生活と関わりが深いものばかりである．なお，本章は気が向くままに読んでいただければ結構である．

　第3章は，無機材料の製造工程全般について解説したものである．実際に無機材料を扱っていたり，これから扱う予定の学生や研究者にとっては，その礎となる項目が網羅されている．ただ，多少とも研究や開発に従事した後で本章はお読みいただくと，理解が早いであろう．

まえがき

　第4章は，本書の特徴とも言える章であり，第2章で取り上げた製品に用いられている化合物を取り上げ，その物性を示した．掲載した内容が統一されているとは言いがたいが，これは用途によって利用される物性が異なるためであることをご理解いただきたい．なお，その数は合計30種にも満たないが，無機材料のなかでも代表的な化合物を取り上げており，利用頂く機会が多いものと自負している．

　以上，簡単ではあるが本書の特徴について説明した．本書をお読みいただくことによって無機材料に興味をもっていただけたならば，筆者らにとってそれ以上の悦びはない．なお，全体の校正は片山が担当したが，浅学故の誤りや分担執筆による語句や表現の不統一などがあるかもしれない．それらについては機会があるごとに訂正をお約束するので，ご指摘いただければ幸いである．最後に，長期にわたって叱咤激励頂いた(株)サイエンス社田島伸彦氏，ならびに(有)ビーカム佐藤亨氏に感謝申し上げる．

2006年3月

片山　恵一
大倉　利典
橋本　和明
山下　仁大

目 次

1 ベーシックサイエンス（基礎無機材料科学） 1

- 1.0 概説（ベーシックサイエンス） ………………………… 2
- 1.1 基礎化学 …………………………………………………… 6
  - 1.1.1 概　論（含：化学結合） ……………………………… 6
  - 1.1.2 相律と状態図 …………………………………………… 8
  - 1.1.3 熱力学 I（準安定—安定） …………………………… 10
  - 1.1.4 熱力学 II（エリンガム図） …………………………… 12
  - 1.1.5 拡　散 …………………………………………………… 14
  - 1.1.6 欠陥構造 ………………………………………………… 16
  - 1.1.7 転　移 …………………………………………………… 18
  - 1.1.8 固　溶 …………………………………………………… 20
- 1.2 結晶構造 …………………………………………………… 22
  - 1.2.1 概　論 …………………………………………………… 22
  - 1.2.2 NaCl型 …………………………………………………… 24
  - 1.2.3 ペロブスカイト型 ……………………………………… 26
  - 1.2.4 スピネル型結晶構造 …………………………………… 28
  - 1.2.5 ホタル石型 ……………………………………………… 30
  - 1.2.6 ルチル型 ………………………………………………… 32
  - 1.2.7 ダイヤモンド型 ………………………………………… 34
  - 1.2.8 層状構造 ………………………………………………… 36
- 1.3 成形と焼結 ………………………………………………… 38
  - 1.3.1 概　論 …………………………………………………… 38
  - 1.3.2 成　形 …………………………………………………… 40
  - 1.3.3 焼　結 …………………………………………………… 42
  - 1.3.4 微構造と粒界 …………………………………………… 44
  - 1.3.5 熱分解 …………………………………………………… 46
  - 1.3.6 物質移動 ………………………………………………… 48
  - 1.3.7 固相反応 ………………………………………………… 50
  - 1.3.8 液相焼結 ………………………………………………… 52
  - 1.3.9 ガラスの結晶化 ………………………………………… 54
  - 1.3.10 複合化 ………………………………………………… 56

2 ファンクション (機能) とアプリケーション　59

- 2.0 概　説　60
- 2.1 電磁気材料　62
  - 2.1.1 電磁気特性と製品　62
  - 2.1.2 絶縁性　66
  - 2.1.3 誘電性　68
  - 2.1.4 電子伝導性　72
  - 2.1.5 イオン伝導性　74
  - 2.1.6 超伝導性　76
  - 2.1.7 磁性材料　78
- 2.2 構造・熱関連材料　80
  - 2.2.1 概　論　80
  - 2.2.2 破壊と靭性　82
  - 2.2.3 強　度　84
  - 2.2.4 強度の評価法と統計処理　86
  - 2.2.5 熱的性質　88
- 2.3 光学材料　90
  - 2.3.1 概　論　90
  - 2.3.2 透光性セラミックス　92
  - 2.3.3 光ファイバー　94
  - 2.3.4 光触媒　96
  - 2.3.5 蛍光体　98
  - 2.3.6 無機顔料　100
- 2.4 環境・エネルギー関連材料　102
  - 2.4.1 概　論　102
  - 2.4.2 環境材料・耐火物　104
  - 2.4.3 放射性廃棄物固化体　106
  - 2.4.4 イオン交換体　108
  - 2.4.5 太陽電池　110
  - 2.4.6 熱電素子　112
  - 2.4.7 燃料電池　114
- 2.5 生体関連材料　116
  - 2.5.1 概　論　116
  - 2.5.2 生体材料　118
  - 2.5.3 医療機器材料　120
  - 2.5.4 化粧品　122
- 2.6 生活関連材料　124
  - 2.6.1 概　論　124

		2.6.2	陶磁器 ···	126
		2.6.3	ガラス製品 ·····································	128
		2.6.4	建造物 (セメント, コンクリート) ················	130

3 プロセッシング　133

3.1　先端手法の原理 ·· 134
　　3.1.1　多結晶作製 ·· 134
　　3.1.2　粉体合成 (液相) ··· 136
　　3.1.3　粉末合成（固相） ··· 138
　　3.1.4　単結晶作製 ·· 140
　　3.1.5　薄膜合成 ·· 142

3.2　トラッド手法の原理 ·· 144
　　3.2.1　セラミックス製造の歴史 ······································· 144
　　3.2.2　セメントの製造 ··· 146
　　3.2.3　陶磁器の製造 ··· 148
　　3.2.4　耐火物の製造 ··· 150
　　3.2.5　ガラスの製造 ··· 152

3.3　測定と評価 ·· 154
　　3.3.1　熱分析 ·· 154
　　3.3.2　X 線回折 ·· 156
　　3.3.3　分光分析 ·· 158
　　3.3.4　表面解析 ·· 160
　　3.3.5　光学特性 ·· 162

4 マテリアルインデックス　165

Al_2O_3 ·· 166
AlN ·· 168
Fe_2O_3 ·· 170
GaAs ··· 172
$LiCoO_2$ ··· 174
MgO ·· 176
PLZT ·· 178
PMN ··· 180
Si ··· 182
SiAlON ·· 184
SiC ·· 186
SiO_2 ·· 188
SnO_2 ··· 190
TiO_2 ··· 192

WO$_3$	194
YAG	196
YBCO	198
ZnO	200
アパタイト	202
コーディエライト	204
光メモリー	206
非線形光学ガラス	208
フォトクロミックガラス	210
フラーレン	212
ムライト	214
メソポーラスマテリアル	216
リン酸カルシウム	218
索　引	220

1 ベーシックサイエンス（基礎無機材料科学）

1.0 概説（ベーシックサイエンス）
1.1 基礎化学
1.2 結晶構造
1.3 成形と焼結

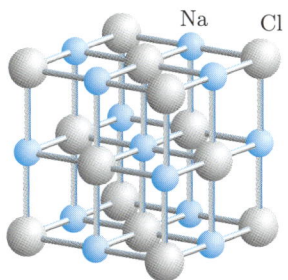 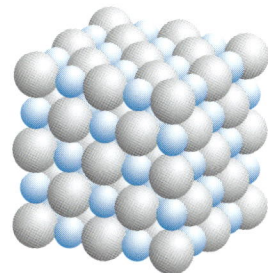

NaCl の結晶構造

● 1.0　概説（ベーシックサイエンス）●

　近年の著しい技術革命によって我々の生活はますます豊かになり，社会構造も大きく変化している．このようにめざましい社会発展を支えるものに，電子技術，通信技術，情報処理技術などがある．また，都市部においてはインターネット時代に相応しいインテリジェントビルの建設が盛んであるが，これら建造物のすべてに万全な地震対策が施されており，一時たりとも情報が途切れることのないような状況が形成されつつある．すなわち現代社会は，情報革命だけに注目が集まっているが，この最新技術も社会の安全性が確保されてはじめて利用できることを忘れてはならない．

　今日まで社会はいろいろな技術のおかげで進歩しているが，とくに現代社会は上で述べたように，電子機器によって支えられているといっても過言ではない．では，この電子機器の発展を支えているものは何であろう．この疑問に対する答として，即座に新規な"物質"や"材料"の発見と応用という言葉が頭に浮かんでくるであろうか(表1.1)．また，この答に納得できない人たちが多いかもしれない．もう少し，別の角度から考えてみよう．

　たとえば，コンピュータや携帯電話を例にとって考えてみよう．これらはライフサイクルが短く，新しい製品も3ヶ月で旧型になってしまう．いったい新しい製品はどこが旧来の製品と変わったのであろう．もちろん外観は変更されており，新たな機能も加わっている．また，外観に変化がない場合でも，軽量化されていることが多い．この軽量化のために施された技術とはいったい何なのであろうか．たとえば，同じ性能を有する小型部品が必要になるであろう．

　ここでは，積層コンデンサの小型化について考えてみよう．積層コンデンサの概要を図1.1に示す．一般には$10 \sim 30\,\mu m$の誘電体層と$1 \sim 3\,\mu m$の電極層が交互に積み重なった後の焼成工程を経て製造されており，その容量Cは式(1)で表される．

$$C = A \cdot \varepsilon \cdot S \cdot (n-1)/t \tag{1}$$

ここで，εは誘電体の誘電率，Sは対向する内部電極の面積，tは誘電体層の厚さ，nは電極枚数，Aは定数である．誘電率が大きな材料を用いれば，もちろん，コンデンサの容量を大きくすることは可能になるわけであるが，誘電体材料のほとんどはPZT(Pb-Zr-Ti-O)系やBT(Ba-Ti-O)系であり，同様な組成の

1.0 概説（ベーシックサイエンス）

表 1.1 物質と材料の関係

> **物質と材料**
> "物質" と "材料" との明確な規定はないが，ここでは前者を「原子からなるもの」，後者を「用途があって形づくられているもの」と定義する．すなわち我々は，"物質" を所望の形状と特性を持つ "材料" に仕上げて使用しているのである．

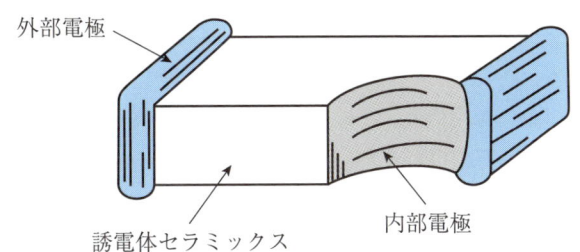

外部電極 / 誘電体セラミックス / 内部電極

図 1.1 積層セラミックコンデンサの構造

英語の必要性について考えてみよう（その 1）

本書の読者の多くは学部学生であることを考慮し，一部ですがテクニカルタームの英語名を記してあります．そこで諸君にお聞きしたいのですが，諸君の大学の先生方は機会あるごとに英語の必要性を唱えられているのではありませんか．しかし諸君の多くは「英語が必要であることは理解しているが，勉強する気がしない．」とか「英語が嫌いで，意識的に触らないようにしている．」のではありませんか．これ以降の文章ですが，真面目に勉強に取り組んでいる学生は読み飛ばしていただいて結構です．ただ，"英語ができないことを自覚している人"，また "英語力がないので単語を覚えようとしている人" には，この続きも読んでいただきたいと思います．

ここまで読んでくれた諸君に聞きますが，高校までの国語の成績はどうでしたか．失礼ですが，「あまり良くなかった．」，「まったくダメだった！」などの答えが多いのではないでしょうか．また，あなたが何らかの文章を読んでいて，その文中に分からない語句が出てきた場合にはどうしますか？ ほとんどの人が「何もしない！」というのではありませんか．

長くなってきましたので，ここらで結論を述べます．英語は絶対に必要です．しかし，その英語力を向上させるためには日本語を読み解く力が必要です．日本語が分からなければ，何を読んでも無駄です．英語についてはもちろんですが，日本語でも知らない語句は多いはずです．それらの言葉が出てきたら常に調べるという行為を怠らないでください．その癖を付けてから，もう一度，英語を勉強し直しましょう．

物質を用いているかぎり，大幅な容量の増加は期待できない．すなわち，同じ材料を用いて容量の大きなコンデンサを作製するためには，S を大きくするか，または t を小さくすることが考えられるが，実際に部品の小型化のための選択肢として利用できる方法は後者だけであろう．そのため，誘電体層のさらなる薄膜化が求められるが，誘電体であるセラミックスには粒子と粒界が存在することを考えると，その薄層化にも限界のあることが理解できる．このような薄膜化に限界があることは，電極材料についても同様である．

　以上は，コンデンサという電子部品を例として物質の利用方法について説明したものである．物質は，一般的に無機物と有機物に大別され，それらの状態は気体・液体・固体のいずれかである．なかでもセラミックスという名称で呼ばれる固体の無機物はその扱いが容易であり，また，化学的・物理的特性が安定であるという特徴を有する．このため，セラミックスはコンデンサなどの電子部品から，道路やビルの建設資材に至るまでのきわめて広い範囲で利用され，日常生活に不可欠な材料となっている．

　また近年，セラミックスはもともと地球に存在する物質と似ているために環境汚染が少ない物質としても注目されるようになり，さまざまな環境問題やエネルギー問題解決のための材料としても注目を集めている．

　それでは"セラミックスとは何か?"について考えてみよう．上で述べたように固体の無機物質の総称であることに間違いはないが，より正確には以下のように定義される．

セラミックス：熱，または熱と圧力を加えてつくられる金属元素と非金属元素とからなる固体材料，または 2 種類以上の非金属元素からなる固体材料

　たとえば，マグネシア MgO は金属元素である Mg と非金属元素である O との固体の化合物，また SiC は 2 種類の非金属元素からなる固体の化合物であり，これらはいずれもセラミックスである．これらセラミックスの特性は，個々の材料の構造に起因しており，その構造を明らかにすることをキャラクタリゼーションと呼ぶ．そのキャラクタリゼーションを行うために，各種装置が利用されるが，代表的な装置類を表 1.2 に示す．すなわち，キャラクタリゼションとは，セラミックスの構造をその概観から電子構造に至るまで，マクロ的・ミクロ的に明らかにすることである．

キーワード：物質，材料，無機，固体，セラミックス，ファインセラミックス

表 1.2 セラミックスのキャラクタリゼーション技術

大分類	中分類 (装置名称)	小分類 (種類等)
元素分析	化学分析	重量法
		滴定法
	微量分析	原子吸光分析
		ICP 発光分析
		原子蛍光分析
	蛍光 X 線分析	——
構造解析	X 線回析	粉末法
		単結晶法
	中性子線回析	——
状態分析	NMR 分析	——
	振動スペクトル	赤外線吸収法
		ラマン分光法
	熱分析	重量測定
		示差熱分析
		示差走査熱量計
構造観察	光学顕微鏡	金属顕微鏡
		偏光顕微鏡
	走査型電子顕微鏡	——
	透過型電子顕微鏡	——
	分析電子顕微鏡	——
	X 線マイクロアナライザー	——

(備考：各測定法の詳細については，"セラミックスのキャラクタリゼーション技術 ((社) 日本セラミックス協会編)" を参照)

1.1 基礎化学

1.1.1 概　論（含：化学結合）

本書で扱う固体の無機物質はきわめて多彩な特性を発現するが，その特性は構造によって決まる．そのために，対象とする無機物質の化学結合から結晶構造，さらには粒子・粒界構造など，ミクロからマクロにいたるまでの構造を理解する必要がある．ここでは，とくに化学結合を中心に説明する．

無機物は結晶質 (crystalline substance) と非晶質 (amorphous substance) に分けられる．前者は宝石などを代表とする単結晶 (single crystal) と，単結晶の集合体である焼結体 (sintered body) と呼ばれる多結晶 (polycrystal) に分類され，非晶質の代表はガラスである．いずれの無機物も単位格子を基本とした構造であり，単位格子の周期性が広い範囲にわたって認められるものが結晶であり，周期性がまったく認められないものや，狭い範囲での周期性はあるが広い範囲の周期性は認められない状態が非晶質である．無機物は，主としてイオン結合，共有結合，金属結合の3種類の結合に支配される．それぞれの結合の特徴と代表的な無機物を表1.3に示す．イオン結合は対称性が高く，共有結合では，原子軌道の混成を利用した強固な結合が形成される．また，金属結合は自由電子を仲立ちとして陽イオンどうしが結合しているが，結合力が弱いために比較的低温で相転移が認められる．

単位格子 (unit cell) は格子定数 (lattice constant) によって規定されるが，図1.2に単位格子の形状と格子定数の関係を示す．さらに単位格子は7つの晶系に分類され，それらの晶系における格子定数の関係を図1.3に示す．単位格子が規則正しく積み重なって空間格子を形成し，空間格子は平行，かつ等間隔の面で構成されている．これらの面は格子面と呼ばれ，ミラー指数なる整数の組合せで表されるが，その表し方は次のとおりである．

(1) 単位格子内において最も原点の近くの格子面が切る各軸の切片の長さを，単位格子の長さで割る
(2) (1) で得られる三つの数の逆数をとる
(3) (2) で得られた数の最小公約数がミラー指数 (miller index)

キーワード：結晶，非晶質，単位格子，格子定数，ミラー指数

表 1.3 個々の格子の重要な性質

結合様式	特徴	例
イオン結合	脆い，絶縁性，高融点	$NaCl, CaF_2$
共有結合	硬い，高融点	ダイヤモンド, SiC, Si_3N_4
金属結合	電気伝導	Na, Ag

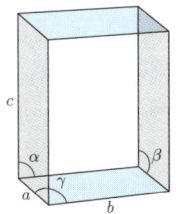

図 1.2 単位胞と慣用的な格子定数

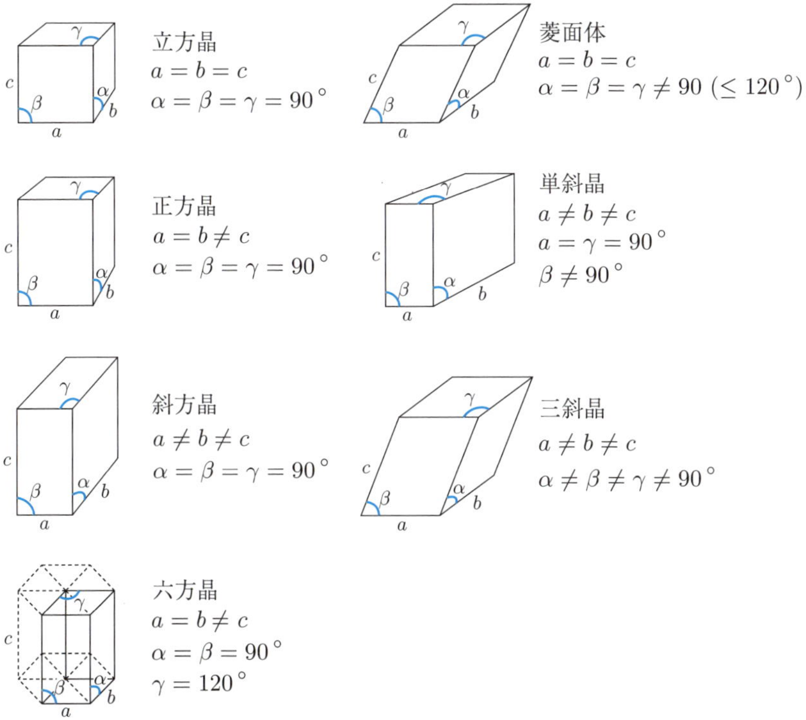

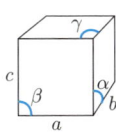 立方晶
$a = b = c$
$\alpha = \beta = \gamma = 90°$

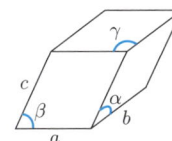 菱面体
$a = b = c$
$\alpha = \beta = \gamma \neq 90 \ (\leq 120°)$

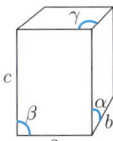 正方晶
$a = b \neq c$
$\alpha = \beta = \gamma = 90°$

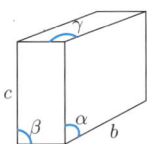 単斜晶
$a \neq b \neq c$
$a = \gamma = 90°$
$\beta \neq 90°$

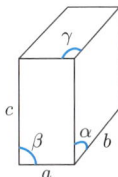 斜方晶
$a \neq b \neq c$
$\alpha = \beta = \gamma = 90°$

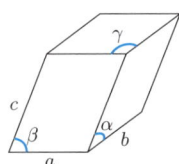 三斜晶
$a \neq b \neq c$
$\alpha \neq \beta \neq \gamma \neq 90°$

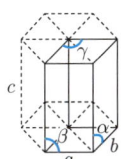 六方晶
$a = b \neq c$
$\alpha = \beta = 90°$
$\gamma = 120°$

図 1.3 7つの晶系

1.1.2 相律と状態図

与えられた系が平衡状態にあるとき，系に含まれる相の数 P，成分の数 C，および自由度 F の間には，式 (2) のギブスの相律 (phase rule) が成立する．

$$F = C + 2 - P \tag{2}$$

平衡状態にある相の数を変えることなく，独立に変化させることのできる変数 (温度，圧力，組成) の数が自由度である．

平衡状態で存在する物質の相関係を，温度，圧力，組成を座標軸として表した図形を相平衡状態図，または相図という．一成分系では自由度 F が最大 2 であるから，温度，圧力を座標とする平面上で固相，液相，気相の関係が示される (図 1.4)．図中の実線は各相の境界線であり，三相の交点は三重点 (triple point) と呼ばれ，相律としての不変点となる．二成分系では自由度 F が最大 3 であるから，温度，圧力および組成を座標軸にとればよいが，固体の無機材料を扱う場合はおもに固相と液相だけを考え，圧力を一定として温度と組成を座標軸とする平面で表される．図 1.5 に全率固溶型の状態図を示すが，物質 A と B があらゆる組成で混じり合って固溶体 (solid solution) を形成する場合である．実線 1，2 はそれぞれ液相線 (liquidus)，固相線 (solidus) と呼ばれる．図 1.6 は共晶型の状態図の一例であり，全組成域にわたって固溶体を形成せず，相互の溶解度に限度があって共晶 (eutectic) を示す．α 相は A に B が溶け込んだ固溶体であり，β 相は B に A が溶け込んだ固溶体である．T_1 より温度が下がった場合には溶解度が減少することを示す曲線 DF や EG は，固溶限曲線または溶媒線 (solvus) と呼ばれる．温度 T_1 において，残存している液相の組成は x であるが，この液相から t の組成の α 相と u の組成の β 相が同時に晶出する．このような変化を共晶反応 (eutectic reaction) といい，点 C が共晶点 (eutectic point)，T_1 が共晶温度である．図 1.7 に示すような状態図は包晶型と呼ばれる．点 P における反応は，液相 D + 固相 C (固溶体 α) = 固相 P (固溶体 β) と表され，α 相が β 相を包むように成長することから，これを包晶反応 (peritectic reaction) と呼ぶ．点 P は包晶点 (peritectic point)，T_2 は包晶温度である．三成分系の場合は自由度 F が最大 4 であるから，相関係は温度，圧力，二つの組成変数に影響される．一般には圧力を一定とし，組成を三角形図上で表し，液相面を書き込んで，その温度を等温線で表示する．

キーワード：相律，状態図，全率固溶型，固溶体，共晶型，包晶型

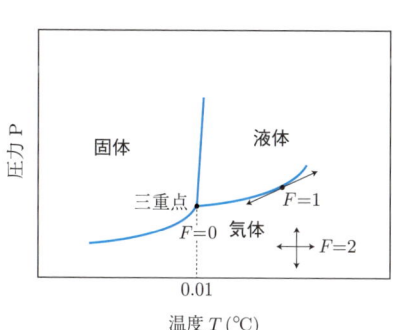

図 **1.4** 一成分系状態図

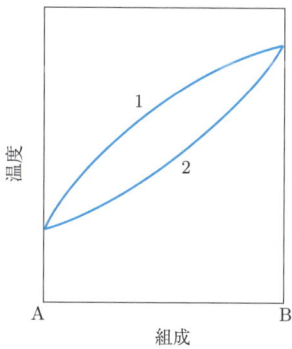

図 **1.5** 全率固溶型二成分系状態図

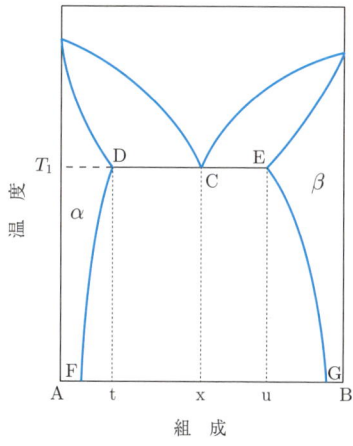

図 **1.6** 共晶型二成分系状態図

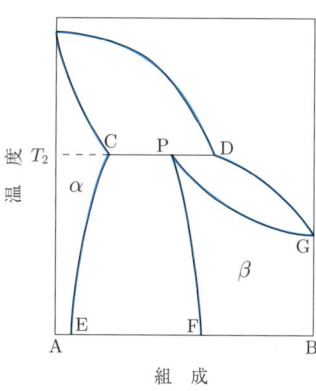

図 **1.7** 包晶型二成分系状態図

1.1.3 熱力学 I (準安定—安定)

すべての相は，熱力学的な安定状態 (stable state)，準安定状態 (metastable state)，または非平衡状態 (non-equilibrium state) のいずれかに分けられる．図 1.8 に示すように，構造を表すパラメータを横軸にとり，縦軸にそれぞれの構造の自由エネルギーをプロットすると，A が準安定，D が安定，B や C は非平衡状態である．準安定状態から安定状態に変わるためには，図に示すようなエネルギーの山を越すために大きなエネルギーを供給しなければならない．また，A の非平衡状態から D の平衡状態に変わる場合にも，原子の並べ替えにやはりエネルギーが必要になる．そのため，低温では A のような状態も長時間持続することが多く，そのような状態を凍結された状態という．

ある固体物質が温度，圧力などの環境の変化によって，その結晶構造を変える現象を転移 (transition) といい，これらの構造を多形 (polymorphism) という．転移を起こす温度，圧力などが転移点 (transition point) であり，温度，圧力の変化に応じて固体物質が自由エネルギーの低い安定な結晶構造に変わる．

温度 T，圧力 P における固相の自由エネルギー G は次式で表される．

$$G = E - TS + PV \tag{3}$$

ここで，E は内部エネルギー，S はエントロピー，V は体積である．圧力-体積項 PV は，温度変化および転移による変化分が他の項に比較して小さいので，とくに高圧下での転移を対象としないかぎり無視することができる．すなわち，低温では内部エネルギー E によって自由エネルギー G が決まることになり，系は最低の内部エネルギーをもつような構造をとる．絶対零度では温度-エントロピー項 TS はゼロであり，自由エネルギーは内部エネルギーに等しくなる．温度が上昇すると，TS の G に対する寄与が大きくなり，G は小さくなる．

いま，A という固体が常圧下で温度上昇にともなって，低温から A_1, A_2 に結晶構造が変わる場合を考える．図 1.9 に各相の内部エネルギー，エントロピー，自由エネルギーの温度変化を示す．図中の (E-G) がエントロピー寄与を表すものであり，高温安定相ほど内部エネルギーが大きく，またエントロピーも大きい構造になることがわかる．

キーワード：準安定状態，非平衡状態，転移，多形，自由エネルギー

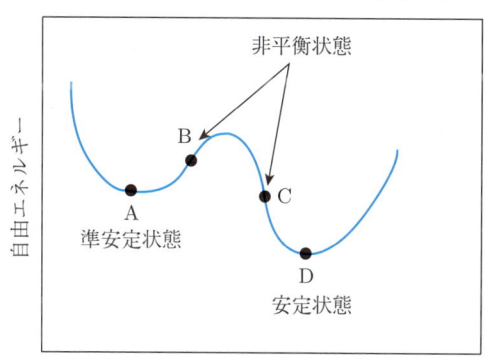

図 1.8　熱力学的安定性

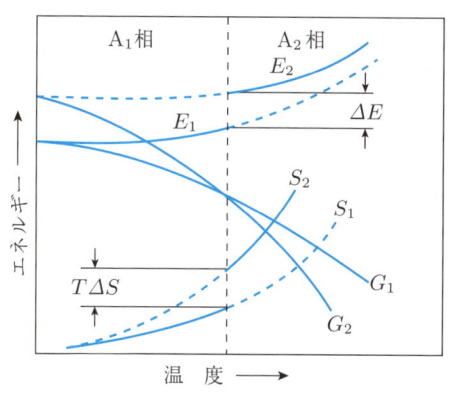

図 1.9　転移の熱力学的状態

1.1.4 熱力学 II (エリンガム図)

金属 M と酸素 O が反応して酸化物 MO_Z が生成する次の反応について考えよう．ただし，いずれの物質も標準状態であるとする．

$$M(s) + Z/2 O_2(g) \rightleftarrows MO_Z(s)$$

この反応に関する標準自由エネルギー変化 ΔG は，上式の平衡定数 K を用いた次式で与えられる．

$$\Delta G = -RT \ln K$$

すなわち，$K > 1$ の場合に ΔG は負となり，この反応は自発的に起こることになる．このときの K は質量保存の法則から次式で与えられる．

$$K = a_{MO_Z}/(a_M \cdot P_{O_2}^{z/2})$$

これらの情報は，横軸に温度，縦軸に反応の標準自由エネルギー変化をプロットしたエリンガム (Ellingham) 図としてまとめられる．金属元素と酸素との関係の一例を図 1.10 に示す．一般に，自由エネルギー G とエンタルピー H，エントロピー S の関係 ($\Delta G = \Delta H - T\Delta S$) や，$H$ と S の値がほとんど温度に無関係であるということから，図中の線の傾きは $-\Delta S$ に等しい．つまり，気体のエントロピーは固体に比べて格段に大きいことから，本反応におけるエントロピーの値は正となり，エリンガム図においては負の傾きをもつ線として表されることになる．また，気体の量が変化しない反応の場合には図中の線は傾かず，気体の量が増える反応においては，その傾きが正になる．図 1.10 から上述したような傾きの違いを次の 3 種類の反応から確認することができる．

$$C + O_2 \rightleftarrows CO_2$$

$$C + 1/2 O_2 \rightleftarrows CO$$

$$CO + 1/2 O_2 \rightleftarrows CO_2$$

また，自由エネルギーが小さい物質ほど安定であることから，$C + O_2 \rightleftarrows CO_2$ や $C + O \rightleftarrows CO$ よりも大きな値をもつ金属酸化物は炭素で還元できることになる．たとえば，鉄はコークスを用いて精製するが，これは比較的低い約 800 ℃ 以上の温度で酸化鉄が鉄に還元されるためであること，また，アルミナ (Al_2O_3) は同様の方法では還元できないことや酸化マグネシウム (MgO) がきわめて安定であることなどが，この図から理解できる．

キーワード：標準状態，自由エネルギー，エリンガム図

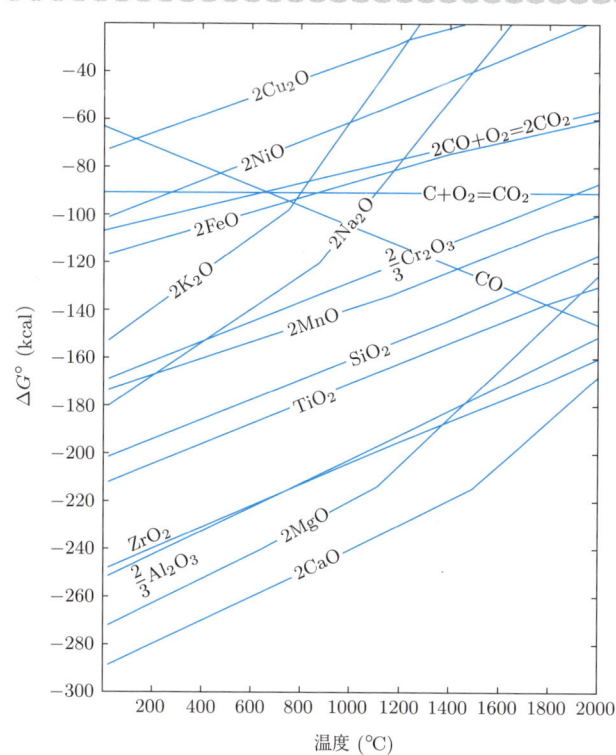

図 1.10 標準反応自由エネルギーと温度の関係

1.1.5 拡　散

拡散 (diffusion) とは，不均一な濃度が均一になっていく現象であり，気体・液体・固体，いずれの状態においても観察される．ある一定温度における拡散は，その系に存在する物質の濃度差によって生じる．たとえば物質の流束 J は濃度 (c) 勾配に比例し，

$$J = -Ddc/dx$$

と表され，D は拡散係数，c は濃度，x は距離である．これはフィックの第1法則と呼ばれる経験則であり，拡散の基本式である．この式には時間が変数として入っていないことからも分かるように，定常状態の拡散を考える場合に利用される．しかし，実際には非定常状態を扱う場合が多い．図 1.11 に示したような濃度と流束を有する小片 (実線部) で考えてみよう．J_1, J_2 を x_1, x_2 における単位面積あたりの流束とすると，

$$J_2 = J_1 + \Delta x(-dJ/dx)$$

となる．また，$J_1 - J_2$ は(断面積 × 距離 Δx) で表される部分の濃度増加分に等しいことから，

$$J_1 - J_2 = \Delta x\, dc/dt$$

であり，これら二つの式から $dc/dt = -dJ/dx$ が得られる．これをフィックの第1法則に代入すると，

$$dc/dt = d/dx(Ddc/dx)$$

となり，D が一定であるならば，

$$dc/dt = Dd^2c/dx^2$$

となり，これはフィックの第2法則と呼ばれる．この式を，初期条件や境界条件を考慮して解くと，拡散のようすが理解できる．

たとえば，ある成分の濃度が c である金属 A と，この成分を含まない金属 B を接触させて加熱する場合を考える．このときのある成分濃度の時間変化のようすを図 1.12 に示す．この図は，フィックの第2法則を一定の条件下で解いて得られるものである．時間が経つ ($t_0 \to t_1 \to t_2 \to t_\infty$) につれてある成分が A から B へ拡散し，最終的には濃度が同じになる．

キーワード：フィックの第1法則，第2法則

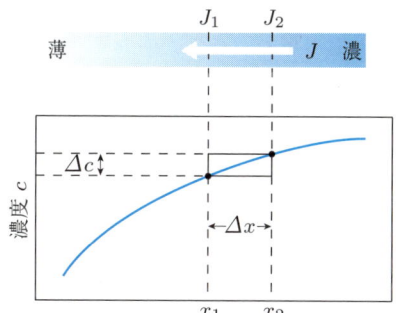

図 **1.11** フィックの法則の導出

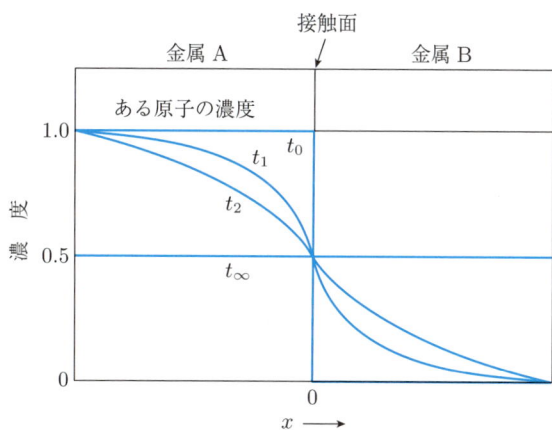

図 **1.12** 金属 A, B の接合による濃度分布の時間変化

1.1.6 欠陥構造

実際の結晶はわずかに不純物を含んでいたり，結晶配列の規則性に乱れを生じていることがほとんどで，原子やイオンが理想的に配列した完全な結晶を得ることは非常に難しい．このような構造の乱れが格子欠陥 (lattice defect) であり，無機材料の特性に大きな影響をおよぼす（表 1.4）．

(1) 点欠陥 (point defect)　1 個または数個の原子やイオンによる空孔，格子間原子，不純物原子などがある．この欠陥は一般にいくつかが組み合わされた形で存在し，図 1.13 に示すショットキー欠陥 (Schottky defect) やフレンケル欠陥 (Frenkel defect)，さらには化学量論的なずれを電荷補償するために生じる電子と正孔によって可視光吸収を起こす色中心 (color-center) がある．点欠陥は特に固体の電気的性質に大きく影響を与え，たとえば，真正半導体に原子価の異なる不純物原子を置換すると，近傍の格子点に電子または正孔を形成して電気的中性を保持するために電荷補償が起こる．シリコン結晶に微量のホウ素で置換すると正孔が生成して p 型半導体に，リンで置換すると電子が生成して n 型半導体になるのがその例である．さらに複数の原子価を有する遷移元素を含む化合物は，特定の原子価を有するイオンを微量添加することによって原子価の制御が可能である．

(2) 線欠陥 (line defect)　結晶配列のずれに起因する連続した線状の原子変位を転位 (dislocation) という．これには刃状転位 (edge dislocation) とらせん状転位 (screw dislocation) がある（図 1.14）．転位は固体の機械的性質に大きく影響し，理想的な結晶の強度に比べるとそれを著しく低下させる要因となる．

(3) 面欠陥 (plane defect)　2 次元 (面) 状の結晶配列のずれを面欠陥という．これには積層欠陥 (stacking fault)，粒界 (grain boundary)，表面 (surface) などがある．積層欠陥は，結晶格子の層の繰り返し順序が異なったり，新たな層が組み込まれたりしている欠陥である．セラミックスの場合，そのほとんどが多結晶体であり，その場合は粒子 (grain) 間に存在する粒界の結晶配列の規則性が失われていることが多く，粒子内部の結晶の性質とは異なる性質を示す．また，表面は結晶配列が切れているため，多くの欠陥構造が存在しており，外部の気体分子が吸着している．

キーワード：格子欠陥，点欠陥，ショットキー欠陥，フレンケル欠陥，転位

表 1.4　結晶の不完全性の例

種類	名称	説明
電子的欠陥	電子	非局在電子など
	正孔	非局在正孔など
点欠陥	格子空孔	原子が抜けた格子点
	格子間原子	正規位置以外の原子
	置換原子	2種の原子が交換して生成
	不純物原子	異種原子の侵入
	帯電空孔	空孔に電子や正孔が存在
複合欠陥	会合中心	複数の点欠陥の集合
	せん断構造	欠陥の2次元的集合
線欠陥	転位	点欠陥が線状に配列
面欠陥	表面	結晶と外部との界面
	粒界	結晶と結晶との界面

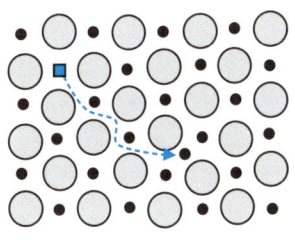
(a) フレンケル欠陥

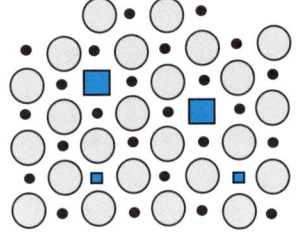
(b) ショットキー欠陥

●：陽イオン
○：陰イオン
■：陽イオン空孔
■：陰イオン空孔

図 1.13　格子欠陥

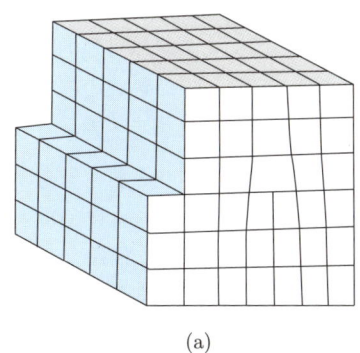
(a)

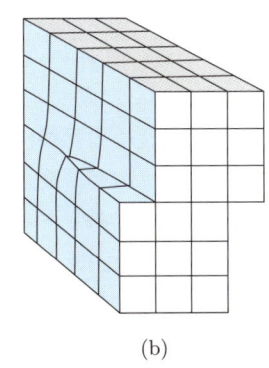
(b)

図 1.14　刃状転位 (a) と，らせん転位 (b)

1.1.7 転移

転移には，融解(固相から液相)のような物質の3態間の転移だけでなく，固相間の相転移(transformation)もある．同一な化学組成で異なる結晶構造を示すとき，元素単体の場合は同素体(allotropy)といい，化合物の場合は多形(polymorphism)という．前者には炭素Cにおけるダイヤモンド(等軸晶系)とグラファイト(六方晶系)とがあり，後者には，二酸化チタンTiO_2におけるアナターゼ，ルチル(正方晶系)，ブルッカイト(斜方晶系)や，二酸化ケイ素SiO_2における石英，トリジマイト，クリストバライトがある．このような固体の相転移が観察される場合には，一定圧力下における温度による相変化と，一定温度下における圧力による相変化とがある．いずれの場合にも熱力学的には平衡状態であり，観察される相はその系のギブスの自由エネルギー(Gibbs free energy)が最小の状態である．すなわち，多形間の格子エネルギーも最小状態にあるといえる．図1.15に多形をもつ化合物の格子エネルギー変化を示す．ある物質の多形Iの格子エネルギーE_Iは温度または圧力とともに変化し，特定な温度または圧力を越えると異なる多形IIの格子エネルギーE_{II}のほうが低くなり，多形Iから多形IIに相転移する．この相転移が起こる温度または圧力を転移点という．転移点では，一般に密度やエンタルピーの不連続な変化，潜熱の出入りが認められ，このような転移様式を一次転移という．しかし，このような不連続性が認められない置換型合金の規則-不規則転移や，強磁性体の常磁性体への転移(二次転移)もある．また，原子の拡散という面からみると，原子がわずかに移動して新しい構造に変化する転移は容易であり，このような転移は速く，変位型転移(displacive transformation)と呼ばれる．これには可逆的な転移も多い．図1.16に示したように二酸化ケイ素のα-石英，β-石英間の転移が代表例である．一方，多くの転移は原子がかなり長い距離を移動して安定な構造になる．これは，もとの結晶構造が破壊され，原子が再配列して新しい結晶構造になる不可逆的転移である．このような転移は遅く，再編型転移(reconstructive transformation)と呼ばれる．たとえば，二酸化ケイ素のβ-石英からトリジマイトへの転移がその例である．構造面から転移をみると，高温型構造のほうが低温型構造に比べて結晶の対称性が高く，たとえば，ジルコニアは低温で単斜晶系であるが，高温では正方晶，立方晶へと変化する．

キーワード：相転移，多形，変位型転移，再編型転移

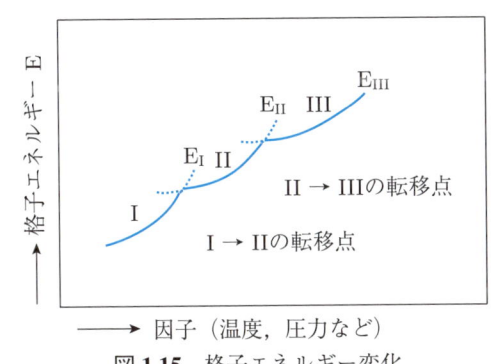

図 1.15　格子エネルギー変化

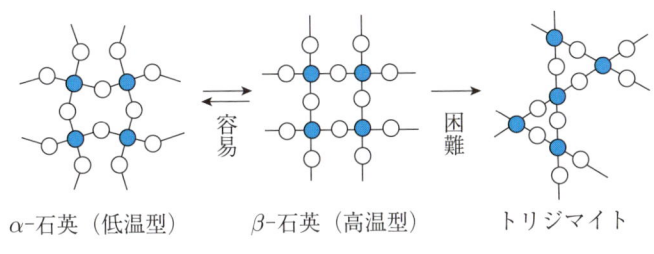

図 1.16　転移の例 (模式図)

― 英語の必要性について考えてみよう (その 2) ―

再度，英語の必要性に関する内容です．

試験のあとで「習っていない．」とか「教えてもらっていない．」と思ったことはありませんか．これを例として，二つの大事なことを記します．

まず一つ目ですが，大学生は "学生" 高校生は "生徒" です．これらの違いについては国語辞典なりを紐解いていただければ結構ですが，簡単に言いますと "自主的に学ぶ" のが学生です．としますと，上のような言葉はおかしいことに気づきましたか？

二つ目ですが，期末試験などは出題範囲が決まっているので「習っていない．」とは言えません．試験結果が悪ければ「自分が理解していなかった．」と諦めるでしょう．たとえば英語の問題文中に意味を忘れた基本単語があった場合でも，「この単語は教科書に載っていないから知らない．」とは言えませんね．

ようするに，"待ちの姿勢" では英語の実力も向上しません．毎日英語に触れるなどの努力が絶対に必要です．

1.1.8 固溶

　母体の結晶構造を保ったまま，結晶中に異種原子が入り込んだ不完全な固体を固溶体と呼ぶ．図1.17に示したように置換型固溶体 (substitutional solid solution) と侵入型固溶体 (interstitial solid solution) とがある．

　置換型固溶体は，ある結晶構造の格子点がまったく不規則に異種原子によって置き換えられた相である．二成分系状態図において二成分が任意の割合で置換する場合を「連続固溶（または全域固溶）」といい，両端成分の近傍でお互いの置換量に制限がある場合を「部分固溶（または制限域固溶）」という．この連続固溶体を形成するには，次に示すヒューム–ロザリー (Hume-Rothery) の経験則を満足する必要がある．

(1) 結晶構造：結晶構造が同じである
(2) 原子の大きさ：原子半径の差が15%以内である
(3) 電気陰性度：電気陰性度がほとんど等しい
(4) 原子価：原子価が2以上異ならない

　これらの条件を満たさない場合は連続固溶体が形成されにくく，固溶が制限されたり，化合物が形成されやすい．たとえば，MgOとNiOはいずれも岩塩型構造をとり，イオン半径も$Mg^{2+} = 0.072$ nm (Shannon, 配位数6) と$Ni^{2+} = 0.069$ nm (Shannon, 配位数6) であり，ほぼ等しい．したがって，図1.18のMgO–NiO系状態図に示すように連続固溶体を形成する．このような連続固溶体の融点は，MgOの2,800℃からNiOの2,000℃まで連続的に変化する．また，固溶体の格子定数も組成に対して直線的に変化する．これをベガード則 (Vegard's rule) といい，2成分のそれぞれの格子定数のモル分率から固溶体組成の格子定数を求めることができる．逆に，固溶体の化学組成を格子定数から推定することもできる．一方，MgOとCaOとの場合には，いずれも岩塩型構造であるが，Ca^{2+}のイオン半径が0.100 nm (Shannon, 配位数6) であり，Mg^{2+}との差は28%にもなり，図1.19に示すような部分固溶体を形成する．

　侵入型固溶体は，結晶格子の間隙に異種原子が統計的に分布するように入り込んだ相である．これは単体金属に多くみられ，H, B, C, Nなどの軽元素が母結晶の形を崩すことなく，格子間に入り込んで固溶する．この場合，侵入する原子の大きさは母結晶格子の隙間に対して十分に小さいことが条件である．

キーワード：固溶，置換型固溶体，ベガードの法則，侵入型固溶体

1.1 基礎化学

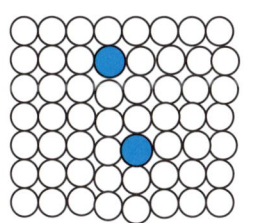
(a) 置換型固溶体

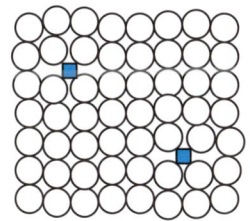
(b) 侵入型固溶体

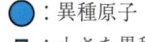
○：母体の原子
●：異種原子
■：小さな異種原子

図 **1.17** 固溶体の種類

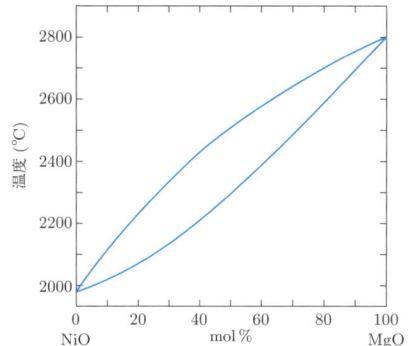

図 **1.18** MgO-NiO 系状態図

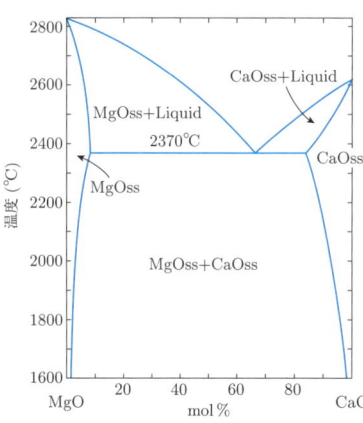

図 **1.19** CaO-MgO 系状態図

1.2 結晶構造

1.2.1 概論

　結晶を構成する原子，イオンあるいは分子は三次元の周期性をもって配列し，空間格子 (space lattices) を形成している．結晶内の原子配列をその対称性に着目して分類すると，230種の空間群に分類される．

　希ガス元素などの単原子からなる結晶や金属結晶のように球対称の原子が方向性をもたずに結合している結晶は，立方最密構造 (FCC：face-centered cubic) あるいは六方最密構造 (HCP：hexagonal close packed) をとるものが多く，体心立方構造 (BCC：body-centered cubic) がこれに次ぐ．

　化学式 AX (A は金属元素 (陽イオン)，X は非金属元素 (陰イオン)) で示されるイオン結晶では，陽イオンの周囲に配位する陰イオンの数が 4, 6, 8 と増加するにしたがって

　配位数 4：せん亜鉛鉱型 (β-ZnS, β-SiC, AgI, c-BN, CuCl, CdS など)
　配位数 4：ウルツ鉱型 (ZnS, BeO, ZnO, α-SiC(2H) など)
　配位数 6：岩塩型 (MgO, CaO, TiO, MnO, NaCl など)
　配位数 8：CsCl 型 (CsCl, CsBr など)

の構造となり，この順序でイオン結合性も増加する．

　AX_2 型の構造では，陽イオンの周囲に配位する陰イオンの数が 4, 6, 8 と増加するにしたがって

　配位数 4：シリカ型 (SiO_2, GeO_2 など)
　配位数 6：ルチル型 (TiO_2, SnO_2, PbO_2 など)
　配位数 8：蛍石型 (ThO_2, CeO_2, UO_2, ZrO_2(高温型) など)

の構造となり，AX と同様に，この順序でイオン結合性も増加する．また A_2X_3 型の構造には，陽イオンの周囲に配位する陰イオンの数が 6 であるコランダム型 (α-Al_2O_3, Cr_2O_3, α-Fe_2O_3, Ti_2O_3 など) がある．

　価数または配位数の異なる 2 種類の陽イオン (A および B) を含む複合化合物には，ABX_3 型のペロブスカイト型，AB_2X_4 型のスピネル型がある．このほか，上述した構造を含めた代表的な無機化合物の結晶構造を表 1.5 に示す．

キーワード：AX 型，AX_2 型，A_2X_3 型，ABX_3 型，AB_2X_4 型

1.2 結晶構造

表 1.5 いくつかの無機化合物の結晶構造の大別

構成比*	配位数	構造	化合物
A:X=1:1	3	グラファイト類似構造	h-BN, C (グラファイト)
	4	せん亜鉛鉱型構造	β-ZnS, β-SiC, AgI, c-BN, C (ダイヤモンド)
		ウルツ鉱型	α-ZnS, α-SiC, BeO, ZnO, AlN
	6	岩塩型	NaCl, LiF, KCl, AgCl, MgO, CaO, SrO, BaO, TiC, MnO, FeO, CoO, NiO, TiO, CdS, CdSe
		ヒ化ニッケル型	NiAs, FeS, CrS
	8	塩化セシウム型	CsBr, CsI, TlCl, TlBr, NH_4Cl
A:X=1:2	4	高温クリストバル石型	SiO_2
	6	ヨウ化カドミウム型	CdI_2, FeI_2, $TiCl_2$, $Ca(OH)_2$, $Mg(OH)_2$, $Fe(OH)_2$, $Mn(OH)_2$
		ルチル型	TiO_2, VO_2, β-MnO_2, RuO_2, CsO_2, IrO_2, GeO_2, CuO_2, PbO_2, AgO_2
	8	蛍石型	SrF_2, BaF_2, ThO_2, UO_2, ZrO_2, CeO_2, HfO_2
A:X=2:3	6	コランダム型	α-Al_2O_3, Cr_2O_3, α-Fe_2O_3
A:B:X=1:2:4	A=4, B=6	スピネル型	$CoAl_2O_4$, $MgAl_2O_4$, $FeAl_2O_4$, Fe_3O_4, $FeCr_2O_4$, $MgFe_2O_4$, $ZnFe_2O_4$
A:B:X=1:1:3	A=12, B=6	ペロブスカイト型	$CaTiO_3$, $BaTiO_3$, $SrTiO_3$, $PbTiO_3$, $SrSnO_3$, $SrZrO_3$, $PbZrO_3$
	A=6, B=6	イルメナイト型	$MgTiO_3$, $FeTiO_3$
A:B:X=1:1:4	A=8, B=8	シーライト型	$CaWO_4$, $CaMoO_4$, $SrWO_4$, $CeGeO_4$
A:B:X=2:1:4	A=9, B=6	K_2NiF_4型	$LaSrCuO_4$, Nd_2CuO_4, La_2CuO_4, La_2NiO_4, YBa_2CuO_4
A:B:X=2:2:7	A=8, B=6	パイロクロア型	$Cd_2Nb_2O_7$, $Ca_2Sb_2O_7$, $Dy_2Ti_2O_7$, $Y_2Ta_2O_7$
A:B:X=1:12:19	A=12, B=4,6	マグネトプランバイト型	$BaAl_{12}O_{19}$, $BaFe_{12}O_{19}$, $CaAl_{12}O_{19}$, $PbCr_{12}O_{19}$
A:B:X=3:5:12	A=8, B=4,6	ガーネット型	$Y_3Fe_2Al_3O_{12}$, $Y_3Fe_5O_{12}$, $Gd_3Fe_5O_{12}$, $Y_3Al_5O_{12}$

*AおよびBは価数または配位数の異なる陽イオン，Xは陰イオンを表す．

1.2.2 NaCl 型

　一般に岩塩と呼ばれる化合物の構造 (rock-salt structure) であり，その代表である塩化ナトリウムの構造を図 1.20 に示す．面心立方格子を構成する 6 配位位置に陽イオンが存在する等軸晶系構造である．それぞれのイオン半径は $Na^+ = 0.095$ nm，$Cl^- = 0.181$ nm であり，そのイオン半径比から予想されるとおり，6 配位構造である．また，ナトリウムイオンの結合強度 (bond strength) (電荷数を配位数で割った値) は $+1/6$ であり，塩素イオンの結合強度 ($-1/6$) と平衡を保っている．本構造をとる化合物は多く，KCl，LiF，AgCl などのハロゲン化物や MgO，BaO，NiO，CoO など，多くの酸化物が知られている．酸化物の場合の結合強度も，ハロゲン化物の場合と同様に求められる．表 1.6 に，岩塩型ハロゲン化合物の格子定数から求められたイオン半径を示す．イオン半径は Pauling をはじめとする科学者によって計算されているが，ここには Pauling と Shannon & Prewitt が求めた求めた値を示す．この表から，後者の値がきわめて実測値に近いことがわかるであろう．

　NaCl 構造についてさらに理解を深めるために，NaCl の結晶面について考えてみよう．図 1.21, 1.22 は，それぞれ c 軸に垂直な方向から眺めた (100) 面，および (110) 面を示したものである．図 1.21 における Na^+, Cl^- は，共に格子定数に等しい間隔で規則正しく配列している．また図 1.22 における [110] 方向の陽イオン，および陰イオンの間隔は，図 1.22 における単位格子の対角線の長さの半分に等しい．また，図 1.22 に示された面上には $1/4a_0$ (a_0：単位格子の大きさ) と $3/4a_0$ の高さに 4 配位位置が存在することを再認識してほしい．ただし，4 配位位置と 8 配位位置を陽イオンが占有することは静電的な観点から考えても好ましくないのは当然である．さらに，ここでは塩化物イオンを単位格子の頂点としたが，ナトリウムイオンを頂点としても，たとえば，二つのイオンの中心を頂点としても単位格子の大きさは同じである．

　面心立方格子は最密充填構造であり，たとえば (111) 面は陰イオン，または陽イオンで構成される．これらの面が周期的に重なり合うことによって岩塩構造になっていることは，図 1.22 から理解できる．なお，酸化物・ハロゲン化物以外の化合物として炭化物もこの構造を有するものが多いが，これらの化合物は融点が高いために，高温用構造材料として利用されている．

キーワード：岩塩構造，結合強度，面心格子，6 配位

1.2 結晶構造

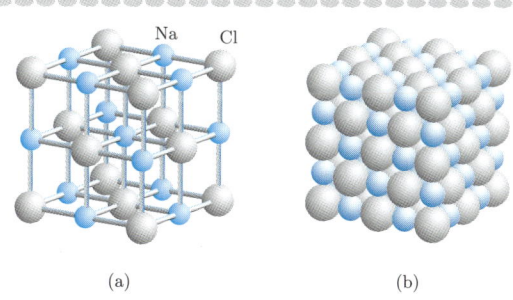

図 **1.20** NaCl の結晶構造

表 **1.6** Pauling および Shannon らによるイオン半径と X 線回折により測定したイオン半径との比較 (pm=10^{-12}m)

Crsytal	r_{M-X}	Distance of minimum electron density from X-ray, pm	Pauling radii, pm	Shannon and Prewitt radii, pm
LiF	201	$r_{Li}=92$ $r_F=109$	$r_{Li}=60$ $r_F=136$	$r_{Li}=90$ $r_F=119$
NaCl	281	$r_{Na}=117$ $r_{Cl}=164$	$r_{Na}=95$ $r_{Cl}=181$	$r_{Na}=116$ $r_{Cl}=167$
KCl	314	$r_K=144$ $r_{Cl}=170$	$r_K=133$ $r_{Cl}=181$	$r_K=152$ $r_{Cl}=167$
KBr	330	$r_K=157$ $r_{Br}=173$	$r_K=133$ $r_{Br}=195$	$r_K=152$ $r_{Br}=182$

出典：J. Huheey, Inorganic Chemistry, 2nd Ed., Harper&Row, New York, 1978, p.86.

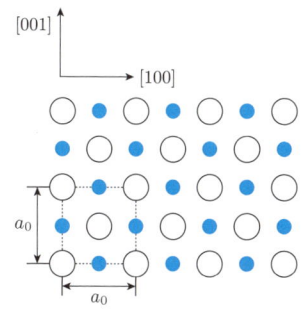

図 **1.21** NaCl の (100) 面 (a_0：単位格子の大きさ)

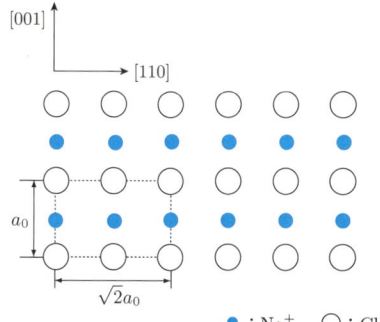

図 **1.22** NaCl の (110) 面 (a_0：単位格子の大きさ)

1.2.3 ペロブスカイト型

天然のペロブスカイト (perovskite) である $CaTiO_3$ は，19世紀にロシアのPerovskiによって発見された．その後，多くの化合物が同様の構造（ABO_3型）であることが明らかになり，なかでも $BaTiO_3$ や $Pb(Ti, Zr)O_3$ はさまざまな電子部品用材料として利用されている．その構造は図1.23に示したとおりであり，単位格子内には1個の $CaTiO_3$ だけが存在している．Ti^{4+} は立方体の面心位置を占める酸素に6配位しており，また Ca^{2+} のまわりにはそれらの酸素が12配位している．つまり，Ca^{2+} の結合強度は2/12，また Ti^{4+} のそれは4/6であり，1個の酸化物イオンは2個の Ti^{4+} と4個の Ca^{2+} と結合していることから，酸素あたりの結合強度は $2(4/6) + 4(2/12) = 2$ となり，酸化物イオンの価数と等しい．

ここでAイオン，Bイオン，酸化物イオンのイオン半径比を r_A, r_B, r_O とすると理想的なペロブスカイト構造ではイオンどうしが接しているので，

$$\sqrt{2}(r_B + r_O) = r_A + r_O$$

の関係が成り立つ．しかし，一般的には

$$t = (r_A + r_O)/\sqrt{2}(r_B + r_O)$$

で表される許容因子を考える．通常，t は0.8〜1.0であり，とくに $t = 0.95$〜1.00の場合に立方晶となり，それよりも小さい場合には構造が多少歪む．この構造を有する物質は強誘電性を示すものが多く，強誘電性の発現にはBイオンの変位が重要な役割を果たしている．

このペロブスカイトと同様の化学組成を有する構造として，イルメナイト (ilmenite) 型構造がある．これはペロブスカイト構造の場合と異なり，Aイオンの大きさが酸化物イオンのそれと異なる場合に生じる構造である．ペロブスカイト構造においては Ba^{2+} が酸化物イオンを置換した12配位を考えればよかったが，半径が酸化物イオンに比べてきわめて小さい場合には12配位構造をとることができず，AイオンとBイオンはともに6配位構造となる．コランダム (corundum)（α-アルミナ）の2個の Al^{3+} をAイオンとBイオンに置いた構造である．イルメナイト構造の代表は $FeTiO_3$ であり，その構造の [1010] 面を図1.24に示す．

キーワード：ペロブスカイト，許容因子，イルメナイト

1.2 結晶構造

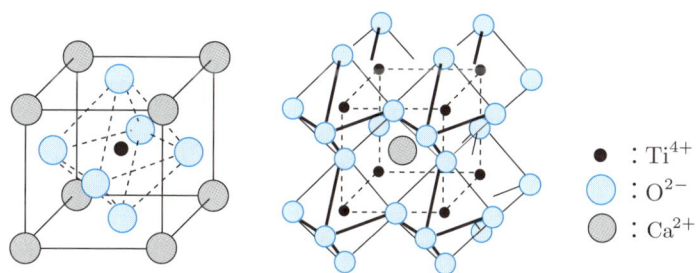

図 **1.23** 理想的な立方晶ペロブスカイト構造のイオン位置

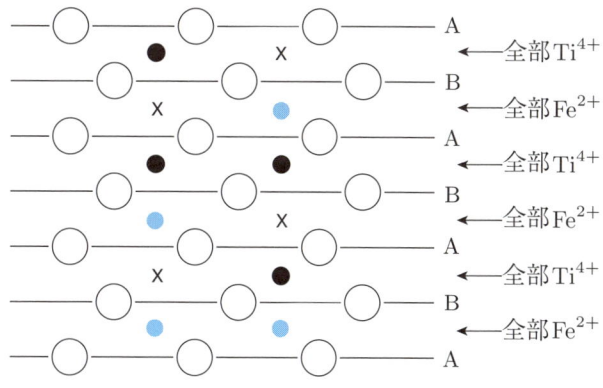

図 **1.24** イルメナイト構造

1.2.4 スピネル型結晶構造

スピネル (spinel) は，$MgAl_2O_4$ と同形の結晶構造をとる複合化合物の総称で，AB_2O_4 の化学式で表される．図 1.25 にその結晶構造を示すが，単位格子は立方晶系に属し，化学式量 $Z = 8$ の大きな格子を組み，一見複雑に見える．しかし，単位格子の各辺の半分の長さからなる小立方体が 8 個集まった結晶構造と考えると分かりやすい (図 1.26)．図に示したように小立方体には 2 種類あり，1 の小立方体には陰イオン O^{2-} に 4 配位する A イオンが入り，2 の小立方体には 6 配位する B イオンが入っている．一般に AB_2O_4 の A サイトには二価の陽イオン Mg^{2+}，Fe^{2+}，Zn^{2+}，Ni^{2+}，Mn^{2+} などが入り，B サイトには三価の陽イオン Al^{3+}，Fe^{3+}，Cr^{3+} などが入る．この場合の構造を正スピネル型構造と呼ぶ．一方，B サイトに入るべき陽イオンの半分が A サイトに入り，B サイトには残りの B サイトに入るべき陽イオンと A サイトに入るべき陽イオンが存在し，その組成式 $B(AB)O_4$ で表される化合物は逆スピネル (inverse spinel) 型構造と呼ばれる．スピネル構造の化合物を表 1.7 に示した．いずれの構造をとるのかに関する要因は明らかではないが，経験的に $(A^{2+})(B^{3+})_2O_4$ の化学式で表されるスピネルは，正スピネル型であることが多く，$(A^{4+})(B^{2+})_2O_4$ で表されるスピネルは逆スピネル型が多い．

さらに Fe を含むスピネルはフェライトと呼ばれ，強い磁性 (フェリ磁性) を示すため，磁石として使われてきた．マグネタイト (Fe_3O_4 あるいは $FeO \cdot Fe_2O_3$) は，4 配位の位置に入る Fe^{2+} と 6 配位の位置に入る Fe^{3+} があり，それぞれのスピン方向は逆になっている．たとえば，Fe^{2+} を他の二価陽イオン Zn^{2+} で置き換えると磁気モーメントの大きさが変化する．これは磁気モーメントをもたない Zn^{2+} が正スピネル型構造の 4 配位の位置に入るので，同じ 4 配位の位置にあった Fe^{2+} のスピン量が減少し，全体的な磁気モーメントは増加するためである．

$MgAl_2O_4$ や $(Mg, Fe)Cr_2O_4$ などのスピネルは融点が高く，耐火物原料や高温構造材料として用いられている (→ 耐火物)．天然のスピネルの中には微量の着色イオン (CoO, NiO など) を含んだものがあり，宝石として用いられている．

キーワード：スピネル，正スピネル構造，逆スピネル構造

1.2 結晶構造

図 **1.25** スピネル構造

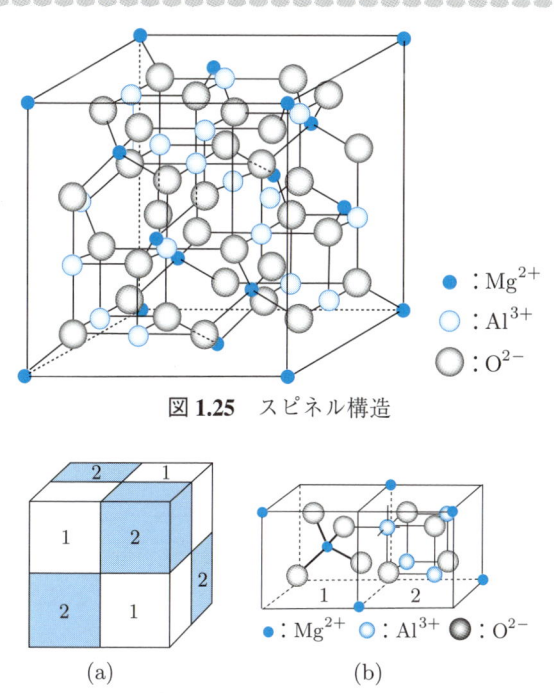

図 **1.26** (a) スピネル構造 (MgAl$_2$O$_4$) の単位格子の区分
(b) 区分内のイオンの配置

表 **1.7** スピネル構造の化合物

正スピネル構造			
MgV$_2$O$_4$	ZnV$_2$O$_4$	MgCr$_2$O$_4$	MnCr$_2$O$_4$
FeCr$_2$O$_4$	NiCr$_2$O$_4$	CuCr$_2$O$_4$	ZnCr$_2$O$_4$
CdCr$_2$O$_4$	HgCe$_2$O$_4$	HgCe$_2$Se$_4$	MnMn$_2$O$_4$
ZnMn$_2$O$_4$	ZnFe$_2$O$_4$	CdFe$_2$O$_4$	CoCo$_2$O$_4$
ZnCo$_2$O$_4$	MgRh$_2$O$_4$	ZnRh$_2$O$_4$	MgAl$_2$O$_4$
MnAl$_2$O$_4$	FeAl$_2$O$_4$	CoAl$_2$O$_4$	ZnAl$_2$O$_4$
CaGa$_2$O$_4$			
逆スピネル構造			
MgFe$_2$O$_4$	TiFe$_2$O$_4$	FeFe$_2$O$_4$	CoFe$_2$O$_4$
NiFe$_2$O$_4$	CuFe$_2$O$_4$	SnCo$_2$O$_4$	TiZn$_2$O$_4$
SnZn$_2$O$_4$	MgIn$_2$O$_4$	CoIn$_2$O$_4$	NiIn$_2$O$_4$

1.2.5 ホタル石型

ホタル石型構造は，CaF_2(蛍石，fluorite) に由来する．イオン半径は $Ca^{2+} = 0.112\,nm$(Shannon 半径)，$F^- = 0.131\,nm$ で，イオン半径比は 0.85 になり，Ca^{2+} は 8 配位が安定である．また，Ca^{2+} は 8 個の F^- に囲まれていることから，F^- の結合強度は $+2/8 = 1/4$ になり，F^- は四つの Ca^{2+} と配位して電気的な中和条件が保たれている．図 1.27 はホタル石型構造であり，陽イオン Ca^{2+} は面心立方格子の位置に，また陰イオン F^- は単位格子の各辺を長さ 1/2 で切った 8 個の小立方体の中心に入る．Ca^{2+} は 8 個の F^- に囲まれた正六面体の中心に位置し，F^- は四つの Ca^{2+} に囲まれた正四面体の中心を占める．

ホタル石型構造の化合物に ZrO_2 (ジルコニア，zirconia) の高温相 (立方晶系) がある．ZrO_2 は融点 2,680 ℃ で耐熱性・耐食性に優れた酸化物である．イオン半径は $Zr^{4+} = 0.084\,nm$ (Shannon 半径)，$O^{2-} = 0.134\,nm$ (Shannon 半径) で，そのイオン半径比は 0.63 となり，Zr^{4+} を中心とする正八面体を形成するためには少し小さい．そのため，ZrO_2 の構造は歪む (低温相は正方晶や単斜晶)．ZrO_2 は可逆的に相転移をし，低温相の単斜晶は約 1170 ℃ で正方晶に，さらに約 2370 ℃ で立方晶に転移する (単斜晶 → 正方晶の転移では体積が約 9％変化する)．高温相の立方晶を安定化させるには，ZrO_2 に CaO や Y_2O_3 を固溶させるが，これを安定化ジルコニア (stabilized zirconia, SZ) と呼ぶ．固溶した Ca^{2+} や Y^{3+} は Zr^{4+} の一部に置換固溶し，電気的な中性維持のために酸化物イオン O^{2-} の一部が空孔になる．たとえば，$0.85ZrO_2 \cdot 0.15CaO$ 系固溶体では $Zr_{0.85}Ca_{0.15}O_{1.85}\square_{0.15}$ ($\square$：酸化物イオン空孔) となり，$0.91ZrO_2 \cdot 0.09Y_2O_3$ 系固溶体では $Zr_{0.91}Y_{0.09}O_{1.955}\square_{0.045}$ となる．これらの空孔を介して酸素イオンが容易に移動できるようになり，酸化物イオン導電体となる．さらに安定化ジルコニアを生成する場合よりも安定化剤の添加量が少ない場合には，準安定相の正方晶が部分的に残る部分安定化ジルコニア (partially stabilized zirconia, PSZ) になる．ホタル石型構造に関連した構造に逆ホタル石 (anti-fluorite) 型構造がある．これはホタル石型構造の陽イオンと陰イオンとを入れ替えた構造で，Li_2O，Na_2O，Cu_2S，Cu_2Se などがある．

キーワード：ホタル石型構造，CaF_2，ジルコニア

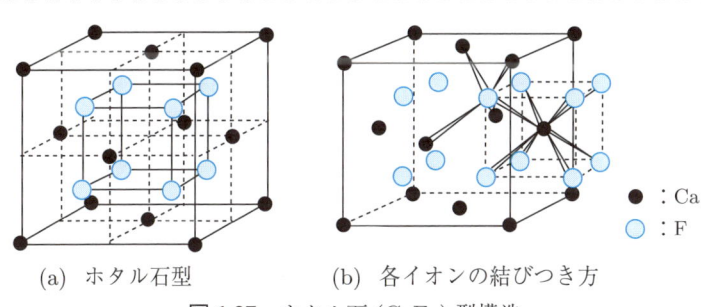

(a) ホタル石型　　(b) 各イオンの結びつき方

●：Ca
○：F

図 1.27 ホタル石 (CaF_2) 型構造

頭の体操 (その 1)

(解答がない問題は，該当する項目のページを読めば答えが分かる内容です)

問題 1　スピネル ($MgAl_2O_4$) の単位格子における Al^{3+} イオンの配位数はいくつですか．また，Mg^{2+} イオンの配位数はいくつですか．(答：6 と 4)

問題 2　正スピネルと逆スピネルではどちらが安定な構造でしょう．その理由も答えてください．(ヒント：各サイトの平均半径を考える)

問題 3　組成が $0.85ZrO_2 \cdot 0.15CaO$ である固溶体の組成式を求めなさい．

問題 4　ホタル石における各イオンの結合強度を求めなさい．

問題 5　ジルコニアにおける各イオンの結合強度を求めなさい．

問題 6　理想的なペロブスカイト構造 ($t = 1$) の化合物 ABO_3 において，A イオンと酸化物イオンの大きさが同じである場合，A イオンと B イオンの大きさの関係を導き出しなさい．

1.2.6 ルチル型

ルチル型構造 (rutile structure) は，二酸化チタン (TiO_2) の鉱物の一つであるルチルに由来する．図 1.28 に示したようにルチル型構造は塩化セシウム (CsCl) や赤銅鉱 (Cu_2O) の結晶構造と関連づけて示すことができる．ルチル構造は格子の各頂点に Ti^{4+} が位置し，その体心に少しひずんだ Ti-O_6 八面体が位置する構造である．Ti^{4+} は 6 配位 (TiO_2 の半径比は 0.49) であるが，O^{2-} はそれぞれ三角形の頂点に配列された 3 個の Ti^{4+} によって囲まれており，6:3 配位である．一方，関連する塩化セシウムは格子の各頂点に Cs^+ が位置し，その体心に Cl^- が位置する構造 (8:8 配位) で，また，赤銅鉱は格子の各頂点に O^{2-} が位置し，その体心に Cu-O_4 四面体が位置する構造 (2:4 配位) であり，いずれの構造も体心構造に関連した構造である

SnO_2 もルチル型構造をとることから，この構造を SnO_2 型構造という場合もある．このほかに VO_2，MnO_2，GeO_2，PbO_2，NbO_2，TaO_2，$SrCl_2$，$CaCl_2$，MnF_2，ZnF_2 なども同じ構造である．また，このルチル型構造をとる化合物には特徴ある機能を有するものが多く，さまざまな用途に用いられている．たとえば TiO_2 では不定比化合物をつくることによって黒色顔料になったり，誘電材料やガスセンサとしても使われている．また，SnO_2 は透光性半導体，ガスセンサ，ガラスコーティング剤などとして使われている．

TiO_2 には，ルチル型のほかにアナターゼ (anatase) 型とブルッカイト (bruckite) 型の多形が存在する．アナターゼ型の TiO_2 は，最近光触媒として注目されている．図 1.29 にその結晶構造を示す．アナターゼ型構造の単位格子は，面心立方格子の岩塩型構造を c 軸方向に二つ積みあげ，そのうち構造内の陽イオンの半分が空孔となっている．この空孔によって陰イオンは c 軸方向の陽イオン側に変位している．ブルッカイト型構造は斜方晶系に属する構造であり，工業的にはほとんど利用されていない．

キーワード：ルチル型構造，アナターゼ型構造

1.2 結晶構造

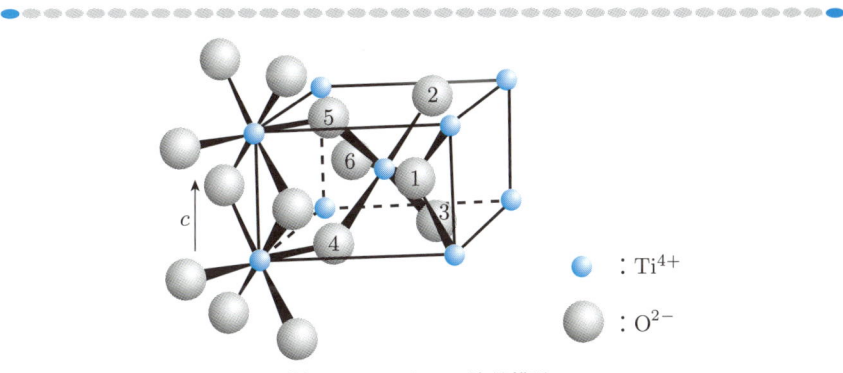

図 1.28 ルチルの結晶構造

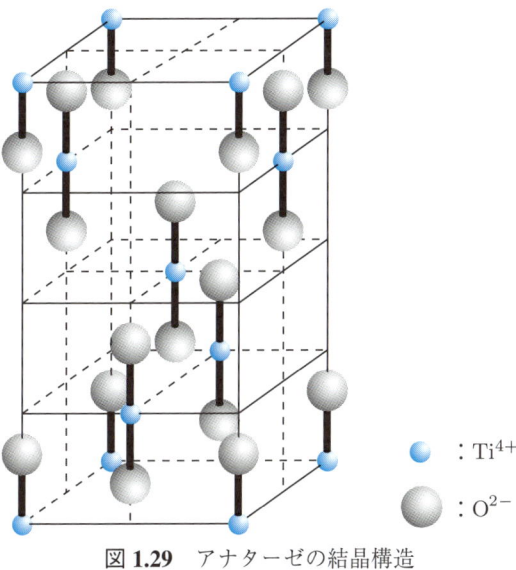

図 1.29 アナターゼの結晶構造

1.2.7 ダイヤモンド型

ダイヤモンドは 100％共有結合からなる共有結晶の典型的な例である．この結晶では図 1.30 のように，いずれの炭素原子も sp^3 混成軌道による等価な四つの結合からなる正四面体構造であり，炭素原子間距離は 0.154nm である．単位格子は 8 個の炭素原子を含むが，この構造は独立した 2 組の面心立方格子からできていると考えることが可能であり，一方の格子は他方を立体対角線の方向にその長さの 1/4 だけ平行移動した位置を占めている．空間占有率は約 34％で，結合に方向性があるために隙間の多い構造ではあるが，強固な共有結合で三次元的に広がった構造をしているため，非常に安定で硬い．また，電子は各結合に局在しているので電気伝導性はなく，絶縁体である．シリコン (Si)，立方晶系のゲルマニウム (Ge) およびスズの低温形の灰色スズ (α-Sn) も同様の構造をとるが，結合に金属結合の要素が加わるために，これらは半導体特性を示す．一般にダイヤモンド型構造の物質はきわめて高い融点を有するが，これは融解の際に強い共有結合を切る必要があるからである．ダイヤモンドのような三次元に無限に連なる原子配列の結晶は，結晶全体を分子とみることができるので，巨大分子 (giant molecule) とも呼ばれる．

せん亜鉛鉱型構造とウルツ鉱型構造

硫化亜鉛 ZnS にはせん亜鉛鉱 (zincblend) とウルツ鉱 (wurtzite) の二形がある．立方晶系のせん亜鉛鉱は CuCl 型で，ZnS の低温形 (β-ZnS) である．六方晶系のウルツ鉱は高温形 (α-ZnS) で，BeO，ZnO，AlN などと同形である．せん亜鉛鉱型構造は図 1.31(a) に示すように，ダイヤモンド型構造に非常によく似ており，ダイヤモンド型構造の C 原子を交互に Zn と S の両原子で置き換えたものといえる．すなわち，S 原子の形成する立方最密充填 (面心立方格子) の四面体位置の半分を Zn が占める構造である．配位数は 4：4 であり，S および Zn の立方最密充填構造が互いに貫入した構造と考えられる．方向性の強い結合をもつ二元化合物によくみられる構造の一つで，AgI，β-SiC なども同じ構造である．ウルツ鉱型構造は，S 原子が六方最密充填しており，その 4 配位の隙間の半分に Zn 原子が入っている (図 1.31(b))．

キーワード：ダイヤモンド型，巨大分子，せん亜鉛鉱型，ウルツ鉱型

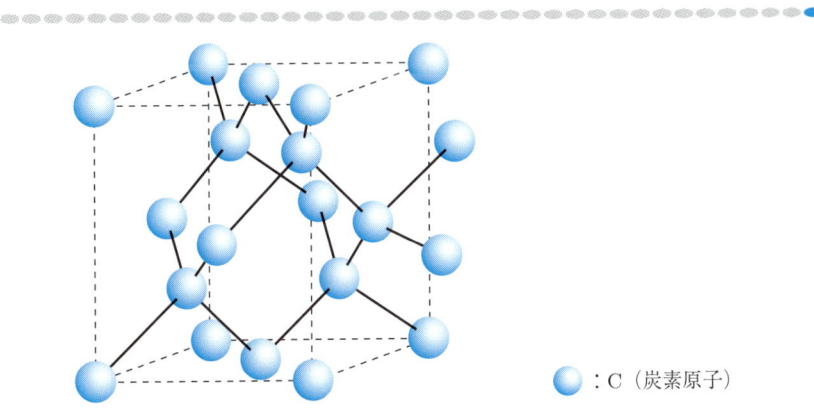

1.2 結晶構造

図 1.30 ダイヤモンドの結晶構造

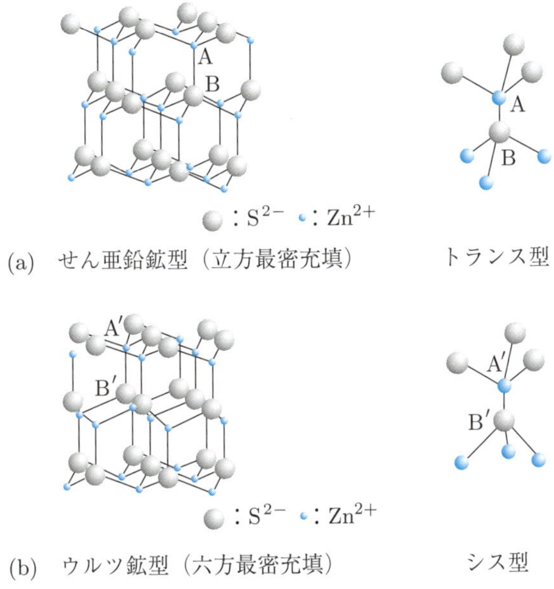

○：C（炭素原子）

(a) せん亜鉛鉱型（立方最密充填）　　トランス型

○：S^{2-}　●：Zn^{2+}

(b) ウルツ鉱型（六方最密充填）　　シス型

○：S^{2-}　●：Zn^{2+}

図 1.31 ZnS の二形の構造

1.2.8 層状構造

共有結合などで強く結合した原子面が互いにファン・デル・ワールス力などの弱い結合力によって平行に積み重なった構造を層状構造 (layer structure) という．層状構造は，等方的な強い静電力でイオンが規則正しい配列をしている完全なイオン性結晶と，ファン・デル・ワールス力や水素結合のような弱い力で個々の小さい分子が集団をつくっている結晶の中間状態といえる．原子・イオンの結合力とその半径比の大小，および分極効果の強弱などによって生じる物質の一群であり，一般にへき開性があり，薄片状になりやすい．層の積み重なり方が一つに限定されず，種々の異なった積層順序をとることが多い．層の積み重ねに不整が生じやすく，X 線は散漫散乱することが多い．また層間に他の原子や分子が侵入して層間化合物を形成するホスト材料となりうる．その層間が触媒作用などの反応性を示す場合もあり，イオンの吸着剤やイオン交換材としての用途も多い．おもな物質に，ヨウ化カドミウム，グラファイト，雲母，粘土鉱物，β-アルミナ，リン酸ジルコニウム，チタン酸アルカリ，フッ化ランタン，遷移金属カルコゲナイドなどがある．

図 1.32 はイオン結合性のヨウ化カドミウム (CdI_2) 構造で，I^- はほぼ六方最密充填しており，その隙間に小さな Cd^{2+} が一層おきに配列している．したがって，負電荷の I^- 層はとなりの I^- 層と接しており，層間は弱いファン・デル・ワールス力によって結合しているだけであるため，へき開 (cleavage) を生じる．Cd^{2+} のまわりには 6 個の I^- が配されて八面体を形成している．I^- はその片側に陽イオン，反対側に同種の陰イオンが存在しているため，単なるイオン結合によって物質が成り立っているのではなく，Cd^{2+} のために I^- が著しく分極されて，このような層状格子ができていると考えられる．CdI_2 のほかに MgI_2，MnI_2，FeI_2，および $Mg(OH)_2$，$Ca(OH)_2$，$Mn(OH)_2$，$Fe(OH)_2$，$Cd(OH)_2$ なども同様な層状構造である．$CdCl_2$，$MgCl_2$，$ZnCl_2$ も CdI_2 とよく似た構造であるが，これらの化合物の Cl^- はほぼ立方最密充填型の配列をとる．図 1.33 にグラファイトの結晶構造を示すが，CdI_2 との類似点が多いことに注意してほしい．

キーワード：層状物質，へき開性，ヨウ化カドミウム型，グラファイト

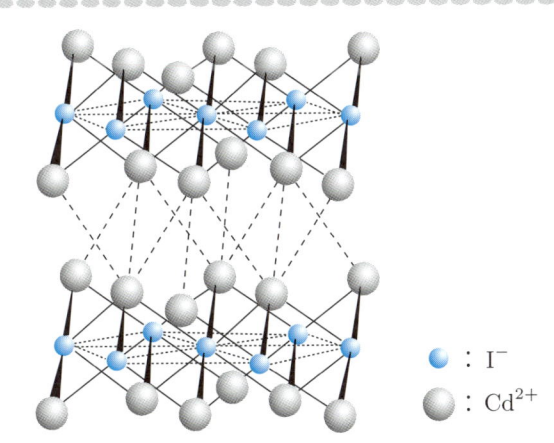

図 1.32 ヨウ化カドミウムの構造

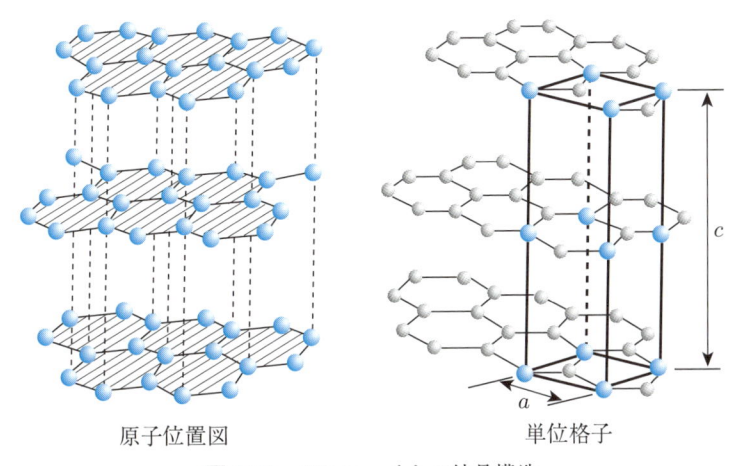

　　原子位置図　　　　　　　単位格子

図 1.33 グラファイトの結晶構造

グラファイトは sp^2 混成軌道による共有結合で平面的に広がった構造をしている．混成に関与しない $2p_z$ 軌道の電子は，π 結合により分子の平面全体に非局在化しているので電気伝導性を示す．また各平面分子間の結合はファン・デル・ワールス力による弱い結合のためにへき開性を示す．

1.3 成形と焼結

1.3.1 概　論

　固体の無機材料の多くを占めるセラミックス (ceramics) について説明する．

　セラミックスは粉末を原料として作製するものであり，得られた焼結体を所望の形状にすることが必要になる．粉末を原料とした成形体で最も古い無機化合物は土器であろう．この土器は，土（これはさまざまな岩石が粉砕されたものの集合体である）を成形して利用しているのであるが，その成形には粘土鉱物が利用された．磁器は粘土鉱物を利用して成形した後，焼成して焼き固めたものである．この例からもわかるように，粉末を原料とする場合には何らかの結合材を用いて形を整える，すなわち，成形することが必要である．その成形方法を表 1.8 に示す．射出成形は衛生陶器の成形方法として古くから利用されており，コスト削減のために成形型を石膏からゴムに変更するなど，新たな開発も盛んである．また，この成形は大量生産のための方法であり，結合剤として用いられる有機物は焼成工程で飛散させる．テープ成形は情報化社会を支えるための基盤技術であり，積層化が求められる電子部品や基板製造に利用されている．これらの方法によって得られる成形体は焼成工程へとまわされる．

　焼成工程はセラミックスのなかでも重要な工程であり，その方法もさまざまである．要するに熱エネルギーを成形体に与えて焼結させる工程であり，特性向上のため，またはコスト削減のためなど，目的はさまざまであるが，目的に応じた工夫が求められる工程でもある．最も汎用な加熱装置は電気炉であり，箱型・管状炉型などに加えて，雰囲気焼成が可能な雰囲気炉や加圧しながら加熱するホットプレス炉など，その種類も多い．また，ガラスを作製する場合には原料を溶かすことが必要であるが，目的に適した坩堝を利用することが求められるなど，考慮すべき点も多い．セラミックスを製品として仕上げるためには，上述した成形や焼成のほかにも欠かせない工程があり，それらについては各頁で説明される．なお，セラミックスが製品となるためには目的に合った形状にすることが求められ，表面研磨などの加工技術が必要な場合も多い．そのため，本書においても加工技術について記載すべきなのであろうが，ここでは材料としての無機化合物について解説することが重要と考え，あえて割愛した．

キーワード：粘土鉱物，成形，焼成

表 1.8 さまざまな成形法

方法	概要
鋳込み成形	石膏など，水分を吸収する材料を用いて型を作り，その型に原料粉末を含むスラリーを流し込み，一定時間経過後に型と接していない箇所のスラリーを排出する．乾燥後，型から抜き出して成形体を得る．
ろくろ成形	最も簡便な成型法の一つであり，原料を粘土鉱物などとともに練って利用する．
押し出し成形	結合材として有機物を用いる．連続成型用である．自動車排ガス除去の接触担持用ハニカム構造体の製造が有名．
加圧成形	実験室などで用いられる汎用成形方法．粉末だけの加圧がむずかしい場合には，有機バインダを加えることも多い．
CIP	加圧成型が一軸加圧を指すのに対して，等方的な加圧を CIP とよぶ．等方的に加圧するために焼結体の微細構造のバラツキが小さくなる．
HIP	CIP は室温で加圧することになるが，高温で同様に等方的な加圧を行えば，物質移動速度が大きいために，CIP 以上に等方的な加圧状態が得られる．
射出成形	可塑性がないセラミック原料に熱可塑性樹脂を混合し，その後はプラスチックの製造と同様の工程で大量生産する品物の成型に利用される．
テープ成型	セラミック粉末と有機結合剤を溶媒で溶いたペーストを作製する．そのペーストを移動するフィルム上に広げるが，広がったペーストの厚さをフィルム上の設置した刃との間隔で決める方法であり，通常はドクターブレード法と呼ばれる．溶媒は環境保全の観点から水を使用せざるを得ないが，有機溶媒に比べてむずかしい点が多い．

1.3.2 成　形

　無機粉末の成形方法としては，鋳込み成形 (slip casting) や加圧成形 (pressing)，さらにはテープ成形 (tape casting) などが知られている．なかでも最も簡便な方法が加圧成型法である．ここでは，実験上用いることが多い，一軸加圧成型法とテープ成型法について説明する．

　加圧成形法とは，金型に入れた原料粉末に圧力を加えて成形する方法である．一軸加圧法の工程を図 1.34 に示すが，(a) のように下パンチと金型を固定して粉を入れて加圧後，上パンチを下にして (b) のように成形体を取り出す方法である．しかし，一定方向からの加圧であるために，成形体の充填度は場所によって異なる．その一例を図 1.35 に示すが，このようなばらつきは加圧前の粉末が均等に詰まっていないために生じる．この充填性の異なる成形体を焼成しても均一な焼結体は得られない．つまり，均一な成形体を得るためには，流動性に優れる粉末を用いる必要がある．そのため粉末は顆粒化することが望ましい．なお，顆粒化することによって成形密度は向上するため，焼結体の密度は均一になるばかりか，向上することが確認されている．

　IC 基板や積層コンデンサに代表される積層セラミックス (multi-layer ceramics) は，テープ成形法によって作製した厚膜を利用している．ここでは，テープ成形法の代表であるドクターブレード法 (doctorblade process) について説明する．その概要を図 1.36 に示すが，スラリー (slurry) は一定速度で動く下部のキャリアフィルム上に形成され，その厚さはブレードによって調整される．スラリーは粉末に可塑剤 (plasticizer) や結合剤 (binder) を加えたものであり，スラリーの特性によって膜の特性が決まる．一般にスラリーは目的とする無機粉末と結合剤や溶剤などの有機物質との混合体である．このようなスラリーの粘度は，粉末や溶剤の量，さらに温度によっても大きく変化する．つまり，所望の厚膜を得るためにはスラリーの特性を整える必要があり，特性がそろったスラリーなくしては，所望の厚膜が得られないことになる．また，温度が高い場合には溶剤の引火性や，スラリーが表面から乾燥・固化しやすくなるなどの点にも注意が必要である．溶剤は環境保護のために水が利用され，結合剤・可塑剤もそれに対応するものが利用される．しかし，有機溶剤に比べて水の表面張力は大きく，水中に粉末を均一に分散させることが難しい．

キーワード：加圧成形，テープ成形，スラリー，粘度，ドクターブレード

1.3　成形と焼結

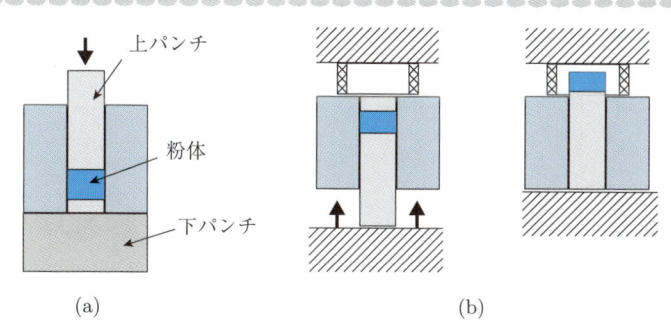

図 **1.34**　加圧方法

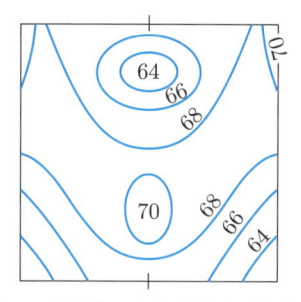

図 **1.35**　成形体の充填度分布 (単位：%)

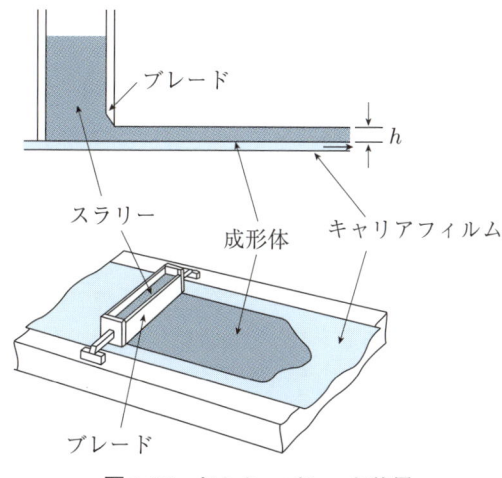

図 **1.36**　ドクターブレード装置

1.3.3 焼 結

　焼結 (sintering) とは，融点より低い温度において細かな無機粉末粒子の接触部分が成長して大きな粒子になる現象であり，その概要を図 1.37 に示す．焼結の駆動力は表面エネルギーであり，凹部に比べて凸部のエネルギーが大きい．焼結は，これら凸凹部のエネルギー差をなくし，さらに全体としてのエネルギーは低下する方向に進む．つまり，焼結によって固着部の面積は大きくなるが，粒子自体の表面積は逆に小さくなる．また図 1.38(a) は，焼結にともなう成形体の膨張 (expansion)・収縮状態 (shrinkage) との焼結体内の気孔率の一例である．加熱温度の上昇にともなって膨張しているが，これは温度が高いほど，電子の熱運動が激しくなるために起こる熱膨張のためである．なお，一部に急激な膨張が認められるが，これは成形時に加えたバインダや原料に含まれる CO_2 の脱離などが原因である．さらに加熱していくと，ある温度以上で収縮し始めるが，これが上述した焼結である．また各温度における焼結体内気孔率を図 1.38(b) に示す．温度の上昇とともに開気孔 (open pore) が少なくなり，ある温度に達すると閉気孔 (closed pore) の割合が急激に増加しているが，その閉気孔の量は加熱温度を上げても変わらない．つまり，緻密化のためには，閉気孔が生成しないような構造にすることが必要である．

　焼結現象についてアルミナを例として説明しよう．

　アルミナは，機械的特性に優れていることから特に高温用構造材料として，また絶縁性に優れていることから電子基板材料や絶縁材料などとして広範な用途に利用されている．アルミナの焼結性におよぼす原料粉末粒径の影響を図 1.39 に示す．焼成温度が 1,700 ℃ の場合であるが，原料粉末の粒径が小さいほど緻密化している．しかし，アルミナに若干の MgO を添加することによって 1,500 ℃ 付近まで焼結温度を下げることが可能になっている．これは，原料に添加した MgO と Al_2O_3 が反応することによって高温で液相が生成し，この液相によって焼結が促進されるためである．こうした液相焼結によって得られる典型的な微細構造の一例を図 1.40 に示す．アルミナ粒子の間隙を連続したマトリックス相が埋めている．アルミナの焼結促進のために使用される MgO の量はきわめて少ないために生成するマトリックス相は薄く，いわゆる粒界を形成する．

キーワード：表面エネルギー

(a)　　　　(b)　　　　(c)　　　　(d)

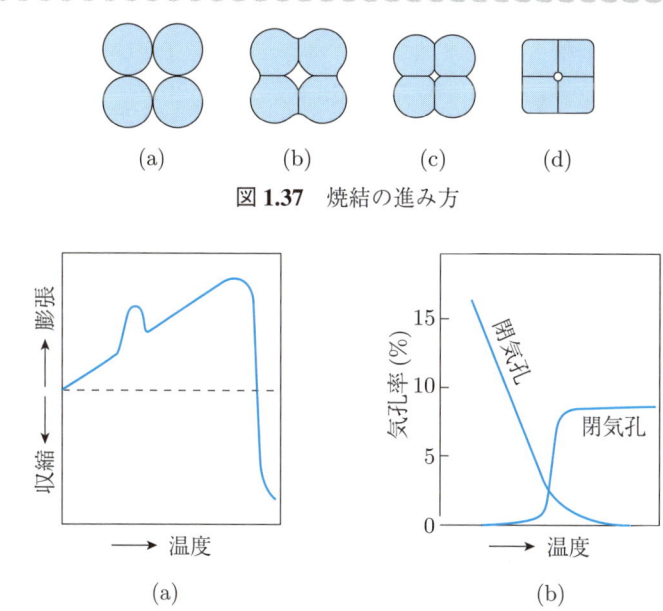

図 1.37　焼結の進み方

(a)

(b)

図 1.38　焼結時の (a) 膨張・収縮と (b) 気孔率の変化

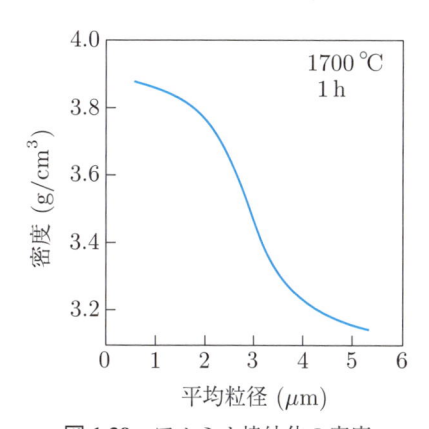

図 1.39　アルミナ焼結体の密度

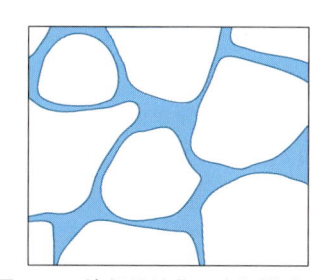

図 1.40　液相焼結体の内部構造
（白：粒子，青：ガラス部）

1.3.4 微構造と粒界

焼結体の基本的構造を図 1.41 に示す．小さな結晶粒子が粒界を介して結合した構造であり，粒子 (grain) や粒界 (grain boundary) 中には若干の気孔が存在している．一般に粒子の大きさは $1\sim 10\,\mu m$ 程度であり，その大きさは焼結条件によって異なる．また，粒子は原料粉末がそのまま固化した状態ではなく，粒成長 (grain growth) している．すなわち，所望の特性を有する焼結体を得るためには，その微細構造 (粒子形状など，図 1.41 に示されたようなミクロ構造を指す) を制御することが必要であり，そのためには所望の微細構造を有する焼結体の製造技術の確立が求められる．

焼結体の特徴はいうまでもなく，粒界を有することである．粒界はエネルギーが高いために，不純物が集まりやすい．そのため，粒子部に比べて融点が低下し，非晶質化することが多い．非晶質部分が多い場合，焼結は進むが機械的特性は低下するため，構造用材料としては使用できない．構造材料用の焼結体には，粒界部が少なく，空孔も少ない緻密な微細構造が求められる．

粒界を積極的に利用する焼結体も多いが，その代表は ZnO バリスタである．バリスタ (varistor) とは「voltage variable resistor」の略であり，"電圧によって抵抗が大きく変化する素子" である．その特性を図 1.42 に示すが，バリスタにかかる電圧がある値を超えると，バリスタの抵抗値が急激に減少して電流が増える．要するに，電子回路において発生する異常電圧を瞬時に吸収するためのものであり，電子機器の保護用として不可欠な電子部品である．

バリスタの微細構造の詳細については未だわからないこともあるが，基本的には図 1.41 と同様の構造であり，その粒界構造に特徴がある．最も代表的なバリスタは ZnO バリスタであるが，これは数 μm の ZnO の結晶粒子が Bi_2O_3 を主成分とする粒界相で取り囲まれた構造である．粒界相にはバリスタ特性を向上させるため (図 1.42 の立ち上がりをより急峻にする) に Co_2O_3 や MnO_2 が加えられている．これらの添加物の一部は粒子表面に固溶していることが明らかになっている．さらに Sb_2O_3 も特性安定化のために加えられているが，その安定化機構については明らかになっていない．

キーワード：粒子，粒界，空孔，バリスタ

1.3 成形と焼結

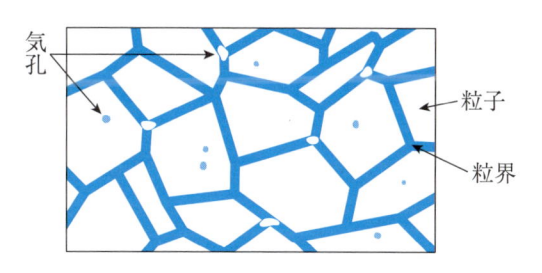

図 1.41 焼結体の構造模式図

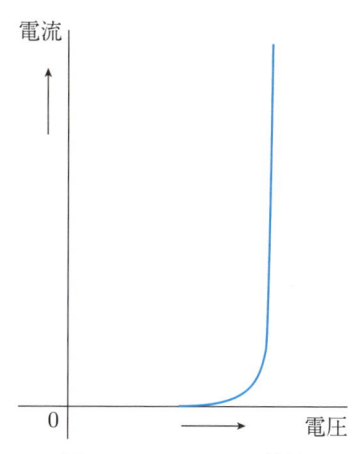

図 1.42 バリスタの特性

自分で調べましょう (その 1)

問題 1 IC 基板に用いられる無機材料の種類などを調べましょう．
問題 2 グラファイトの導電性には方向性がありますが，それはなぜですか．
問題 3 炭素原子の大きさからダイヤモンドの単位格子 1 辺の長さを求め，化学便覧などの数値と比べてください．
問題 4 CIP と HIP について調べ，それらの長所・短所をまとめましょう．
問題 5 図 1.14 において，温度が上昇するにつれて焼結体が膨張から収縮に転じる原因を考察しなさい．

1.3.5 熱分解

セラミックスの熱的物性は，当該物質の使用温度範囲を決めるうえでも重要な因子である．とくに，固体に熱を加えると気体が発生して構造が変化する場合がある．このような反応を熱分解 (thermal decomposition) と呼び，その温度は分解温度と呼ばれる．セラミックスの熱分解によって放出される気体としては，水や二酸化炭素が多い．たとえば，水酸化マグネシウム ($Mg(OH)_2$) について考えてみよう．図 1.43 は $Mg(OH)_2$ を加熱していった場合の重量変化である．温度の上昇とともに重量が減少しており，とくに 350℃ 付近に急激な変化が認められるが，400℃ 以上に温度を上げても重量は変化しない．これは $Mg(OH)_2$ から水が放出される反応が約 400℃ で終了することを示している．また図 1.43 には，$Mg(OH)_2$ を加熱していく場合の熱的変化も示されている．すなわち，$Mg(OH)_2$ を加熱して水が放出される場合には，熱は吸収されることがわかる．このような熱分解にともなう重量変化や熱的変化を調べるための装置は，熱てんびん (TG) および示差熱分析 (DTA) と呼ばれ，一般には示差熱分析装置 (TG-DTA) によって同時に測定される．装置の概要は図 1.44 のとおりであり，重量変化は装置内のてんびんによって測定される．また熱的変化は，試料と標準物質を同じ条件で加熱，または冷却した場合に生じる電流の差である．つまり，試料と標準物質との間に異なる熱的変化が生じた場合，その熱的変化を捉えるものである．

以上は脱水反応の場合であるが，脱炭酸反応についても説明する．たとえば，石灰石 (炭酸カルシウム) とマグネサイト (炭酸マグネシウム) を加熱した場合の熱変化を図 1.45 に示す．この図からそれぞれ，980℃, 650℃ 付近の温度において二酸化炭素は脱離することが分かる．同じ二酸化炭素が脱離する場合でも分解温度が異なるのは，物質によって炭酸基の安定性や酸素と金属との結合の強さが異なるためである．Ca^{2+} のイオン半径は Mg^{2+} のイオン半径に比べて大きく，Ca^{2+} は酸素との結合力が小さいために $CaCO_3$ 中の炭酸基は安定であり，$MgCO_3$ に比べて脱離し難いと考えられる．セラミックス原料のほとんどが何らかの水分や炭素を含んでおり，これらの物質が存在すると大きく体積が収縮したり，焼成体に亀裂が発生するため，あらかじめ加熱する仮焼という操作によって，原料中の水や炭素をなくしておくことが多い．

キーワード：熱てんびん，示差熱分析，脱水，脱炭酸

1.3 成形と焼結

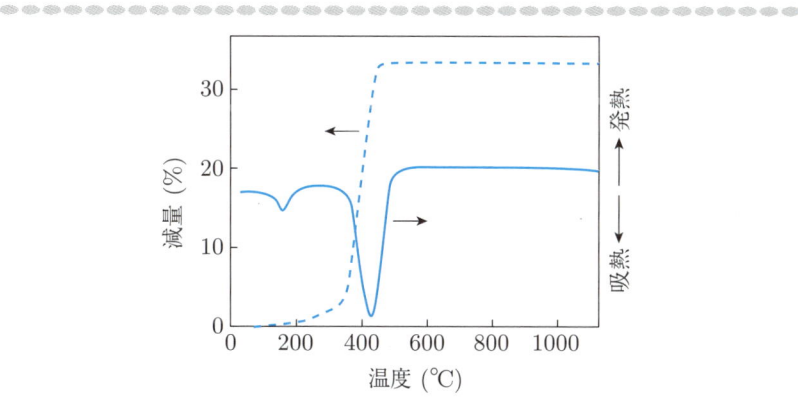

図 1.43 水酸化マグネシウムの加熱変化

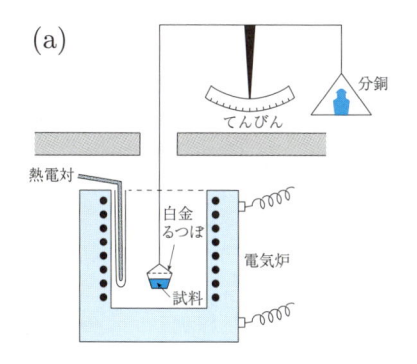

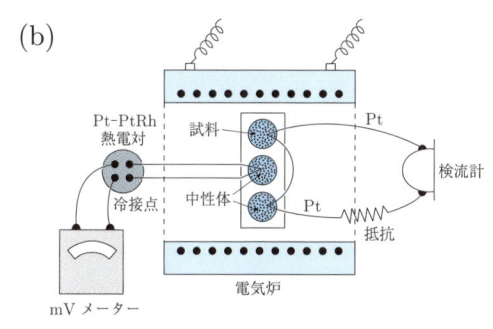

(a)

(b)

図 1.44 熱てんびん (a) と示差熱分析 (b) の概要

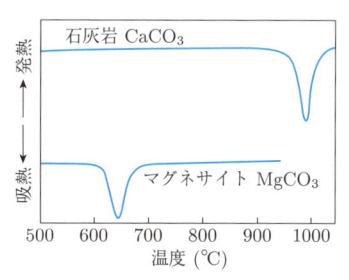

図 1.45 石灰石とマグネサイトの加熱変化

1.3.6　物質移動

　セラミックス製品は，一種類，または数種類の無機固体粉末を固めて加熱することによって製造されている．すなわち，熱を加えることによって原子，分子，またはイオンが移動しやすくなり，結晶構造は安定化する．この物質移動には拡散，流動，蒸発，凝縮，粘性流動などがある．焼結時に認められる拡散としては，表面拡散 (surface diffusion)，体積拡散 (volume diffusion)，粒界拡散 (grainboudary diffusion) が一般的である．

　表面拡散のようすを図 1.46 に示す．結晶内部に比べて表面はもともと欠陥が多いため，大きなエネルギーをもっている．このエネルギーが駆動力となり，凸部から凹部へと物質が移動する．一方，体積拡散とは，物質に熱エネルギーが加えられることによって，格子点に束縛されていた原子等が移動する現象であり，温度が高いほど顕著に認められる拡散である．この場合の物質拡散のようすを図 1.47 に示すが，結晶中の欠陥を利用する物質移動である．このような体積拡散によって，固相反応が起こり，また結晶が成長する．また，粒界は結晶格子が乱れた部分であり，そのために不純物等が偏折しやすく，表面ほどではないが欠陥が多い．

　表面の原子配列を考えてみると，凹部に比べて凸部の欠陥が多い．このことは凹部に比べて凸部の表面エネルギーが大きく，蒸気圧も凹部に比べて凸部のほうが大きい．そのため，原子やイオンは凸部から凹部へ移動し，この移動によって凹部では凝縮が起こり，新しい結晶が成長する．すなわち，蒸発と凝集は気相を介する物質移動であるが，このようすを図 1.48 に示す．さらに液相をともなう焼結においては，粘性流動 (viscous flow) が支配的である．

　以上で説明したように，物質移動は次の五つに分類される．
(1)　蒸発-凝縮
(2)　表面拡散
(3)　体積拡散
(4)　粒界拡散
(5)　粘性流動

これらの物質移動に加え，加熱によって粒子間隙や空孔が減少するため，焼結体は収縮する．

キーワード：表面拡散，体積拡散，粒界拡散，蒸発，凝縮，粘性流動

1.3 成形と焼結

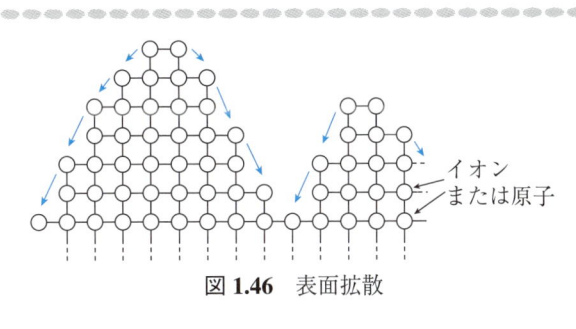

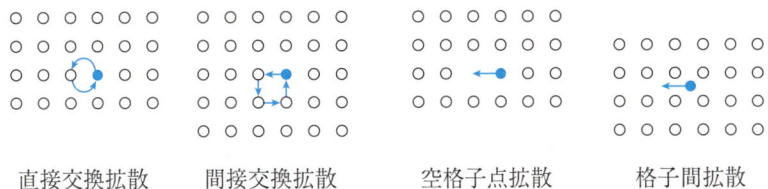

図 **1.46** 表面拡散

直接交換拡散　　間接交換拡散　　空格子点拡散　　格子間拡散

図 **1.47** 物質拡散のようす

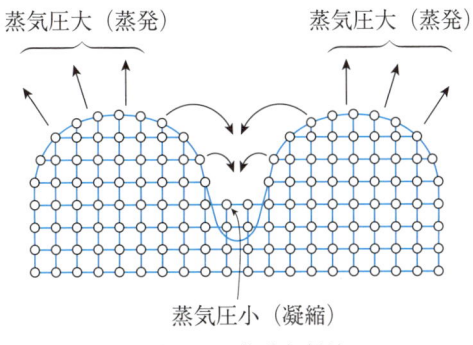

蒸気圧大（蒸発）　　蒸気圧大（蒸発）

蒸気圧小（凝縮）

図 **1.48** 蒸発と凝縮

1.3.7 固相反応

セラミックスの製造過程に認められる反応で，固相-固相，固相-液相，固相-気相の3つの反応がある．このなかでも固相どうしの反応は液相や気相がないため，その反応速度は一般に遅い．固相間の焼結 (solid state sintering) は，通常 $0.3\,Tg$ (Tg：融点 (K)) 付近の温度から始まり，温度の上昇とともに徐々に焼きしまり，最終的にはほとんど気孔が認められない塊になる．焼結は粉末どうしの接触部から始まるが，そのようすを図 1.49 に示す．A と B が反応して AB が生成する場合であるが，AB が ① A 中に生成する場合，② B 中に生成する場合，さらに ③ A でも B でもなく，その間に生成する場合の 3 通りが考えられる．いずれの場合も A と B の接触面で AB が生成する．ここでは生成物 AB 層を A のみが拡散して B に至り，B と結合して AB が生成する ③ の場合を考えよう．ただし，AB 中の A の拡散機構は不変であり，A の拡散速度は AB の厚さに反比例する考える．このときの反応速度定数，生成相の厚さ，反応時間をそれぞれ k, x, t とすると

$$dx/dt \propto k/x$$

である．この式を積分して

$$x^2 = kt$$

という関係が得られる．すなわち，生成相の厚さの二乗が反応時間と比例することが分かる．同様の式は，B にだけ AB が生成する場合にも成立する．

次に図 1.50 のように，A のなかに直径 2r の B 粒子が存在する場合について考えよう．厚さ x の AB が生成したとすると，このときの反応率 α は，

$$\alpha = [r^3 - (r-x)^3]/r^3 \rightarrow x = r[1-(1-\alpha)^{1/3}]$$

であり，反応率 α と時間 t には $(1-(1-\alpha)^{1/3})^2 = k't$ の関係がある．もちろんこの式は平面反応を仮定して導かれたものであるため，その利用は焼結の初期段階に限られることに注意する必要がある．このような欠点を克服すべく，さまざまな改良が試みられている．しかし，仮定が多くなったり，条件が限られたりして計算が複雑になるため，最適な理論式は得られていないのが実状である．これは固体反応の難しさを実証しているのであろう．

キーワード：焼結，融点，固相-固相反応

1.3 成形と焼結

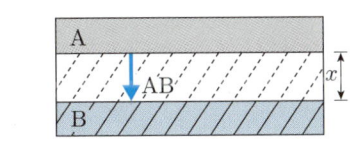

図 **1.49** A(s) + B(s) → AB(s) 系固相反応

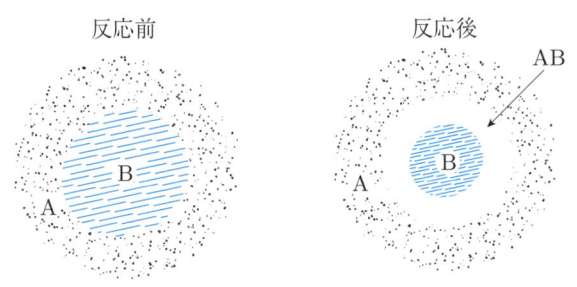

図 **1.50** 固体粒子反応の模型

頭の体操 (その 2)

(解答がない問題は，該当する項目のページを読めば答えが分かる内容です)

問題 1 p.50 の中ほどにある生成相の厚さの 2 乗が反応時間と比例する関係式を導き出しなさい．

問題 2 ある球 (半径 1) の表面を研磨して半径 0.999 の球を得た．この場合の研削量を，元の体積との割合 (百分率) で示しなさい．ただし，有効数字は 2 桁とする．なお，π を 3.00 として計算しなさい．(答：0.30 %)

1.3.8 液相焼結

焼結温度において融解する低融点の第二成分をわずかに添加し，液相の存在下で緻密化する焼結法を液相焼結 (liquid phase sintering; sintering with liquid phase) という．この場合，緻密化の促進に必要な条件は，① 液相が固相粒子を十分にぬらす (ぬれ)，② 固相は液相にある程度溶解する，③ 液相の粘度が低く，液相に溶けた固相原子の拡散係数が大きい，④ 適量の液相が存在することなどである．加熱中に液相が生成すると固体粒子の再配列が起こり，成形体は緻密化する．固相粒子の充填した隙間を埋める量以上の液相が存在すれば，この過程だけで緻密な焼結体になる．一方，十分な量の液相が存在しないときには，溶解－析出によって緻密化する．液相は固相粒子の接触点に圧縮応力をおよぼすのでこの部分の固相の化学ポテンシャルが高くなり，固相粒子成分は液相中に溶解して化学ポテンシャルの低い部分に析出して，緻密化する．一般に，液相が存在すると粒界の物質移動速度が大きくなるので，粒成長速度も速い．さらに焼結が進むと，ネック部が成長し，粒径が増大する．

難焼結性の Si_3N_4 では，MgO，Y_2O_3，Al_2O_3 などを焼結助剤として加え，1700 ℃ 付近で焼結する．これら酸化物を加えることにより Si_3N_4-SiO_2-酸化物系が液相を生成し，かつ Si_3N_4 がこれに溶解し，焼結は溶解－再析出で進む．焼結後 MgO，Y_2O_3 は粒界に残存するが，このようすを図 1.51 に示す．MgO は Si_3N_4 の表面酸化物と反応して SiO_2-MgO 系ガラスを界面に形成して Si_3N_4 粒子どうしの結合は進むが，結晶の融点より低い温度で軟化するために高温強度は低くなる．これに対して，Y_2O_3 が Si_3N_4 の表面酸化物と反応してできる液相は，冷却過程で高融点の Si_3N_4-Y_2O_3 系化合物として析出するので，結晶融点付近まで軟化せず，比較的高温まで高強度を保つ．一方 Al_2O_3 は粒内に固溶して Si-Al-O-N 系 (サイアロン) となる．図 1.52 は Si_3N_4-5mass%Y_2O_3-2mass%Al_2O_3 焼結体の粒界相の結晶化にともなう強度変化を示している．

液相焼結法は，粒界部分に低融点物質を析出させるので，不均一な組織の設計制御に利用することができる．たとえば，n 型半導体である ZnO に低融点で高抵抗の Bi_2O_3 を加えた液相焼結によってバリスタが製造されている．バルク部分を炭化物，粒界部分を金属とした複合体がサーメットである．

キーワード：液相焼結，固相焼結，溶解-析出過程，Si_3N_4

1.3 成形と焼結

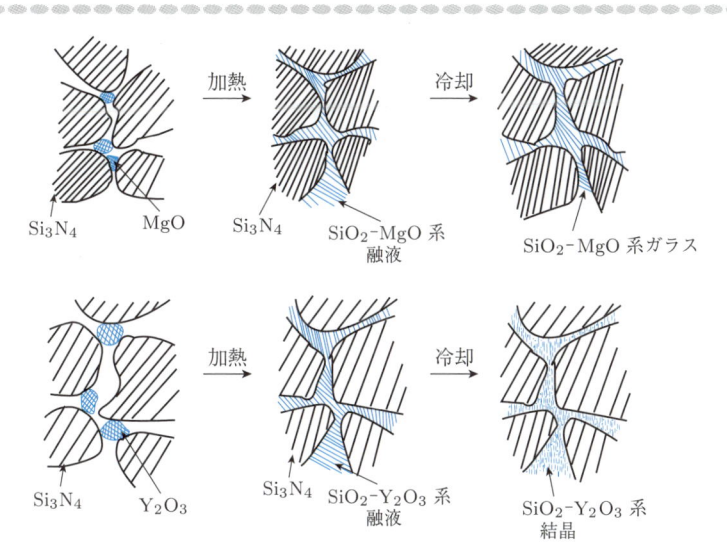

図 1.51 MgO または Y_2O_3 を添加した Si_3N_4 焼結体の粒界

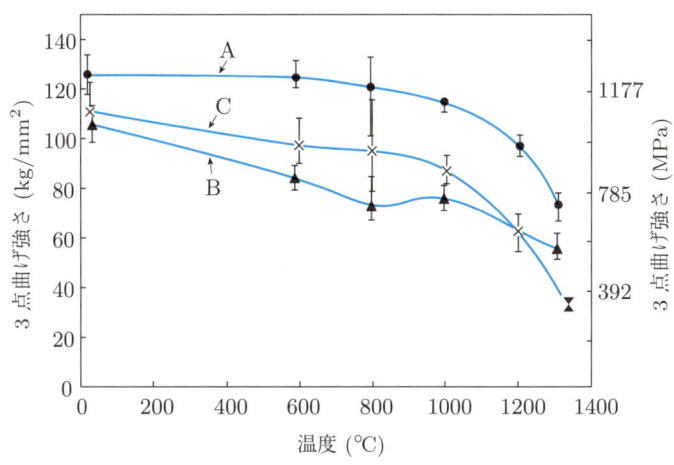

図 1.52 Si_3N_4 セラミックスの粒界結晶化と曲げ強さ
(Si_3N_4-5mass% Y_2O_3-2mass% Al_2O_3)
A：結晶化，B,C：非結晶化
拓殖章彦，セラミックス誌，18(3), 208, 日本セラミックス協会 (1983)

1.3.9 ガラスの結晶化

ガラスは熱力学的に準安定な状態にあるので，ガラス転移温度 (Tg) 領域，またはそれ以上の温度に保持すると安定な結晶状態に移行する．結晶の析出は，高温の溶融状態から常温に冷却する過程で，液相温度以下の温度に保持した場合や，常温で固結した状態から原子の再配列が可能な Tg 領域，またはそれ以上の温度までゆっくりと再加熱した場合に進行する (図 1.53)．ガラス工学においては，製造・加工の過程における結晶析出が望ましくない場合を失透と呼ぶのに対して，結晶析出現象を積極的に利用して種々の特性をもつガラス製品を創出することを結晶化と呼んでいる．

結晶化の過程は，結晶核の生成と成長 (結晶成長) の二段階を経て進行する．まず結晶核が生成し，これを核として結晶が成長する．結晶核の生成形態には，ガラスの内部から一様に生ずる均一核生成 (homogeneous nucleation) と，ガラスの表面あるいは内部に存在する異種物質の表面から生ずる不均一核生成 (heterogeneous nucleation) とがある．一般的にガラスの結晶化は表面から始まることが多く，表面結晶化と呼ばれているが，この場合は不均一核生成が起こっている．また，結晶核は加熱の方法によってさまざまな形や大きさに成長し，結晶化はガラス全体におよぶ．核生成速度および結晶成長速度の温度依存性を図 1.54 に示す．核生成は融点よりはるかに低い温度で起こり始め，温度 T_N でその速度は最大となり，多数の核が生成する．一方，核の成長はより高い温度 (T_R) で最高となる．均一核生成が起こる場合には，T_N/Tg は 1.00〜1.05 で，$T_N \geq Tg$ であるのに対し，不均一核生成 (表面結晶化) の場合には $T_N \leq Tg$ であることが明らかになった．

このような結晶化過程は，X 線回折，光学顕微鏡および電子顕微鏡，高温顕微鏡，示差熱分析 (DTA) および示差走査熱量測定 (DSC) などによって定量的に解析され，数多くのガラス組成系において解析されている．

ガラスを再加熱し，結晶を析出させて得られる材料を結晶化ガラス，あるいはガラスセラミックス (glass-ceramics) という．気孔が存在せず，析出する結晶粒子が微細 (数 μm 以下) であるため，セラミックス以上の特性が得られる場合もある．このように，組成，微細構造，結晶化のための加熱の条件を調整することによって，多種多様の結晶化ガラスが作製されて実用に供されている．

キーワード：ガラス転移温度，失透，核生成，結晶成長，結晶化ガラス

figure

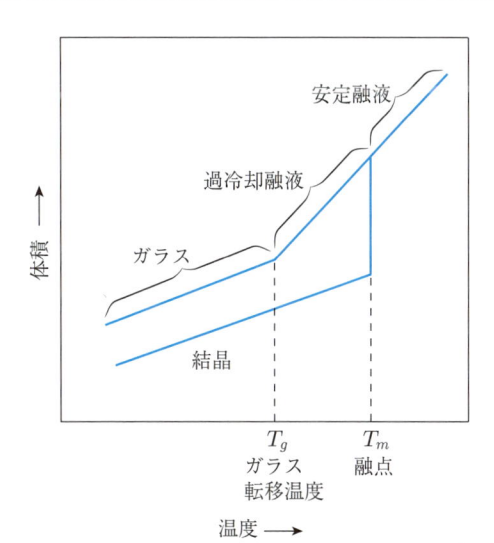

図 1.53 ガラス形成液体の体積の温度変化

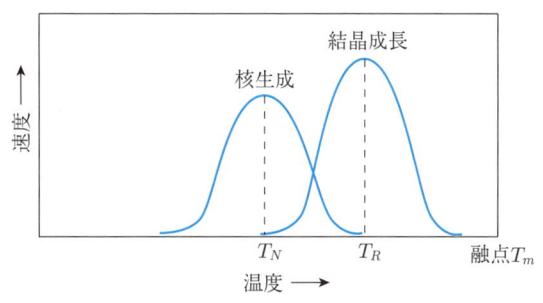

figure

図 1.54 核生成と成長の速度

1.3.10 複合化

二種類以上の材料を組み合わせて，単体材料を超える特性や，新規な機能を発現するように設計された材料を複合材料 (composite) という．通常，分散相と母相 (マトリックス) から構成され，分散相の形態により粒子分散強化型，ウイスカー強化型，長繊維強化型に分類される (図 1.55)．粒子分散強化型では，靱性向上のためにフレーク状粒子が使用されることもある．また，短繊維を使用した複合材料はウイスカー強化型と構造的には同じである．

複合化プロセスの概要を図 1.56 に示す．粒子分散強化型およびウイスカー強化型の複合材料は「混合分散プロセス」(原料の混合分散，成形，焼成) で製造される．この場合，混合は乾式または湿式で行われ，湿式混合では液体によって粒子どうしの凝集がほぐれるため，粒子を均一に分散する効果がある．また，粒子の表面電荷の静電的反発を利用して分散させる方法もある．ウイスカー強化型の場合，ウイスカーの接触や絡まりにより強度が低下するので，特に均一分散が重要となる．また，混合中にウイスカーが折れたり，表面に傷が入ることによっても強度が低下するので，混合時間や混合速度の調整が必要である．成形にも乾式と湿式があり，乾式法では混合粉末を金型成形した後，等方加圧成形 (静水圧加圧成形) が施される．湿式法には，泥しょう鋳込法，ドクターブレード法，押出し成形法，射出成形法などがあり，湿式混合した粉体をそのまま使用する．焼結体の作製には，常圧焼結法，ホットプレス法，静水圧加圧焼結 (HIP：hot isostatic pressing) 法などが用いられる．長繊維強化型の複合材料は，繊維束あるいは予備成形体 (プリフォーム) にマトリックス成分を均質に含浸させる「繊維配列プロセス」が利用される．スラリー法は，マトリックス粉末を液体に分散してスラリー状にし，その中に繊維束を浸す方法であり，長繊維の含浸に適している (図 1.57)．高融点のセラミックス系複合体は金属のように融液状にすることが困難であるため，ゾル-ゲル法や高分子熱分解法が用いられる．CVI (chemical vapor infiltration) 法もその一つであり，繊維の三次元プリフォームに反応ガスを浸透させて繊維間にマトリックスを析出させる方法で，プリフォーム内部で析出が起こるようになっている．

キーワード：複合材料，粒子分散強化型，ウイスカー強化型，長繊維強化型

1.3 成形と焼結

粒子分散強化型　　ウイスカー強化型　　長繊維強化型

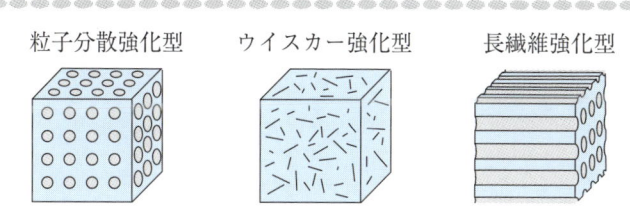

図 1.55　代表的な複合材料の構造

- 混合分散プロセス

  粒子, フレーク ─┐
  　　　　　　　　├→ 混合 ← セラミックス粉末
  ウィスカー, 短繊維 ─┘

  混合 → 成形 → 焼成

- 繊維配列プロセス

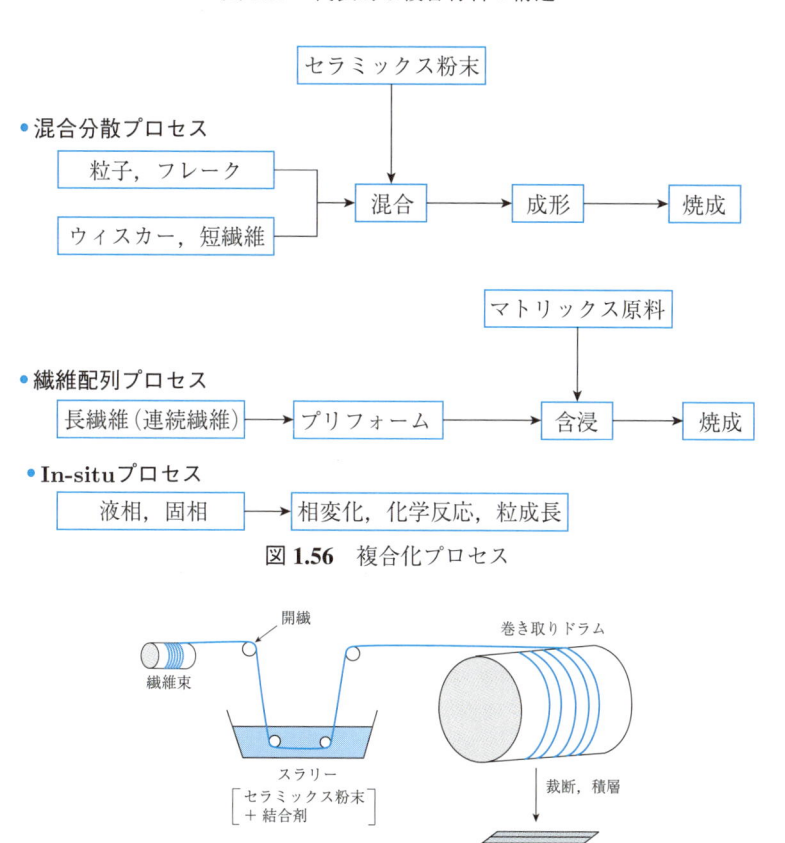

  長繊維（連続繊維）→ プリフォーム → 含浸 ← マトリックス原料

  含浸 → 焼成

- In-situプロセス

  液相, 固相 → 相変化, 化学反応, 粒成長

図 1.56　複合化プロセス

図 1.57　スラリー法による長繊維強化材の製造プロセス

（繊維束　開繊　スラリー［セラミックス粉末＋結合剤］　巻き取りドラム　裁断, 積層　プリプレグシート　ホットプレス）

2 ファンクション（機能）とアプリケーション

- 2.0 概　説
- 2.1 電磁気材料
- 2.2 構造・熱関連材料
- 2.3 光学材料
- 2.4 環境・エネルギー関連材料
- 2.5 生体関連材料
- 2.6 生活関連材料

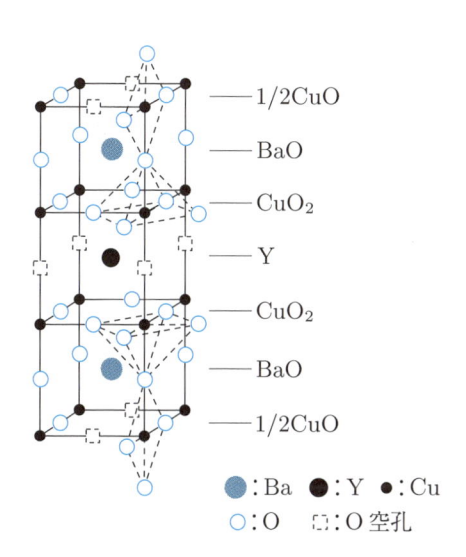

―1/2CuO
―BaO
―CuO_2
―Y
―CuO_2
―BaO
―1/2CuO

●：Ba　●：Y　•：Cu
○：O　⬚：O 空孔

$YBa_2Cu_3O_{7-\delta}$ の構造

第 2 章　ファンクション (機能) とアプリケーション

● **2.0　概　説** ●

　セラミックスは原料粉末を混合・成形・焼結という比較的単純な操作で製造できるため，さまざまな用途に用いられているが，その多くは陶磁器や琺瑯，煉瓦など，構造材料としての用途であった．しかし，そのセラミックスの構造は結晶粒子・粒界・気孔のほかにさまざまな析出物などを含んでおり，比較的複雑である．近年，セラミックスが電子部品として利用されているが，構造や組成のばらつきによって電気的特性が大きく影響されるため，大量生産に至るまでには並々ならぬ努力が必要であった．しかし，高純度な原料を用い，工程管理された製造ラインから作り出されるセラミックスのばらつきは小さくなり，物理的・化学的安定性に優れるセラミックス本来の特性も加わって，表 2.1 に示したような多岐の用途に利用されるようになっている．この表では，各機能に用いられているセラミックスを酸化物と非酸化物に分けて示した．このように分けたことにとくに意味があるわけてはなく，同じ機能でもさまざまな化合物が利用されていることを理解して頂きたいだけである．いずれも強固な共有性結合やイオン性結合によって目的の特性を発現している．

　表 2.1 に示したセラミックスのすべてがバルクの特性を利用しているわけではなく，表面を利用するもの，または粒界を利用するものも含まれている．表 2.2 はこれらの観点から電気・電子機能セラミックスを分類したものであるが，いずれも日常生活で使われているものばかりである．このようなセラミックスの多様性はその構造の複雑さが要因となって発現する性質であり，このためにかえって用途が広がっている．次項からは，このように多彩なセラミックスを用途別に紹介する．

　現在セラミックスは構造セラミックスと電子セラミックスとに大別できる．前者は通産省主導型の大型プロジェクトが中心であり，後者は企業主導型の開発が続けられている．前者は基礎研究に近いためにリスクも大きく，国が主導で進められることは当然と考えられる．しかし，セラミックス生産額の 9 割以上を後者が占めている現状を考えると，企業が切磋琢磨して競争原理が働く環境の優位性も否定できない．今後の新しいセラミックスの研究開発に携わる場合，このように両者の異なる開発経緯を振り返ってみることは意義深いと思われる．

キーワード：電子セラミックス，構造セラミックス

表 2.1 セラミックスの機能—材料—応用関連表

大分類	機能	酸化物セラミックス			非酸化物セラミックス		
		機能	材料	応用※	機能	材料	応用※
電気・電子的機能		絶縁性	Al_2O_3, BeO	基板	絶縁性	C, SiC, AlN	基板
		誘電性	$BaTiO_3$, TiO_2	キャパシタ	導電性	SiC, $MoSi_2$	発熱体
		圧電性	$Pb(Zr_x,Ti_{1-x})O_3$	発振子, 着火素子, 表面弾性波遅延素子	半導性	SiC	バリスタ, 避雷器
			ZnO, SiO_2		電子放射性	LaB_6	電子銃用熱陰極
		磁性	$Zn_{1-x}Mn_xFe_2O_4$	記憶・演算素子, 磁心			
		半導性	SnO_2, $Zn-Bi_2O_3$ $BaTiO_3$	ガスセンサ, バリスタ, 抵抗素子			
		イオン導電性	β-Al_2O_3, 安定化ZrO_2	NaS電池, 酸素センサ			
機械的機能		耐摩耗性	Al_2O_3, ZrO_2	研磨材, 砥石, 切削, 工具	耐摩耗性, 切削性	B_4C, ダイヤモンド, c-BN, TiC, WC, TiN	耐摩耗材, 砥石, 切削工具
		切削性			強度機能	Si_3N_4, SiC サイアロン	エンジン, 耐熱・耐食材料離型材
					潤滑機能	C, MoS_2, h-BN	
光学的機能		蛍光性	Y_2O_3	蛍光体	透光性	AlON, N含有ガラス	窓材
		透光性	Al_2O_3	ナトリウムランプ外套管	光反射性	TiN	集光材
		偏光性	PLZT	光学偏光素子			
		導光性	SiO_2, 多成分系ガラス	光通信ファイバー			
関連機能	原子力	原子炉材	UO_2 BeO	核燃料 減速材	原子炉材	UC C, SiC C BiC	核燃料 同上被覆材 減速材 制御材
機能	生化学的	歯骨材	Al_2O_3 $Ca_{10}(PO_4)_6(OH)_2$	人工歯骨	耐食性	h-BN, TiB_2, Si_3N_4, サイアロンC, SiC	蒸着容器ポンプ材, 他各種耐食部材
		材担体性	SiO_2, Al_2O_3	触媒担体			

※応用には開発中のものも含む.
PLZT:$(Pb_{1-x}La_x)(Zr_{1-y}Ti_y)O_3$, c-BN:立方晶-BN, h-BN:六方晶-BN,
サイアロン:Si-Al-O-N

表 2.2 セラミックスのバルク, 粒界表面の応用例

バルクの性質を利用したもの	汎用NTCサーミスタ, 高温サーミスタ, 酸素ガスセンサ(主として酸化物イオン伝導体)
粒界の性質を利用したもの	PTCサーミスタ, 半導体コンデンサ(粒界えん層型), ZnO系バリスタ
表面の性質を利用したもの	半導体コンデンサ(表面えん層型), BaTiO系バリスタ, 各種ガスセンサ, 温度センサ, 半導体セラミックス触媒

第 2 章　ファンクション(機能)とアプリケーション

● 2.1　電磁気材料 ●

2.1.1　電磁気特性と製品

　概説で述べたようにセラミックスはさまざまな用途に利用されている．特に，電子セラミックスは各種電磁気特性を発現することから，その応用範囲は広がるばかりである．これは，セラミックスが組成や微細構造を比較的簡単に変えられることができるためであるが，本項ではセラミックスの電磁気特性に的を絞り，その多彩な特性とその発現機構などについて概説する．

　セラミックスの電磁気特性のなかでも理解しやすいのは，半導体(semiconductor)特性と絶縁体(insulator)特性であろう．図 2.1 は，金属とセラミックスの一般的なバンド構造を示したものである．金属は伝導帯が半分ほど空であるために電子が自由に移動できることから，良好な電子伝導性を示す．一方セラミックスは，電子が詰まった価電子帯と電子が存在しない伝導帯との間にバンドギャップが存在しており，そのバンドギャップの大きさによって，絶縁体か，半導体かが決まる．表 2.3 に各種セラミックスのバンドギャップを示した．一般にセラミックスはバンドギャップが大きく，絶縁体に分類される．しかし，銅や鉄，さらには亜鉛の酸化物の値は比較的小さく，これらはガスセンサやバリスタなどの電子素子用材料として実用化されている．ちなみに NaCl などのイオン導電性は溶融温度以上で発現する．以上の説明は不純物を含まない真性半導体の場合であるが，セラミックスは不純物を添加することによってその特性が大きく変えられることも特徴である．図 2.2 は比較的大きなバンドギャップをもったセラミック母材に不純物が添加された不純物半導体のようすを示したものである．不純物の添加によって，母体となる半導体の価電子帯のすぐ上に電子を受け入れる準位が生じ，価電子帯の電子は比較的容易に上の準位に移動する．つまり，価電子帯中には電子の移動によって正孔(ホール)が生じることになり，p 型半導体としての特性が発現する．一方，不純物添加によって伝導帯直下の準位に生成する電子は，容易に伝導帯に移動して導電帯中を動くことが可能であるために，n 型半導体になる．

　表 2.4 は，各種電磁気機能を発現するセラミック材料の化学式とその用途を示したものである．誘電体は，絶縁体の一つであるが電気を溜められることに特徴がある．たとえば，アルミナ(Al_2O_3)は分極しないので絶縁体であり，回路

2.1 電磁気材料

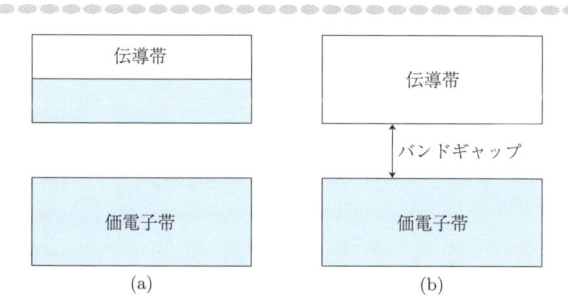

図 2.1 バンド構造
(a) 金属 (伝導体が不完全に満たされている), (b) 絶縁体または半導体.
0K では，価電子帯が完全に満たされ，伝導帯が完全に空の状態になるため，絶縁体となる．温度が上昇するにしたがって，電子が伝導帯に入り，伝導性を示すようになる．

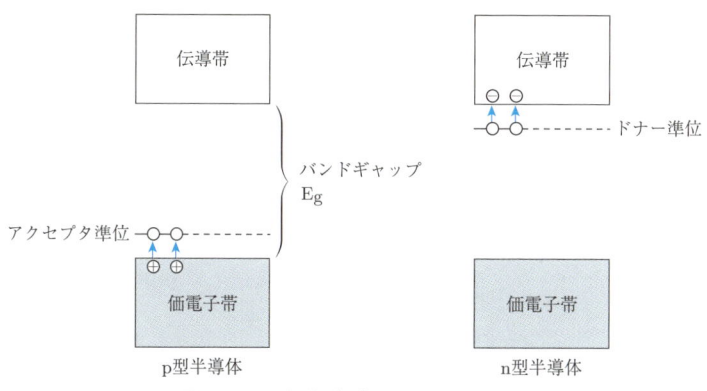

図 2.2 不純物半導体のバンド構造

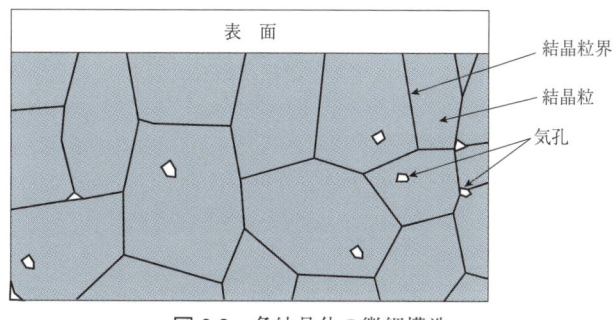

図 2.3 多結晶体の微細構造

基板用材料として広く用いられている．一方，チタン酸バリウム ($BaTiO_3$) は室温において正方晶構造であり，分極能を有するためにコンデンサをはじめとする各種誘電体用材料として広範に用いられてきた．しかし，現在では $BaTiO_3$ の誘電特性を上回る PZT ($Pb(Zr, Ti)O_3$) が主流になっている．なお，$BaTiO_3$ や PZT は恒久的に分極する強誘電体 (toerroelectrics) 材料の代表であり，圧電素子をはじめ多くの誘電体用の母材料として利用されている．

また，導電性を示す SnO_2 や ZnO は不純物を添加して特性を改良したものが利用されている．たとえば，サーミスタ，センサ，バリスタなどとして広範に利用されており，それらすべてを列挙することは不可能なくらいである．$BaTiO_3$ は PTC (positive-temperature coefficient) サーミスタとしても利用されている．その半導体化のために，Ba や Ti の一部を La や Nb で置換しており，温度を精密に測定することが可能であるため，体温計をはじめ，いろいろな用途に利用されている．また，PTC サーミスタのキュリー温度は Ba の一部を Sr や Pb で置換することによって比較的簡単に変更できる．一方，近年はエネルギー問題に注目が集まっているが，ジルコニア (ZrO_2) を主成分とする酸化物イオンの高いイオン導電性を利用した固体電解質型燃料電池の電解質材料の発展も期待されている．磁性材料としてはスピネル構造のフェライト (Fe_3O_4) から派生した材料が利用されており，その用途は磁石から光通信まで幅広い．

以上のようにセラミックスは列挙に暇がないほど広く利用されている．これはセラミックスが比較的簡単に特性を変えることができるためである．また，セラミックスの組織は図2.3のように多様で荷電担体もさまざま，さらに物理的・化学的に安定なセラミックス本体の特性にも起因している．しかし，逆に考えれば，セラミックスは複雑な材料であるために理論的考察が難しく，学問的に確立されているとは言いがたい．つまり，経験主義に依拠しているところが多く，早急な経験主義からの脱却が必要である．そのためにも単結晶から多結晶までの構造と物性の関係を解き明かすキャラクタリゼーションを行って，理論的な解明と同時に理論の限界を知ることが必要である．

キーワード：導電性，誘電性，絶縁性，磁性，キャラクタリゼーション

表 2.3 種々のセラミックスのバンドギャップ

材料	バンドギャップ (eV)	材料	バンドギャップ (eV)
ハロゲン化合物			
AgBr	2.80	MgF_2	11.00
BaF_2	8.85	MnF_2	15.50
CaF_2	12.00	NaCl	7.30
KBr	0.18	NaF	6.70
KCl	7.00	SrF_2	9.50
LiF	12.00	TiBr	2.50
2元系酸化物,炭化物,窒化物			
AlN	6.2	Ga_2O_3	4.60
Al_2O_3 平行	8.8	MgO (ペリクレース)	7.7
Al_2O_3 垂直	8.85	SiC (α 型)	2.60〜3.20
BN	4.8	SiO_2 (溶融シリカ)	8.3
C(ダイヤモンド)	5.33	UO_2	5.20
CdO	2.1		
遷移金属酸化物			
2元系		3元系	
CoO	4.0	$BaTiO_3$	2.8〜3.2
CrO_3	2.0	$KNbO_3$	3.3
Cr_2O_3	3.3	$LiNbO_3$	3.8
CuO	1.4	$LiTaO_3$	3.8
Cu_2O	2.1	$MgTiO_3$	3.7
FeO	2.4	$NaTaO_3$	3.8
Fe_2O_3	3.1	$SrTiO_3$	3.4
MnO	3.6	$SrZrO_3$	5.4
MoO_3	3.0	$Y_3Fe_5O_{12}$	3.0
Nb_2O_5	3.9		
NiO	4.2		
Ta_2O_5	4.2		
TiO_2 (ルチル)	3.0〜3.4		
V_2O_5	2.2		
WO_3	2.6		
Y_2O_3	5.5		
ZnO	3.2		

表 2.4 機能性セラミックスの用途例

機能	材料	主な応用素子・用途
絶縁性	Al_2O_3, BeO, SiC, BN, Si_3N_4, AlN	回路基板,半導体パッケージ,碍子
誘電性	$BaTiO_3$, $SrTiO_3$, $Pb(Zr,Ti)O_3$, $(Pb,La)(Zr,Ti)O_3$	コンデンサ,振動子,温度センサ,電気光学素子
導電性	(Mn, Ni, Co, Fe) 酸化物,ZrO_2,SnO_2, ZnO, $MgCr_2O_4$-TiO_2,$BaTiO_3$, $SrTiO_3$, $LiTi_2O_4$	NTC サーミスタ,ガスセンサ,湿度センサ,酸素センサ,PTC サーミスタ,BL コンデンサ,バリスタ,燃料電池,超伝導電送,ジョセフソン素子
磁性	Fe_3O_4, $BaFe_{12}O_{19}$, $NiFe_2O_4$	永久磁石,トランス,アクチュエータ

2.1.2 絶縁性

絶縁性は電磁気特性のなかでも目立つ特性ではないが，半導体社会を支える基盤材料であることは疑いのない事実である．その代表はアルミナ (Al_2O_3) であり，その他，フォルステライト ($2MgO \cdot SiO_2$)，ムライト ($3Al_2O_3 \cdot 2SiO_2$) などの酸化物，さらに窒化アルミニウム (AlN)，炭化ケイ素 (SiC) などがある．主な絶縁体の材料名と，特性を表 2.5 に示す．絶縁材料の主な用途は回路基板であるが，そのためには熱伝導率 (thermal conductivity) が大きく，高周波においても絶縁性を保持するために誘電率は小さなほうが好ましいなど，さまざまな特性が求められる．また，シリコンと同様の熱膨張率が求められる場合もあり，基板に要求される特性は厳しくなるばかりである．さらに，空気中の水分によって絶縁性は低下するため，表面をコーティングする場合も多い．しかし，逆にコーティングによって不純物が混入して特性が劣化する場合もあり，その製造には細心の注意が必要である．

絶縁体に関しては電子伝導を考慮する必要はないが，イオン伝導については別問題である．イオン伝導度 (σ) は電子伝導の場合と同様に，単位体積中の移動可能なイオン数を n，電荷を q，移動度 (mobility) を μ とすると，

$$\sigma = nq\mu$$

で表される．また μ は，イオンの拡散係数を D，k と T はそれぞれボルツマン定数と温度である場合，

$$\mu = qD/kT$$

で表される．また，E を活性化エネルギー，A を頻度係数とすると

$$D = A \cdot \exp[-E/kT]$$

となる．これら 3 つの式から

$$\log \sigma \propto -E/kT$$

となり，イオン導電性は温度とともに大きくなることがわかる．図 2.4 に抵抗率の温度依存性を示す．いずれにも大きな温度依存性が認められるが，これがイオン導電性の特徴である．また，マグネシアやアルミナなどの代表的な絶縁体も温度が高いほど抵抗率は小さくなっており，高温における使用に際しては注意が必要である．

キーワード：アルミナ，ムライト，窒化アルミニウム，炭化ケイ素

2.1 電磁気材料

表 2.5 代表的な絶縁性セラミックスの特性

材料名	アルミナ		フォルステライト	ムライト	ベリリア	窒化アルミニウム	炭化ケイ素
主成分	96% Al_2O_3	99.5% Al_2O_3	$2MgO \cdot SiO_2$	$3Al_2O_3 \cdot 2SiO_2$	99% BeO	AlN	SiC (+BeO)
かさ比重 [gcm^{-3}]	3.75	3.90	2.8	3.1	2.9	3.3	3.2
曲げ強さ [MPa]	340	490	140	180	190	400〜500	450
ヤング率 [GPa]	300	380	—	100	320	280	400
熱的性質 熱膨張係数[†] [$10^{-6}K^{-1}$]	6.7	6.8	10	4.0	6.8	4.5	3.7
熱伝導率 (25 ℃)	22	31	3	4	240	100〜260	270
電気的性質 破壊電圧 (20 ℃) [$kVmm^{-1}$]	14	15	13	13	15	15	0.1〜0.3
体積抵抗率 (20 ℃) [Ωcm]	$>10^{14}$	$>10^{14}$	$>10^{14}$	$>10^{14}$	$>10^{14}$	10^{13}〜10^{15}	$>10^{13}$
500 ℃	4.0×10^9	3×10^{12}	1×10^{10}	—	1×10^{13}	—	42
誘電率 (1MHz, 25 ℃)	9.0	9.8	6.0	6.5	6.8	8.8	
特徴・主用途	プラグ用, IC基板用	薄膜IC基板用	一般電気部品用	耐熱衝撃性良	高熱伝導基板用	高熱伝導基板用	高熱伝導基板用

† 25〜300 ℃ (SiC は 25〜400 ℃)

『先端材料応用事典』, p.67, p.69, 産業調査会 (1990) および『セラミックデータブック 1985』, p.389, 工業製品技術協会 (1985) より抜粋.

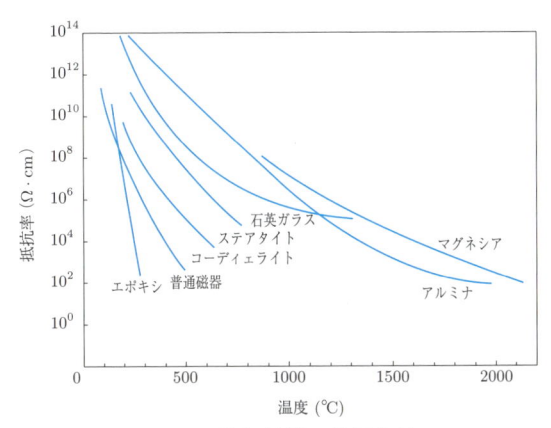

図 2.4 絶縁材料の絶縁特性

2.1.3 誘電性

　誘電性は，外部から印加された電圧(電界)に対する電荷担体の動きを利用する性質である．電荷担体としては電子(electron)，正孔(hole)，イオン(ion)があるが，これらは電界によって微視的に変位する．この変位によって電荷の中心はずれるが，これを分極と呼ぶ．この分極の概要を図2.5に示す．(a)のように電極に挟み込んだ誘電体に電圧を加えると，(b)のように誘電体内には電界に応じた電荷分布が認められるようになる．(c)は(b)から(a)の状態に戻したときの電流の時間的変化を示したものであるが，時間が経つにしたがって放電していく．この放電のようすは分極の種類によって異なる．

　図2.6は図2.5に示した誘電体部分の概要であり，コンデンサといわれる電子部品の構造と同じである．比誘電率(specific dielectric constants)が ε_r で面積 A，厚さ d の板状の誘電体を2枚の電極がはさんだ構造である．この場合のコンデンサの静電容量 C は

$$C = (A/d)\varepsilon = (A/d)\varepsilon_0\varepsilon_r = C_0\varepsilon_r$$

で表される．ここで ε_0 は真空中の誘電率，C_0 は真空中の静電容量である．

　分極(polarization)には電子分極，イオン分極，配向分極，界面分極がある．電子分極とは，原子中の原子核(正電荷)と電子(負電荷)が電界によって変位し，電荷重心がずれることによって生じる双極子モーメント(dipole moment)である．電界が印加されても電荷担体は移動しない点が導電性と異なる．イオン分極は，上記と同様の分極がイオン性結晶中の陽イオンと陰イオンにおよぶものである．配向分極とは，水のように，双極子モーメントを有するが，通常は原子が無秩序に集まっているためにモーメントをもたない分子が，電界によって双極子モーメントが配向するものをいう．また界面分極は多結晶体等の不均質な誘電体に認められるものであり，粒界等の局所に電荷が集まって生じる分極である．これらの分極は電界印加と同時に起こるのではなく，それぞれの機構に応じた時間的な遅れ(誘電緩和(dielectric relaxation))をともない，平衡状態に達するまでの時間が緩和時間と呼ばれる．緩和時間は分極の種類によって異なるが，そのようすを図2.7に示す．すなわち，緩和時間の長い分極ほど低周波数では認められなくなる．

　分極が自発的であり，かつ電界の向きによってその方向を変えられる物質が強誘電体である．そのようすを図2.8に示す．一つの粒子間において，通常は，

2.1 電磁気材料

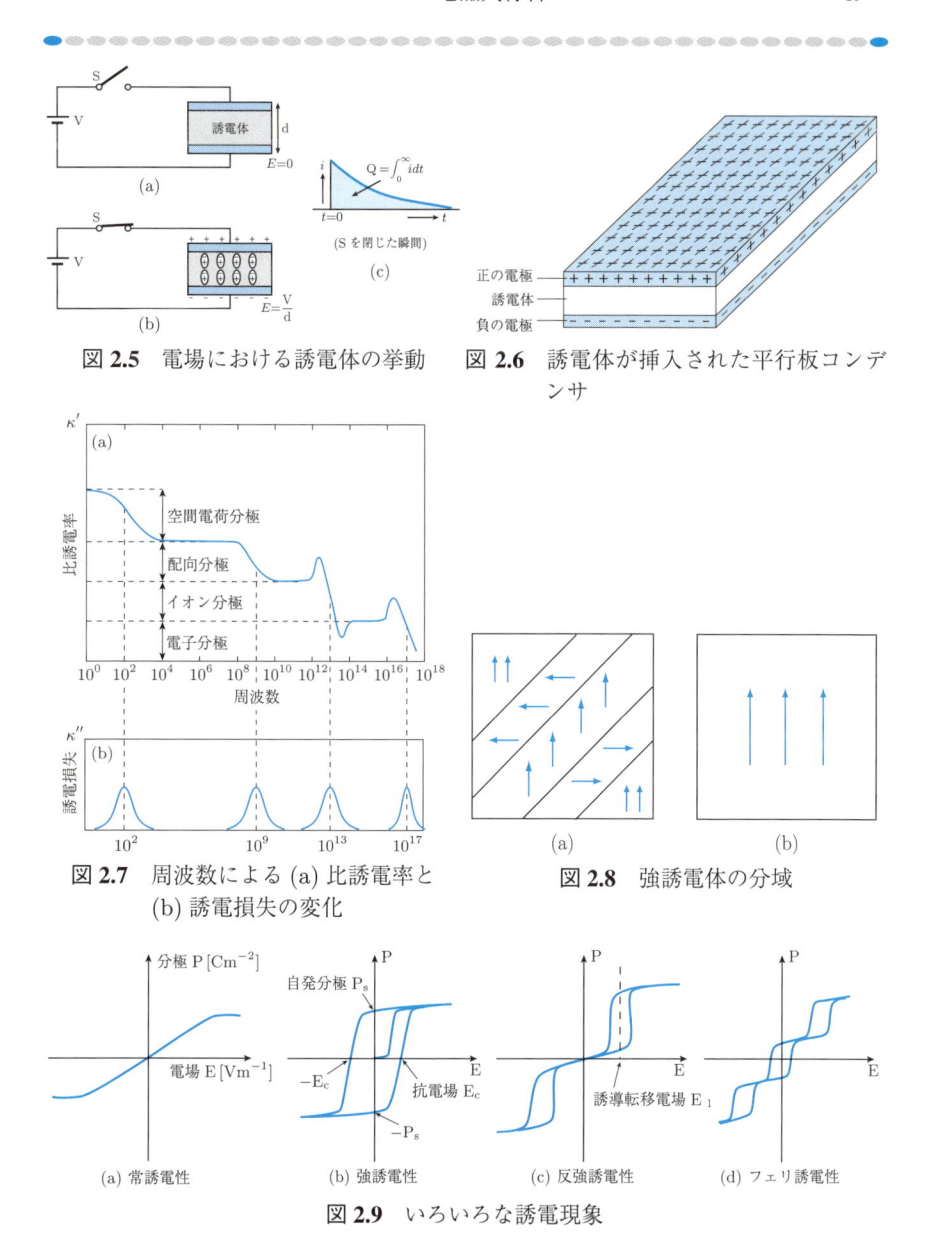

図 2.5 電場における誘電体の挙動

図 2.6 誘電体が挿入された平行板コンデンサ

図 2.7 周波数による (a) 比誘電率と (b) 誘電損失の変化

図 2.8 強誘電体の分域

(a) 常誘電性　(b) 強誘電性　(c) 反強誘電性　(d) フェリ誘電性

図 2.9 いろいろな誘電現象

(a) のように分域がそれぞれ 90°，または 180° の方向を向いている．ここに大きな電界を加えると，それぞれの方向を向いていた分域は，(b) のように一方向にそろう．強誘電体は電界がない場合でも分極しているが，坑電場以上の電界を加えることによって分極方向がそろうために分極は大きくなる．この強誘電性をはじめ，その他の誘電特性の電場 (E)-分極 (P) 曲線を図 2.9 に示す．このような状態において電界を小さくしても分極量が大きく減少することはない．電界の方向は抗電界に達するまで変わらず，抗電界を越えると分極方向は反転する．この強誘電体の代表は $BaTiO_3$ である．

図 2.10 は $BaTiO_3$ の温度による格子定数の変化である．120 ℃ 以上の温度においては立方晶であり，それ以下の温度では正方晶，さらに 0℃ 付近以下においては斜方晶であり，温度の低下とともに結晶の対称性は低下する．室温付近における正方晶系構造においては，その構造からも理解できるように陽イオンと陰イオンの重心位置がずれて分極しているために，誘電性が発現する．図 2.11 は $BaTiO_3$ セラミックスの比誘電率の温度依存性を示したものであるが，結晶構造が立方晶から正方晶に変化するキュリー温度付近で大きな比誘電率をもつことが分かる．このような大きな誘電率を室温で利用するためには，キュリー温度を室温まで下げる必要がある．このため，Ba^{2+} を Sr^{2+} や Ca^{2+} で，また Ti^{4+} を Zr^{4+} や Sn^{4+} で置換することが一般的である．また，比誘電率の温度依存性が大きな場合には，$CaTiO_3$ や $MgTiO_3$ などを添加することによって小さくする．

以上は，A サイト，B サイトのイオンがともに一種類の原子の場合であるが，実際には特性をコントロールするためにいずれのサイトも各種イオンが存在している．特に，焼成温度が低く，所望の温度係数を有する物質が得られる鉛系複合ペロブスカイトが研究・開発され，実用に供されている．その多くは，$Pb(A^{2+}_{1/3}B^{5+}_{2/3})O_3$，または $Pb(A^{2+}_{1/2}B^{6+}_{1/2})O_3$ なる組成の化合物であり，A としては Fe, Mg, Ni など，B としては Nb, Ta などが用いられ，誘電率の温度依存性が小さいことから緩和型誘電体 (リラクサー) と呼ばれている．なかでも PMN と呼ばれる $Pb(Mg_{1/3}Nb_{2/3})O_3$ 系化合物は電界による歪みが大きく，電界の増減によるヒステリシスも小さいために，さまざまなアクチュエータとして利用されている．

キーワード：分極，コンデンサ，比誘電率，強誘電性，PMN

2.1 電磁気材料

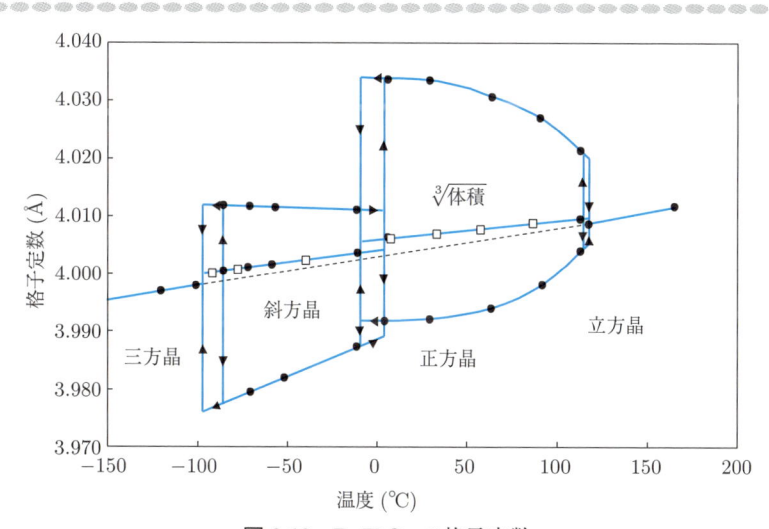

図 2.10 BaTiO$_3$ の格子定数
[From H.F.Kay and P.Vousdan, Phil. Mag., 7,40,1019 (1949).]

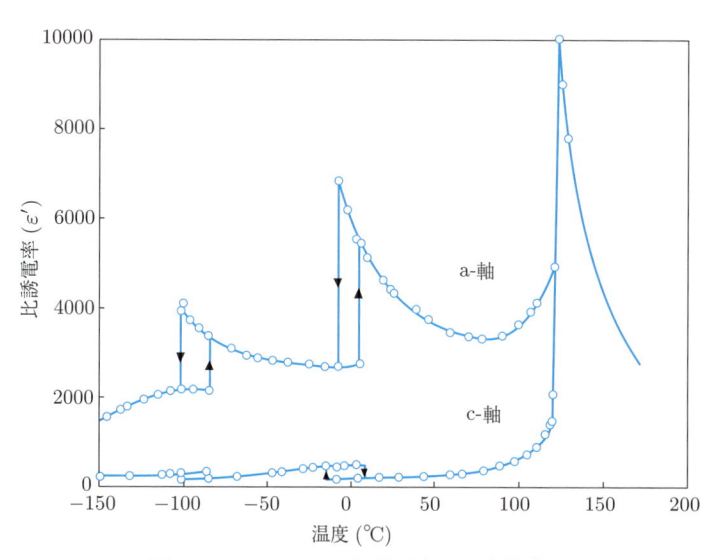

図 2.11 BaTiO$_3$ の比誘電率の温度依存性

2.1.4 電子伝導性

電荷が移動して電流が流れるとき，その電荷担体(キャリア)が電子である場合を電子伝導(electronic conduction)という．固体結晶の電子伝導を理解するには，固体内電子のエネルギー準位を基にしたエネルギーバンドモデルが有効である．このモデルでは，2.1.1でも示したように結晶を構成する原子に属する電子のエネルギー準位をバンド(帯)で表す．一般に，電子がとりうるエネルギー領域を許容帯(allowed band)，とりえないエネルギー領域を禁制帯(forbidden band)という．禁制帯の幅をバンドギャップ(band gap)，またはエネルギーギャップ(energy gap)と呼ぶ．電子が完全に満たされた許容帯を充満帯(filled band)といい，それよりもエネルギーが高く，一部または全部が満たされていない許容帯を伝導帯(conduction band)という．また，充満帯のなかで最もエネルギーの高いものを価電子帯(valence band)という．

絶縁体，半導体および金属(導電体)のバンドモデルの概念図を図2.12に示す．固体に電界が加わると電子のもつエネルギーが増加する．図2.12(a)のようにバンドギャップが大きい(> 3 eV)とき，電子は伝導帯に上がることができないため，電気伝導は発現せず絶縁体となる．この例には，Al_2O_3，SiO_2 および MgO などがある．一方，図2.12(b)のようにバンドギャップが小さい(約1 eV)場合には，電子が価電子帯から伝導帯へ上がることが可能になる．伝導帯へ上がった電子は，物質中を移動できるために電気伝導性が発現するが，このような物質は半導体と呼ばれる．この例には，FeO，MnO_2 および SnO_2 などがある．さらに，図2.12(c)のように許容帯が電子によって一部満たされているか，価電子帯と伝導帯が重なっている場合には，バンド中の空軌道を利用して，容易に電子がキャリアとなって動き，導電性が発現する．このようなバンド構造は，一般的には金属が示すものであるが，セラミックスのなかには同様のバンド構造をもち，金属的な伝導を示すものもある．この例には，TiO，CrO_2 および ReO_3 などがある．

半導体は熱励起によって容易に導電性を示すので，電気伝導度は温度の上昇とともに増加する．代表的な電子伝導性セラミックスの電気伝導度と温度の関係を図2.13に示す．

キーワード：電子伝導，バンド構造，バンドギャップ，半導体

2.1 電磁気材料

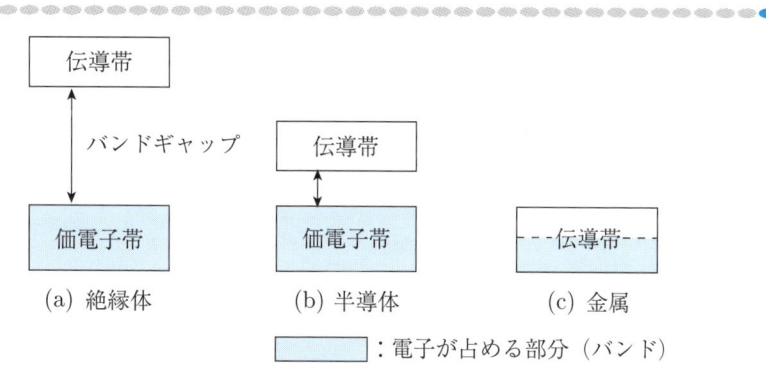

(a) 絶縁体: 伝導帯 — バンドギャップ — 価電子帯
(b) 半導体: 伝導帯 — 価電子帯
(c) 金属: 伝導帯

■：電子が占める部分（バンド）

図 2.12 固体のバンド概念図

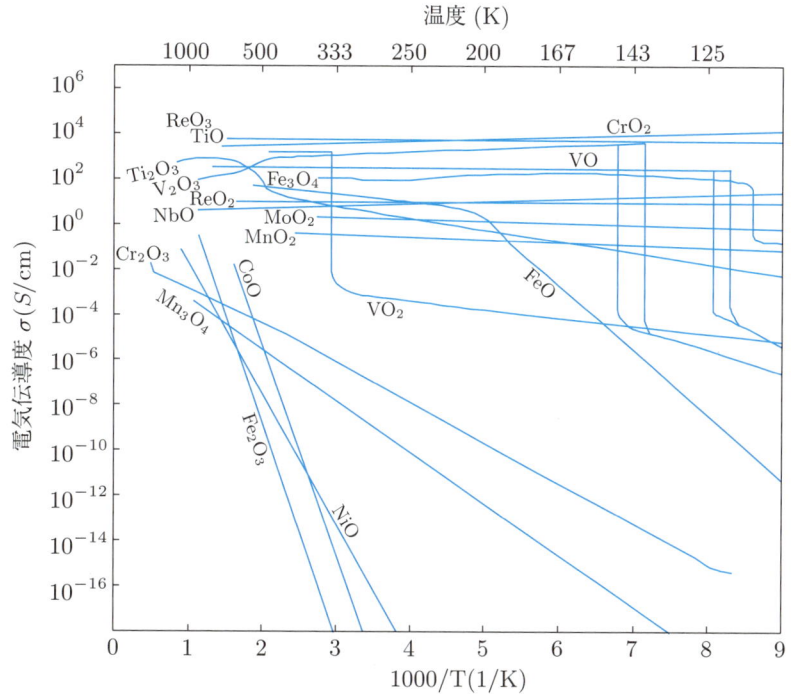

図 2.13 代表的な電子伝導性セラミックスの電気伝導度の温度依存性

2.1.5 イオン伝導性

　物質中に存在するイオンは，その熱エネルギーがある値を超えれば電界中で拡散し，イオン伝導 (ionic conduction) を発現する．固体の導電率は電子伝導とイオン伝導の両方の寄与を含む値であるが，電子伝導に比較してイオン伝導が顕著なもの，すなわち，イオン輸率がほぼ 1 の伝導体をイオン伝導体という．イオン伝導体のなかでも導電率の高いものは固体電解質 (solid electrolyte) と呼ばれる．

　イオンの拡散機構としては，空孔機構，格子間機構，準格子間機構の三種が知られている (図 2.14)．空孔機構では，空孔に隣接しているイオンが空孔の位置に移動し，結果的に空孔の移動方向とは逆方向にイオンが移動していることになる．格子間機構では，格子間にあるイオンが隣接する格子間位置に移る．格子間機構ではキャリアイオンが実際のイオン伝導種になるが，空孔機構ではイオンの動きと逆方向に動く空孔がキャリアになる場合もある．準格子間機構では，格子間イオンが格子イオンを別の位置へ追い出して，自分は格子位置へ納まるという過程を繰り返す．いずれの拡散もイオンが関与しており，イオンが十分なエネルギーをもつことにより，ポテンシャル障壁を越えて隣の空孔あるいは格子間位置に移動する．イオン導電率 σ_i は，次の Nernst-Einstein の式で表現される．

$$\sigma_i = nZ^2D/fkT$$

ここで n, Z, D は，それぞれ伝導種 (空孔，格子間イオン) の濃度，有効電荷，拡散係数である．また，相関係数 f は結晶構造と拡散機構によって異なり，格子間機構では $f = 1$，ほかの機構では 1 より小さい．

　イオン導電率が大きくなるためには，キャリア (格子欠陥) 濃度が高いことと，拡散係数の大きいことが必要である．したがって，イオン結合性セラミックスが高イオン伝導性を発現するのは，① 原子配列に隙間が多くイオンが移動するのに都合のよい構造である場合，② 結晶中でイオンの占有可能な位置がイオンの数よりも過剰にあり，それらの位置エネルギーにあまり差がない場合，③ 格子欠陥を外因的に導入して格子欠陥濃度を高くした場合である．代表的なイオン伝導体を表 2.6 に示す．

キーワード：イオン伝導，固体電解質，拡散機，イオン輸率

2.1 電磁気材料

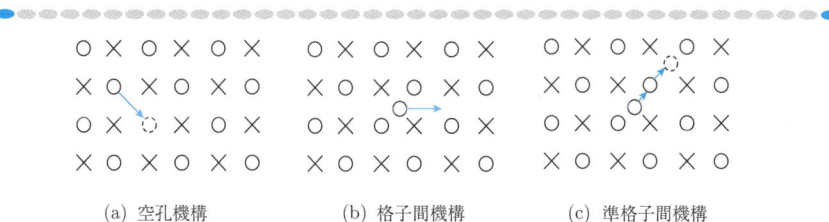

(a) 空孔機構   (b) 格子間機構   (c) 準格子間機構

○,×：イオン　◌：空孔　→：移動方向

図 2.14 典型的な拡散機構の模式図

表 2.6 代表的なイオン伝導体

可動イオン	イオン伝導体	伝導度 ($S\cdot cm^{-1}$)	
Ag^+	α-AgI	2×10^0	(200℃)
	$RbAg_4I_5$	2.7×10^{-1}	(25℃)
	AgI-Ag_2O-B_2O_3 (ガラス)	1×10^{-2}	(25℃)
Cu^+	$Rb_4Cu_{16}I_7Cl_{13}$	3.4×10^{-1}	(25℃)
	CuI-Cu_2MoO_4-Cu_3PO_4 (ガラス)	4×10^{-3}	(25℃)
	$CuBr$-Cu_2MoO_4-$CuPO_3$ (ガラス)	2×10^{-3}	(25℃)
Li^+	Li_3N	1.2×10^{-3}	(25℃)
	$Li_{14}Zn(GeO_4)_4$ (LISICON)	1.3×10^{-1}	(300℃)
	$Li_{1.3}Ti_{1.7}Al_{0.3}P_3O_{12}$	8×10^{-4}	(25℃)
	LiI-Li_2S-SiS_2 (ガラス)	2×10^{-3}	(25℃)
Na^+	$Na_2O\cdot 11Al_2O_3$ (β-アルミナ)	1.3×10^{-1}	(300℃)
	$NaZr_2P_2SiO_{12}$ (NASICON)	3×10^{-1}	(300℃)
	Narpsio	6.6×10^{-1}	(300℃)
H^+	$HU_2PO_4\cdot 4H_2O$	7×10^0	(100℃)
	$H_3(PMo_{12}O_{40})\cdot 29H_2O$	2×10^{-2}	(25℃)
	$SrCe_{0.95}Yb_{0.05}O_{3-\alpha}$	8×10^{-3}	(800℃)
	$BaCe_{0.9}Nd_{0.1}O_{3-\alpha}$	2.2×10^{-2}	(800℃)
O^{2-}	$Zr_{0.85}Ca_{0.15}O_{1.85}$	2×10^{-3}	(800℃)
	$Zr_{0.82}Y_{0.18}O_{1.91}$	2×10^{-2}	(800℃)
	$Bi_{1.5}Y_{0.5}O_3$	3×10^{-1}	(800℃)
F^-	CaF_2	3×10^{-6}	(300℃)
	β-PbF_2	1×10^{-3}	(200℃)
	β-$PbSnF_4$	8×10^{-2}	(200℃)

2.1.6 超伝導性

　金属材料のなかには温度が 0 K に近づくと電気抵抗値がゼロになる物質が知られており，この現象は超伝導 (super conductor) と呼ばれる．この超伝導性は，Onnes がヘリウムガスを液化し，その液体ヘリウム中で Hg の電気抵抗がゼロになることを見出したことに始まった．その後，Nb や Pb などの単体金属から Nb-Zr 系，Nb-Ti 系などのさまざまな組成の金属に超伝導性が見出され，それとともに超伝導性の発現温度が向上してきた．超伝導性を発現する温度は臨界温度と呼ばれ，超伝導金属材料とその臨界温度の歴史を図 2.15 に示す．酸化物超伝導物質が見出されるまでは，臨界温度が液体窒素温度 (77 K) 以下であり，実用化は難しかった．

　超伝導物質には弱い外部磁界は侵入しないが，これは Meissner と Ochsenfeld によって見出された現象でマイスナー効果と呼ばれている．そのようすを図 2.16 に示すが，超伝導体を下方からの磁界に曝した場合には浮力が生じることになる．このマイスナー効果と電気抵抗値がゼロである二つの条件を満足する材料だけが，超伝導材料と呼ばれる．

　金属を対象として検討されてきた超伝導物質であるが，1986 年，Bednors と Mueller は La-Ba-Cu-O 系化合物が超伝導性であることを見出してから，その歴史に新たな 1 ページを刻むことになった．この発見を契機として世界中で酸化物超伝導体の開発競争が始まり，金属では超えることができなかった液体窒素温度で超伝導性を示す酸化物系物質も現れた．酸化物超伝導体開発の流れも図 2.15 に示されているが，超伝導材料が金属から酸化物に変わることによって，その臨界温度は飛躍的に向上したことが分かるであろう．酸化物超伝導体の代表である Y-B-Cu-O 系物質の結晶構造を図 2.17 に示す．ペロブスカイト型構造が重なり，一部の酸素が抜けた構造と考えることができ，その化学式は

$$YBa_2Cu_3O_{7-\delta}$$

と表される．その後，さまざまな酸化物超伝導体が見出されているが，いずれも銅を含む酸素欠陥ペロブスカイト型構造と呼ばれる構造である．実用化のためには線状加工が必須であるが，そのための方法も開発されており，今後の展開が期待される．

キーワード：超伝導，マイスナー効果，酸素欠陥ペロブスカイト型構造

2.1 電磁気材料

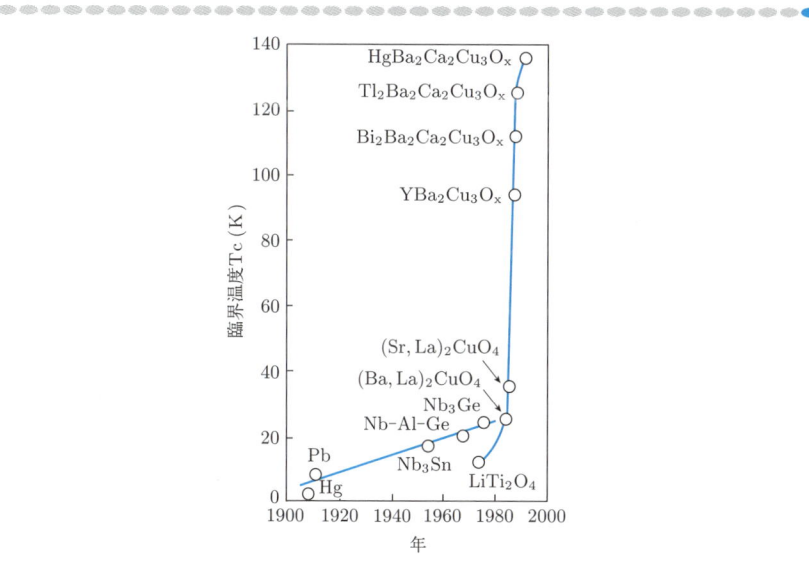

図 2.15 超伝導体の Tc の進歩

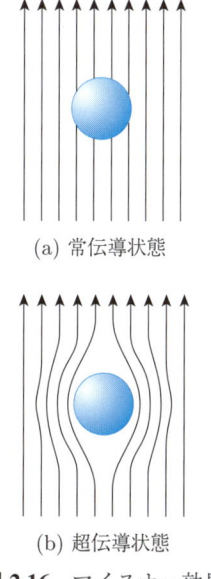

(a) 常伝導状態

(b) 超伝導状態

図 2.16 マイスナー効果

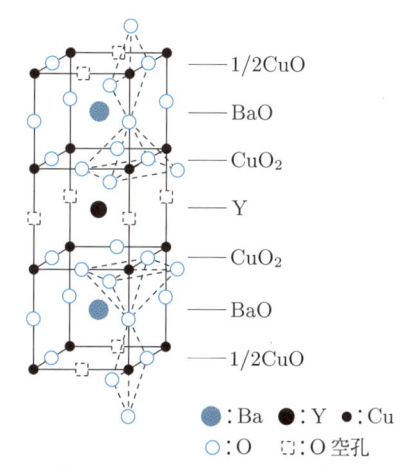

●:Ba ●:Y ●:Cu
○:O □:O 空孔

図 2.17 $YBa_2Cu_3O_{7-\delta}$ の構造

2.1.7 磁性材料

磁性体とは，磁界中に置かれた場合に磁気分極(磁気モーメント (magnetic moment)) を生じる物質と定義されている．その磁性は物質を構成する原子やイオンの磁気モーメントの大きさ，向き，配列によって決まる．磁性は，常磁性 (poramagnetism)，強磁性 (terromagnetism)，反強磁性 (antiterromagnetism)，フェリ磁性 (ferrimagnetism) の四つに分けられるが，それぞれの磁気モーメントの配列を図 2.18 に示す．磁性の原因は原子軌道上のスピンであることは周知のとおりであるので，ここでは酸化物の磁性について説明する．

d-ブロック原子と酸素原子とからなる化合物においては，酸素の両側にある原子どうしの超交換相互作用によって，それぞれの原子の磁気モーメントは平行，さらに反対方向に配置するが，そのようすを図 2.19 に示す．このモーメントの大きさが同じであれば磁性は現れないように思われるが，実際にはさらに外側にある原子の影響を受けたり，結晶構造の影響によって図 2.18 のような磁性が発現する．

磁性の代表はフェライト (ferrite) であり，なかでもマグネタイト (Fe_3O_4) は古くから利用されている．その構造は逆スピネル型であり，4 配位位置を Fe^{3+} が，6 配位位置を Fe^{2+} と Fe^{3+} が半分づつ占めた構造である．このようなフェライトの 4 配位位置と 6 配位位置の磁気モーメントは反対方向で，その大きさも異なるために，マグネタイトはフェリ磁性を示す．各種フェライトのイオン分布を表 2.7 に示すが，実際には完全な逆スピネルではないため，その構造から推定される磁気モーメントと実測値はわずかに異なる．また磁気モーメントは反強磁性物質を固溶させることによって向上するが，そのようすを図 2.20 に示す．Fe_3O_4 に反強磁性の $ZnO \cdot Fe_2O_3$ を固溶させた場合であるが，混合モル比が 1:1 付近で磁気が最大値を示している．これは，その大きさから Zn^{4+} は 4 配位位置に入りやすく，もともと 4 配位位置を占めていた Fe^{3+} が 6 配位位置に追いやられてしまい，その差分だけモーメントが増加するためである．この原理はフェライト工業で広く利用され，さまざまな磁性体が作り出されている．このスピネル型化合物のほか，フェリ磁性を示す化合物にはマグネトプラムバイト型，ガーネット型の化合物がある．なお，フェリ磁性体は磁化反転の難易性によって軟磁性体と硬磁性体に分けられる．

キーワード：磁性，磁気分極，強磁性，反強磁性，逆スピネル

2.1 電磁気材料

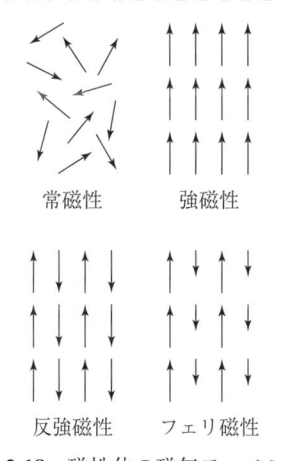

常磁性　　強磁性

反強磁性　　フェリ磁性

図 2.18 磁性体の磁気モーメントによる分類

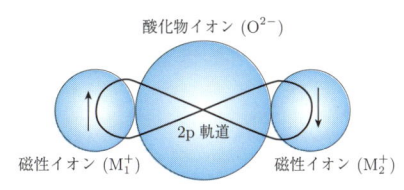

酸化物イオン (O^{2-})

2p 軌道

磁性イオン (M_1^+)　　磁性イオン (M_2^+)

図 2.19 超交換相互作用モデル

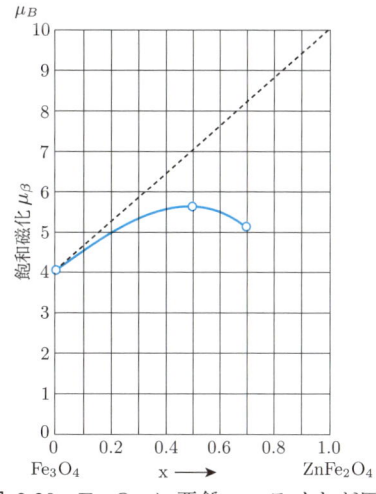

図 2.20 Fe_3O_4 に亜鉛フェライトが固溶する場合の飽和磁化 (絶対零度) の変化 [Gorter, E.W., Philips Res.Rep., 9, p295(1954) : Sobotta, E.A.et.al., Z.phys.Chem., Frankfurt, 39, p54(1963)]

表 2.7 各種フェライトの有効磁気モーメント μ_{eff} (単位はボーア磁子)

フェライト	イオン分布 (4配位) [6配位]	1 mol あたりの μ_{eff}	
		計算値	実験値
$MnFe_2O_4$	$(Fe^{3+})[Mn^{2+}, Fe^{3+}]O_4$	5	4.6
Fe_3O_4	$(Fe^{3+})[Fe^{2+}, Fe^{3+}]O_4$	4	4.1
$CoFe_2O_4$	$(Fe^{3+})[Co^{2+}, Fe^{3+}]O_4$	3	3.7
$NiFe_2O_4$	$(Fe^{3+})[Ni^{2+}, Fe^{3+}]O_4$	2	2.3
$CuFe_2O_4$	$(Fe^{3+})[Cu^{2+}, Fe^{3+}]O_4$	1	1.3
$MgFe_2O_4$	$(Fe^{3+})[Mg^{2+}, Fe^{3+}]O_4$	0	1.1
$Li_{1/2}Fe_{5/2}O_4$	$(Fe^{3+})[Li_{1/2}^+, Fe_{3/2}^{3+}]O_4$	2.5	2.6

2.2　構造・熱関連材料

2.2.1　概　論

　焼結された無機材料は高分子材料や金属材料に比べて加工性や成形性が劣る (1.3 および 3.1 参照)．そのため，複雑な曲面をもつ形状に成形されたものを焼結することや，焼結された無機材料に精密な機械加工を施し，仕上げることは困難である．しかし，高分子材料や金属材料の使用が困難である高温で高い応力に曝される過酷な環境においては，無機材料しか利用できない．スペースシャトルの断熱外壁材はその代表例である．

　無機材料の機械的性質 (mechanical property) や熱的性質 (thermal property) も，電気的性質同様に構成原子 (あるいはイオン) の化学結合に起因する．なかでもイオン結合におけるイオンの電子は安定な軌道上に存在しており，応力による原子の再配列 (塑性変形 (plastic deformation)) が起こりにくいため，金属材料に比べて小さな傷などから破壊が生じたり，衝撃に弱い．無機材料の多くは焼結体であり，その特性は粒径とその分布，および粒界の構造，不純物の量や分布などにも影響される．

　熱的性質も，化学結合による原子や電子の束縛に影響される．無機材料中の熱伝導は自由電子によらず，フォノン (格子振動) による伝導が主である．そのため，共有結合性が強い AlN などの特異例を除くと，一般的には金属材料に比べて無機材料の熱伝導性は劣る．

　金属材料に比べて高い分解温度や融点も，無機材料の優れた熱的性質として挙げられる (表 2.8)．これは上述したように，無機材料は強固な化学結合からなり，熱運動に対する安定性を有するからである．一般に，原子半径やイオン半径が小さいほど，また原子価や配位数が大きいほど融点は高くなる (表 2.9)．ただし，異なる結晶構造間の融点は比較できない．一般的に，酸化物と非酸化物の融点，あるいは分解温度を比較すると，次のような関係になる．

　　　　炭化物 > 窒化物 ＝ ホウ化物 > 酸化物

　SiC や Si_3N_4 は通常の使用環境である酸素雰囲気中では表面にシリケートの保護層が形成されるため，1,500 ℃ でも使用可能である．

キーワード：イオン結合，機械的性質，熱的性質，融点

表 2.8 金属とセラミックスの特性比較

評価項目		金　属	セラミックス
耐熱性		やや良好	良好
耐食性		不良	良好
力学特性	靱性 ($MN/m^{3/2}$)	210 (炭素鋼)	6.0 (Si_3N_4)
			4.5 (SiC)
		34 (アルミ合金)	5.0 (Al_2O_3)
	硬度　(kgf/mm^2)	数百	2000
	疲労機構	塑性変形	亀裂の成長
	耐衝撃性	良好	不良
	耐熱衝撃性	良好	不良

表 2.9 酸化物の融点

化合物	融点 (℃)	結合間隔 (Å)	配位数
MgO	2,800	2.12	6
CaO	2,570	2.41	6
SrO	2,430	2.56	6
BaO	1,923	2.76	6
SiO_2	1,723	1.66	4
TiO_2	1,830	2.01	6
ZrO_2	2,680	2.12	8

― 自分で調べましょう (その 2) ―

問題 1　超伝導体におけるマイスナー効果について調べましょう．
問題 2　イオン導電体のなかでも Li^+ イオン導電体と O^{2-} イオン導電体の構造の違いについてまとめましょう．
問題 3　フレミングの左手の法則を再度確認しましょう．

2.2.2 破壊と靭性

外力を加えたのち，これを取り除くと最初の状態に復元する弾性変形では，外からの応力 (σ) に対する歪み (ε) の関係式は次式で与えられる．

$$\sigma = E\varepsilon$$

E は弾性率 (ヤング率 (Young's modulus)) で，単位は [MN/m^2] である．軽量で，薄い材料が必要とされる自動車部品や航空機部品には，高いヤング率をもつ材料が使用される．一方，高い熱衝撃破壊材料が必要とされる場合には，低い E をもつ Si$_3$N$_4$ や SiC が望ましい．なお，この関係式が成り立つのは，弾性率が結晶方位に依存しない等方的材料の場合だけであるが，多結晶無機材料やガラスではよい近似が成り立つ．

無機材料のような脆性 (brittle) 材料の破壊はグリフィスの理論により説明される．破壊を『材料中の原子やイオン間の結合を開裂し，新しい二つの表面を生じさせる現象』と考えると，理論強度は結合の開裂に要する応力に等しいことになる．実際には，材料に内在する亀裂に応力が集中し破壊が進行するため，破壊強度 (σ_c) は，亀裂の成長に伴う表面エネルギー (γ) の増加と，結合の開裂より解放される弾性歪みエネルギーのつりあいにより，次式で表される (2.2.3 参照)．

$$\sigma_c = (2\gamma E/\pi C)^{1/2}$$

C は材料表面や内部に存在する傷や亀裂の長さの 1/2 とする．この式は応力 σ が σ_c に達すると亀裂が一気に成長して材料の破壊が起こることを示している．

また，長さ a の亀裂をもつ材料に応力 σ が加えられると亀裂の先端においては次式が成り立つ．

$$K_\mathrm{I} = \sigma Y \sqrt{a}$$

K_I は応力拡大係数で，Y は無次元の形状係数である．σ が σ_c に達して破壊が起こるときには次式が成り立つ．

$$K_\mathrm{Ic} = \sigma_c Y \sqrt{a}$$

K_Ic を臨界応力拡大係数または破壊靭性 (fracture toughness) と呼び，クラック成長速度との関係を図 2.21 に示す．K_Ic は材料設計に用いられる重要な材料定数で，脆性破壊に対する抵抗力を示す．無機材料では K_Ic の値は 0.75～10 [MN/m$^{3/2}$] 程度で，金属の 50～200 [MN/m$^{3/2}$] に比べて小さい．破壊の要因は，材料の純度や表面傷や内部に存在する亀裂のほかに，後述のような焼結体の粒径やその分布，不純物の偏析状態などの場合も多い．

キーワード：破壊，靭性，ヤング率，応力拡大係数，グリフィスの理論

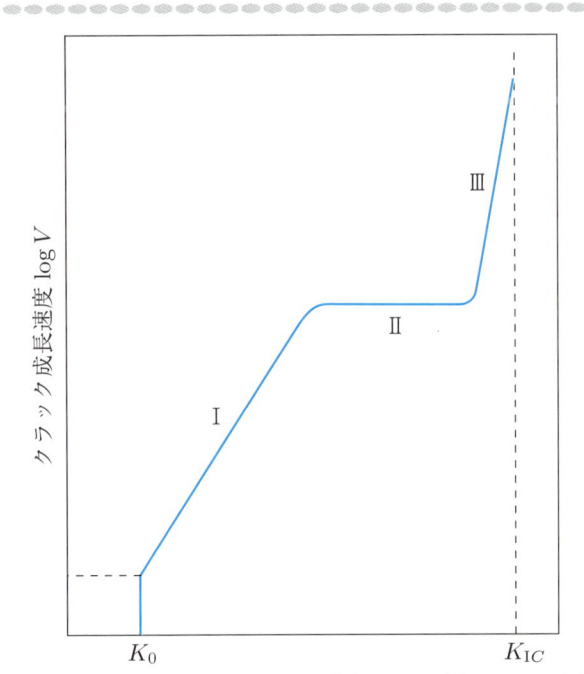

図 2.21 応力拡大係数 K_I とクラック成長速度 V の関係 (K_I-V ダイヤグラム)

ガラスやセラミックスなどの脆弱物質において，水分が存在するような腐食性環境下で，臨界応力以下で亀裂が伸展する場合があることが知られている．不安定破壊の前駆現象として生じるこの亀裂の伸展は緩やかな亀裂成長 (subcritical crack growth)，または低速亀裂成長 (slow crack growth) と呼ばれる．

K_I-V ダイヤグラム

応力拡大係数が下限界値 K_0 を超えると直ちに，亀裂の伸展が起こり始める．
領域 I：亀裂の成長が先端付近での腐食種との化学反応速度により律速されており，材料の疲労現象に関与している．
領域 II：亀裂伸展速度が速くなり，腐食種の亀裂先端への拡散が亀裂の成長を律速する．
領域 III：再び亀裂伸展速度は加速され K_I が K_{IC} に達して最終的に破壊に至る．

2.2.3 強度

固体の変形には 2.2.2 項に示した弾性変形 (elastic deformation) の他に塑性変形 (plastic deformation) があり，これは変形量が大きくなって力を除いてももとに戻らない状態になる変形である．応力とひずみの関係を図 2.22 に示すが，(A) はセラミックスに，また (B) は金属や有機化合物に認められる典型的な応力-ひずみ曲線である．これら二つの曲線の比較からもわかるが，セラミックスでは応力に対応するひずみ量が小さく，さらに塑性変形が認められる前に破壊してしまう．しかし，セラミックスにも，高温では (B) のような塑性変形が認められる場合がある．また，セラミックスと金属，またはセラミックスとセラミックスの複合化が盛んであるが，その場合の応力-ひずみ曲線は，図中の (C) に示したような金属とセラミックスの中間的な挙動を示すものが多い．

固体にある方向の応力 σ を掛けた場合のひずみ ε は 2.2.2 で示したように

$$\sigma = E\varepsilon \quad (E：ヤング率)$$

と表されるが，その値の一例を表 2.10 に示す．有機物に比べて金属の値は大きく，さらにセラミックスの値が大きくなっており，この数値が 3 次元的な結合状態を表していることに気がつく．固体の理論強度 σ_{th} は，原子間の結合を切って新しい表面をつくるために必要な最大応力 σ_{max} と等しいと考えられ，単位表面エネルギー γ はヤング率と次のような関係がある．

$$\sigma_{th} = \sigma_{max} = (\gamma E/\pi C)1/2 \fallingdotseq E/10$$

この式からもヤング率が大きい場合には，大きな強度を有する可能性のあることが分かる．しかし，実際の固体中にはさまざまな欠陥があるために，強度は理論強度の 1/10 以下の値になる．その欠陥の例として表面と内部に存在する亀裂を図 2.23 に示す．この亀裂の大きさを図のように定義した場合の強度 σ_r は

$$\sigma_r = (2\gamma E/\pi C)^{1/2}$$

で表されるが，セラミックスの強度はその欠陥のために，理論強度の 1/200 にまで低下することもある．亀裂の多くは気孔であるが，表面に現れている粒界面や表面のくぼみ等も亀裂の一種と考えられる．すなわち，このような欠陥がない単結晶においては，ほぼ理論強度に匹敵する強度が得られており，セラミックスにおいては，注意深い合成方法や加工方法が要求される．

キーワード：弾性変形，塑性変形，応力，ひずみ，ヤング率

2.2 構造・熱関連材料

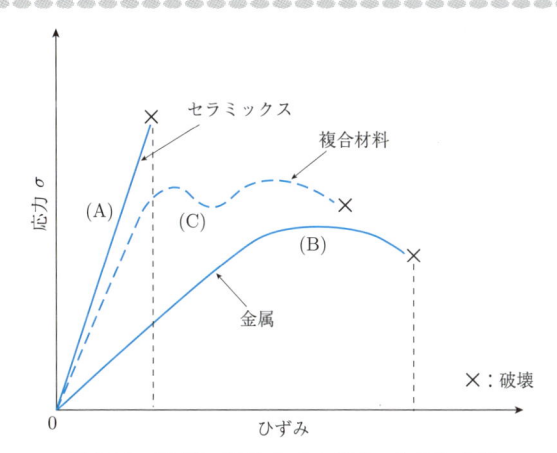

図 2.22 破壊に至るまでの応力-ひずみ曲線

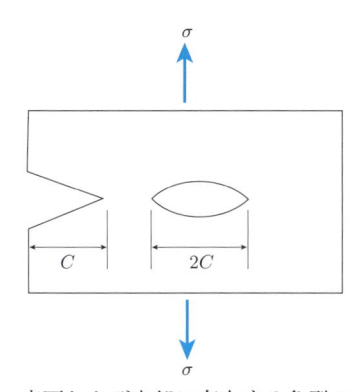

図 2.23 表面および内部に存在する亀裂のモデル図

表 2.10 各種材料のヤング率 (室温)

	(GPa)		(GPa)
Cu	115	MgO	214
Al	73	$MgAl_2O_4$	245
α-Fe	220	ZrO_2	195
Pb	16	石英ガラス	75
黒鉛	31	ナイロン (6-6)	3.7
WC	661	ポリエチレン	8.0
Al_2O_3	396	ゴム	1.0×10^{-3}

2.2.4 強度の評価法と統計処理

焼結した無機材料中には多数の亀裂が存在し，その大きさや形状は複雑で，その分布状態も多様である．また，粒界は破壊に対して重要な役割を果たし，微小粒径 ($< 1\mu$m) で構成される材料のほうが強度は大きい．これは，破壊の発生場所によって強度が異なるためである．このため，表面加工を精密に施した試料においても破壊強度にはバラツキ (分散) が認められる．

無機材料の強度は測定方法によって異なるが，強度定数としては引張り強度 (tensile strenght)，曲げ強度 (bending strenght)，および圧縮強度 (compressive strength) が用いられる．一般的に焼結体は圧縮応力に対しては強く，曲げ強度は小さくなる．曲げ試験においては，圧縮応力と同時に引張り応力も負荷される (図 2.24)．

無機材料の強度の測定値は，統計処理を施して示す必要がある．その基本的概念は最弱環理論である (図 2.25)．数学的には P_n の関数を決定する必要があり，ワイブル (Weibull) は P_n に対する累積破壊の関数 ($F(\sigma)$) として以下の非対称関数の使用を提唱した．これがいわゆるワイブル関数であり，材料の強度評価に広く用いられている．

$$F(\sigma) = 1 - \exp[-(\sigma - \sigma_u)^m/\sigma_0]$$

この式において，簡易的に $\sigma_u = 0$ と仮定して以下の式を得る．

$$F(\sigma) = 1 - \exp[-\sigma^m/\sigma_0]$$

この式の両辺を変形して対数をとると次式になる．

$$\ln\ln\{1/[1-F(\sigma)]\} = m\ln\sigma - \ln\sigma_0$$

破壊測定値がワイブル関数にしたがう場合には，$\ln\ln\{1/[1-F(\sigma)]\} - \ln\sigma$ のプロットにおいて直線性が認められる．m はその直線の勾配として実験的に決定され，ワイブル係数と呼ばれる．m は材料の均質性 (あるいは信頼性) の指標として用いられる重要な因子で，m が大きいほど，材料の均質性が高く，高強度材料の Si_3N_4 や SiC では 5～20 の値をとる．σ_0 は便宜的には測定強度の平均値が用いられる．ワイブルプロットは破壊強度のメカニズムを探る場合にも利用される．ワイブルプロットで直線が複数存在する場合は，破壊の原因が異なると考えなくてはならない．

キーワード：統計処理，ワイブル関数，曲げ強度，強度試験法

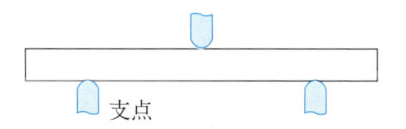

(a) 無負荷状態

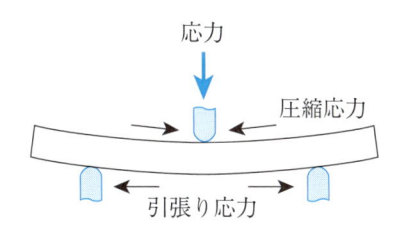

(b) 負荷状態

図 **2.24** 三点曲げ試験

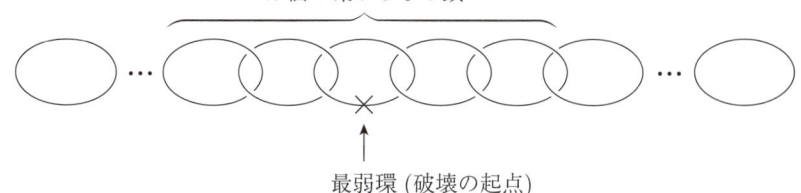

最弱環の破壊確率：P
全体が破壊しない確率 $P(n) = (1-P)^n$

図 **2.25** 強度の考え方 (最弱環理論)

--- 自分で調べましょう (その **3**) ---

問題 1 ゴムと鉄を例として，弾性変形・塑性変形のようすを説明しなさい．
問題 2 強度，硬度の違いを説明しなさい．

2.2.5 熱的性質

無機材料を応用するうえで重要な熱的性質は，熱伝導率 (k) と熱膨張率 (α)，熱衝撃破壊抵抗係数 (R) などである．

金属では伝導電子が熱の媒体となるが，無機材料では高温側の激しい振動エネルギーが，格子振動 (フォノン (phonon)) により低温側に伝搬される．この熱エネルギーの流れが熱伝導である．熱伝導率 (k) は，材料中の温度勾配 (dT/dx) に対する熱移動量 (Q) を表す指標であり，以下の関係式が成り立つ．k の単位は [kcal·m^{-1}·h^{-1}·°C^{-1}] あるいは [cal·cm^{-1}·s^{-1}·°C^{-1}] で表され，値が大きいほど熱が伝わりやすい．

$$dQ/dt = -kdT/dx$$

ただし，t は時間，x は距離である．BeO や MgO などの比較的単純な構造をもつのや，ダイヤモンドや SiC のような共有結合性が強いものの k は大きい (表 2.11)．

固体の熱膨張は，温度の上昇にともなう原子振動の増大によって起こる．熱膨張は結晶中の原子間距離に比例して増大し，体積熱膨張率 α は次式で表される．

$$\alpha = (dV/dT)/V$$

熱膨張率は化学結合に依存し，その大きさは金属結合＞イオン結合＞共有結合の順である．共有結合からなる材料では構造中にすき間が存在するために，フォノンの伝播が阻害されて α は小さくなる．一方，金属結合やイオン結合からなる材料では原子が密に充填されているために，α は大きくなる．しかし石英ガラスはイオン結合であるが，熱膨張率は小さい．これはその基本構造である SiO$_4$ 四面体が頂点を共有して網目構造状になり，その共有結合部で熱エネルギーの伝播が阻害されるためと考えられている．

無機材料は，急激な熱変化 (熱衝撃) が加わると熱伝導率が小さいために材料内部に温度勾配が生じ，内部応力 (熱応力) が発生する．その結果，亀裂が生じたり，破壊に至ることがある．2.2.3 で述べたように無機材料では圧縮応力よりも引張り応力による破壊が一般的であり，熱衝撃破壊抵抗 R は熱応力と引張り応力の均衡によって決まる．なお，$\Delta T_{\max}$ は材料が温度勾配に対して耐えうる最大温度差である (表 2.12)．

キーワード：熱伝導率，熱膨張率，熱衝撃破壊抵抗，石英ガラス

2.2 構造・熱関連材料

表 2.11 主な物質の室温での熱伝導率

物質名	$k(\mathrm{W/(m \cdot K)})$
C（ダイヤモンド）	9～2,300
Si	150
BeO	272
MgO	60
ZnO	28
SiO_2	6.2～10.5
SiO_2（ガラス）	1.4
TiO_2	8～9
Al_2O_3	36～46
$3Al_2O_3 \cdot 2SiO_2$	6

表 2.12 セラミックスの熱衝撃破壊抵抗係数

物質名	ΔT_{max} (℃)	R
Al_2O_3	180～200	96
ZrO_2	250～460	
β-スポジュメン	350	1,000
ガラスセラミックス	250～800	4,860
SiC	300～550	230
TiC	200～400	
WC	400～500	
反応焼結 Si_3N_4	450～650	570

2.3 光学材料

2.3.1 概論

　近年の光学技術のめざましい発展は，レーザーを含めた新しい光源，光伝送体や光半導体などの光学材料の画期的な進歩によりもたらされた．大容量超高速情報処理，画像処理，通信，計測などのあらゆる分野において，光学技術は進展が期待されている．

　光学材料としては，無色透明で均質・等方的であり，化学的耐久性や加工性が優れることに加え，さまざまな屈折率や分散性（光の波長による屈折率の差）などが要求される．セラミックスはこれらの多様な要求を満たす光学材料として重要な位置を占めてきた．最も広く用いられているのは，レンズ，プリズム，反射鏡，窓材などの光学ガラスであり，そのほかに透光性セラミックス，光触媒，蛍光体，無機顔料などもある．

　世界的規模で拡大する IT 関連産業のなかでも，その中核をなすのが光ファイバー (optical fiber) を代表とする光通信部品であり，これらの部品には多くのセラミックス材料が使用されている．たとえば，光ファイバーに匹敵する産業規模となった半導体レーザーモジュールには，気密封止性に優れるセラミックパッケージが使用されているほか，半導体レーザーを搭載するヒートシンクとしては AlN が，また冷却用デバイスとしてモジュール内に組み込まれているペルチェクーラーには Al_2O_3 や AlN が使用されている．また，構成部品にルチル単結晶やガーネット厚膜，希土類磁石を収納する光アイソレーター（光を一方向のみ通し，反対方向には通さない素子）は，多重反射の防止などの機能をもち，半導体レーザーモジュールやファイバーアンプに組み込まれている．波長多重伝送 (WDM) システム需要の立ち上がりにともない，部分安定化ジルコニア (PSZ) をフェルールとして使用する光コネクターとともに，市場は拡大している．

　上述したような光通信用の部品に用いられるセラミックスを表 2.13 に示す．いずれにしても，今後の光通信市場において，セラミックスは必要不可欠なキーデバイスとしてさらに重要な役割を果たすであろう．

キーワード：レーザー，光ファイバー，光アイソレーター

2.3 光学材料

表 2.13 光通信部品とセラミックス

光通信部品	セラミック部品 (材料)	使用箇所	機　能
光ファイバー	石英	コア	光透過
半導体レーザーモジュール	Al_2O_3	パッケージウォール部	絶縁
	Al_2O_3, AlN	ペルチェクーラー	絶縁, 放熱
	低融点ガラス	リード引き出し口	気密封止
光アイソレーター	赤外線偏光ガラス (ルチル)	検光子, 偏光子	
	ガーネット厚膜	ファラデー回転子	
	希土類磁石		ファラデー素子への磁界の印加
	低融点ガラス		気密封止
光コネクター	PSZ, 結晶化ガラス	フェルール	光ファイバーの保持・固定
光変調器	$LiNbO_3$ 素子	変調素子	誘電体 (電気信号と光信号の変換)
導波路型光分岐結合器	石英	導波路チップ	光信号の分岐結合
	石英	ファイバーアレイ	ファイバーと導波路チップの接続
アレイ導波路型合分波器	石英	導波路チップ	光信号の合分波
	石英	ファイバーアレイ	ファイバーと導波路チップの接続
	Al_2O_3, AlN	ペルチェクーラー	絶縁, 放熱
光スイッチ (機械式)	酸化物フェライト	パッケージ, 基板	低熱膨張
可変型アッテネーター	石英, LN, シリコン	導波路基板	光パワーの制御

2.3.2 透光性セラミックス

多結晶体には粒界や気孔が存在しており，透明度の優れたセラミックスを得るためには，不純物が少なく，光学的異方性の小さいナノ構造をつくることが必要である．そのためには，構造は立方晶に近く複屈折が小さく，均一な超微結晶粒子からなり，異相や気孔が存在しないことが望ましい．気孔を完全に除去することは困難であるが，その大きさが 3〜10 nm 程度であれば，ほとんど影響はない．

透光性セラミックス (translucent ceramics) は，粒径，気孔率，気孔径，複屈折率，粒界偏析層などの光学散乱因子を抑制して得られる透光性多結晶体で，雰囲気焼結法，ホットプレス法，HIP 法などにより作製される．代表的な透光性セラミックスの合成条件を表 2.14 に，光透過率曲線を図 2.26 に示す．立方晶の MgO，Y_2O_3，$MgAl_2O_4$，立方晶相と擬立方晶相をもつ PLZT $((Pb, La)(Zr, Ti)O_3)$ などは直線透過率が高く透明であるが，Al_2O_3，BeO などは半透明である．

透光性セラミックスは，セラミックス固有の耐熱性，耐食性，高強度である特性のため，広く応用されている．Al_2O_3 焼結体は，高温でナトリウム蒸気に侵されにくく，かつ光を通すという特性を利用して，高圧ナトリウムランプの発光管材料として使われている．石英，CaF_2，LiF などは紫外線用，ZnS，KBr などは赤外線用の光学窓材である．そのほか，光シャッターや光メモリー用材料として PLZT が用いられている．

光の波長に比べて粒径の小さい微粒子がガラスマトリックス中に分散している場合，その割合が数十%でも光の散乱が起こりにくいので，透明となる．たとえば，適当な結晶核を加えて結晶化させると透明結晶化ガラスが得られるが，析出結晶が低熱膨張率であれば全体としては熱膨張率が低くなり，600〜700 ℃程度の高温から急冷しても熱衝撃で割れることが少ないものをつくることができる．

キーワード：透光性セラミックス，PLZT

2.3 光学材料

表 2.14 透光性セラミックスの合成条件

		BeO	MgO	Al$_2$O$_3$	PZT	CaF$_2$	GaAs
結晶系		六方	立方	菱面体	正方	立方	立方
融点 (℃)		2,570	2,800	2,050	1,450	1,360	1,240
合成	(℃)	1,200	1,400	1,500	1,000〜1,300	900	900〜1,000
条件	(MPa)	200	30	40	20〜70	260	60〜300

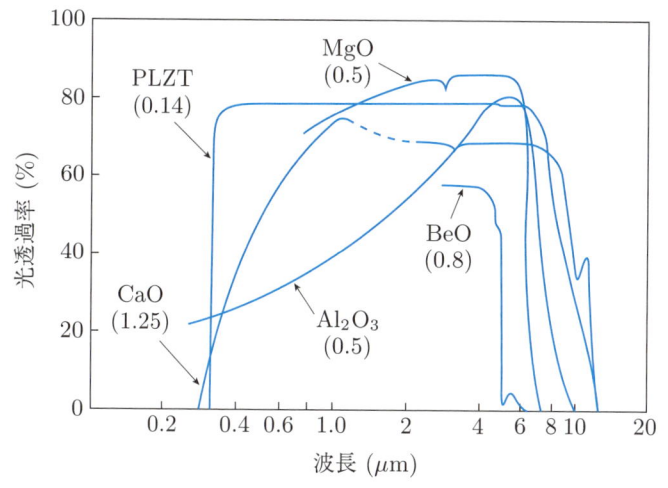

図 2.26 透光性セラミックスの光透過率
カッコ内の数値は試料の厚さ (mm)

2.3.3 光ファイバー

光ファイバー (optical fiber) は光を情報伝達に使うもので，光ができるだけ遠くまで損失(減衰)なく到達するように，できるだけ透明な材料が必要である．無機物の非晶質固体であるガラスには，結晶質固体では得られない特性がいくつかある．非常に高純度のシリカ (SiO_2) を主成分とするガラスは，長距離のファイバーに線引きすることができる．その組織は均質で，粒界がないので散乱もなく，光の損失が少ないので遠方にまで伝送することが可能である．また，化学組成を微妙に制御して屈折率を変化させることもできる．

光ファイバーは，屈折率の高いガラスからなるコア (core) 部とそれより屈折率の低いガラスからなるクラッド (clad) 部からできている (図 2.27)．ステップ型の場合，コア部の屈折率は一様で，光は界面での全反射を繰り返して伝わる．グレーデッド型(屈折率分布型)では，コア部の中心で高く，中心から離れるにしたがって放物線的に屈折率が低くなっており，光は正弦波のような形でコア中を蛇行しながら伝わる．コア径が小さく，コアとクラッドの屈折率差が小さい単一モード型では，クラッド中を直線的に光が伝わる．

シリカ系光ファイバーは，化学的気相蒸着法 (CVD：chemical vapor deposition) により製造される．ガス状の $SiCl_4$ (沸点 57.3 ℃) を約 1,300 ℃ で次式のように熱分解する現象を利用して，

$$SiCl_4 + O_2 \rightarrow SiO_2 + 2Cl_2$$

高純度シリカ多孔体を作製する．これを約 1,500 ℃ に加熱して焼結体(プリフォーム)としたのち，約 2,000 ℃ で溶融させてファイバーとする．屈折率の調節には，GeO_2 や P_2O_5 (屈折率を上げる) あるいは B_2O_3 (屈折率を下げる) を添加する (図 2.28)．コアガラスを SiO_2 としてクラッドガラスを $SiO_2 + B_2O_3$ とするか，コアを $SiO_2 + GeO_2$ または P_2O_5 としてクラッドを SiO_2 ガラスとする方法が考えられる．コアは，中心部から周辺部に進むにつれて GeO_2 含有量を小さくして屈折率を変化させる．CVD の原料は液体であり，$SiCl_4$ のほかに $GeCl_4$, $POCl_3$, BBr_3 などが使用される．原料液体を噴霧して火炎中で生成した酸化物微粒子をキャリアーガスによって石英管の外側あるいは内側に凝着させる．この方法はわが国で発明された方法で，気相軸付け法 (VAD：vapor-phase axial deposition) と呼ばれる．

キーワード：シリカ，屈折率，コア，クラッド，VAD

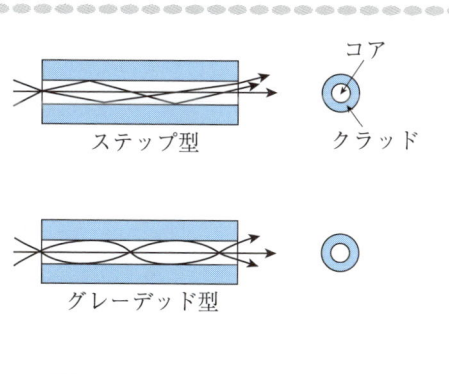

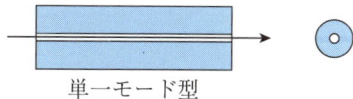

図 2.27　光ファイバーの構造

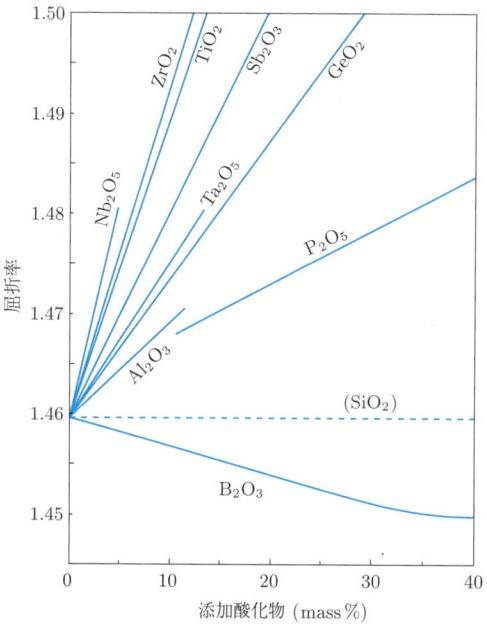

図 2.28　各種酸化物の添加による SiO_2 ガラスの屈折率の変化

2.3.4 光触媒

　光触媒 (photocatalysis) とは "光が当たってはじめて触媒作用を示し，かつ光化学反応を促進するもの" と解釈されている．光触媒が注目されたのは，1972年の本多・藤島効果の発見に始まる．これは，185 nm 以下の波長を二酸化チタンに当てることによって水が分解して水素と酸素が生じる現象であり，現在も n 型半導体の二酸化チタンが光触媒の代表である．

　n 型半導体に，禁制帯以上のエネルギーをもつ光を照射すると価電子帯の電子が励起されて伝導帯に移る．このときの光のエネルギー E は h：Planck 定数，ν：光の振動数，c：光の速度，λ：光の波長とすると

$$E = h\nu = hc/\lambda$$

で表される．図 2.29 に，二酸化チタン (ルチル型，アナターゼ型) の水の分解に関係する酸化電位を示す．伝導帯の下端は水素発生電圧よりも高く，価電子帯の上端は酸素発生電位よりも小さいことから，二酸化チタンが水の分解に適していることが理解できる．表 2.15 におもな化合物の禁制帯 (eV) を示す．光触媒として禁制帯の小さな化合物が望ましいことはいうまでもない．この表からは，二酸化チタンに比べると禁制帯が小さく，水の生成に必要な 1.23 V 以上の電圧を示す化合物も見出される．しかし，いずれも伝導帯の下端が水素発生電圧よりも高いために利用できない．二酸化チタンと同様な禁制帯をもつ化合物として $SrTiO_3$ や K_4NbO_{17} も見出されたが，二酸化チタンを越える特性は得られていないのが現状である．

　光触媒を利用する製品は多数考えられるが，ここでは太陽電池 (solar cell) として利用する可能性について説明する．その原理を示したものが，図 2.30 である．ヨウ素の電解質溶液に，二酸化チタンと白金が電極として挿入してある．光照射によって二酸化チタン電極中に電子と正孔が発生し，電子は白金電極に集まる．白金中の電子は溶液中のヨウ素 (I_2) をイオン化して I^- となり，これが液体中を移動して二酸化チタン表面に達する．I^- は二酸化チタン電極中に残存している正孔に電子をとられるために酸化し，I^{3-} となる．つまり，図のようなループが完成することになり，電池として作動する．これはシリコン太陽電池と異なり，電解質溶液を用いるために湿式太陽電池と呼ばれる．しかし，紫外光域だけで作動するため，効率は悪い．

キーワード：光触媒，本多・藤島効果，酸化チタン，太陽電池

2.3 光学材料

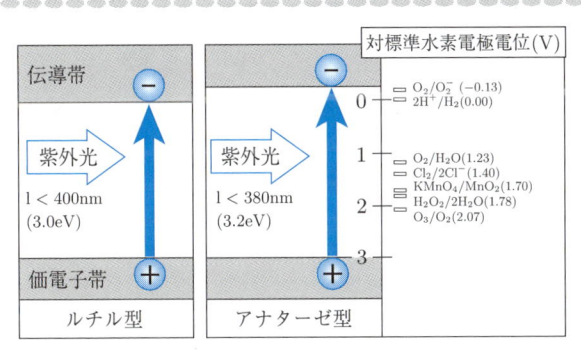

図 2.29 二酸化チタンのエネルギーダイヤグラムと種々の酸化剤の酸化電位

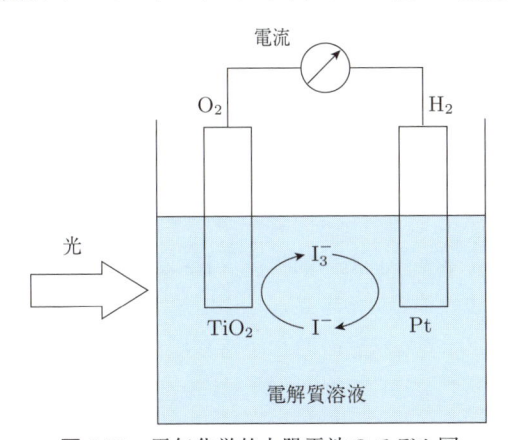

図 2.30 電気化学的太陽電池のモデル図

表 2.15 金属酸化物半導体

半導体	バンドギャップ (eV)	半導体	バンドギャップ (eV)
Fe_2O_3	2.2	TiO_2 (ルチル)	3.0
Cu_2O	2.2	TiO_2 (アナターゼ)	3.2
In_2O_3	2.5	$SrTiO_3$	3.2
WO_3	2.7	ZnO	< 3.3
Fe_2TiO_3	< 2.8	$BaTiO_3$	3.3
PbO	2.8	$CaTiO_3$	3.4
V_2O_5	2.8	$KTaO_3$	3.5
$FeTiO_3$	2.8	SnO_2	3.6
Bi_2O_3	2.8	ZrO_2	5.0
Nb_2O_3	3.0		

2.3.5 蛍光体

物質に電場を印加したり，光を照射した場合に発光することがある．これは，電気や光のエネルギーを吸収した物質が，そのエネルギーを光として放出する現象であり，このような物質を蛍光体 (phosphor)，放出される光をルミネッセンス (luminescence) という．代表的な蛍光体を用途および励起方法とともに表 2.16 にまとめて示す．蛍光体には，純粋な状態で固有の光を発するもの (アントラセン，モリブデン酸カルシウム，蛍石など) と，発光中心形成のために不純物 (付活剤：activator) を母結晶 (host) に添加したもの (付活型と呼ばれる) とがある．純粋なものでは発光波長が固定されているのに対し，不純物を含むものはその種類や量によって発光波長が変化する．したがって，実用的には自由に波長が変えられる付活型の蛍光体が利用される．

図 2.31 は付活剤イオンのポテンシャルエネルギーを，このイオンと最近接イオンとの距離の関数として示したものである．熱振動も量子化され，ポテンシャルエネルギーは図のようにとびとびの値になる．図 2.31(a) において，最もエネルギーの低い状態 A にある付活剤イオンが，電子線，紫外線，X 線などの励起エネルギーを吸収すると，真上の励起状態 B に移る．このエネルギーの一部は結晶の格子振動によって熱エネルギーとして失われ，平衡位置 C の準位まで下がり，C 点から真下の基底状態の D まで落ちる (失活という)．このとき CD に相当するエネルギーを光として放出し発光する．図 2.31(b) のように，励起状態のなかで最も低い振動状態の位置 (核間距離) が基底状態のポテンシャル曲線の外側にあるような場合は，吸収した励起エネルギーは，矢印のように励起状態と基底状態の交点 S を通って基底状態に戻り，発光することなく失われる．図 2.31(a) における h の高さは，その物質の発光に大きく関係する．すなわち h が高い場合は，S を超えて基底状態に戻るよりも，C から D へ降下して発光するほうが容易であり，これが蛍光体である．これに対して h が低い場合は，条件によっては S を超えて基底状態に戻る確率も増えるため，h が高い場合よりも発光確率は低くなる．一般の物質では図 2.31(b) のような関係にあって h がないため発光しない．発光して励起エネルギーを失う過程を輻射遷移 (radiative transition)，発光しないで格子振動などにエネルギーを奪われてしまう過程を非輻射遷移 (non-radiative transition) という．

キーワード：蛍光体，ルミネッセンス，付活剤，輻射遷移，非輻射遷移

2.3 光学材料

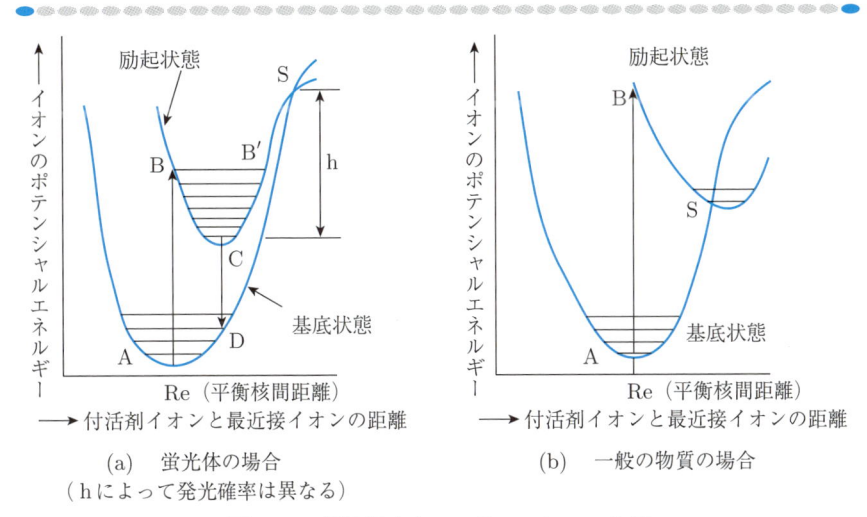

(a) 蛍光体の場合
（hによって発光確率は異なる）

(b) 一般の物質の場合

図 2.31 付活剤イオンのポテンシャル曲線

表 2.16 蛍光体

用途	励起方法	代表的蛍光体 (発光色)
蛍光ランプ	主に 254 nm 紫外線	$Ca_{10}(PO_4)_6(F, Cl)_2$：Sb, Mn(白)
		$BaMg_2Al_{16}O_{27}$：Eu(青) (Eu は 2 価)
		$CeMgAl_{11}O_{19}$：Tb(緑)
		Y_2O_3：Eu(赤) (Eu は 3 価)
複写用ランプ	主に 254 nm 紫外線	Zn_2SiO_4：Mn(緑)
カラーテレビ	12〜27 kV 電子線	ZnS：Ag, Cl(青)
		ZnS：Cu, Au, Al(緑)
		Y_2O_2S：Eu(赤)(Eu は 3 価)
コンピュータ端末用ブラウン管	〜20kV 電子線	Zn_2SiO_4：Mn, As(緑)
		$Zn_3(PO_4)_2$：Mn(赤)
EL	10^4〜5×10^5 V/cm 交流電場	ZnS：Mn(橙)
電子顕微鏡	25〜3000 kV 電子線	(Zn, Cd)S：Cu,Al(緑)
X 線増感紙	X 線	$CaWO_4$(青白), Gd_2O_2S：Tb(黄緑)

2.3.6 無機顔料

顔料 (pigment) とは，溶媒に不溶，または難溶な白色または有色の粉体であり，有機顔料と無機顔料とに分けられる．無機顔料は，有機顔料に比べて鮮明な色調や着色力には欠けるものの，安定性，耐熱性や耐候性に優れる特長を有する．このような顔料は，ビヒクル (展色剤) に分散して塗料，印刷インキ，絵の具などとして，また，ゴム，プラスチック，繊維，化粧品などに添加して着色剤として，さらにはタイルや陶磁器の釉薬として使われ，彩りのある生活空間をつくためには欠かせないものになっている．

無機顔料の歴史は，洞窟画や古墳壁画にみられるように古いが，これらは天然鉱物を粉砕したものであるのに対して，現在はほとんどが合成されている．おもな無機顔料を表 2.17 にまとめた．無機顔料のほとんどは酸化物，水酸化物，硫化物，炭酸塩およびクロム酸塩などである．最近では毒性のあるものは使用が制限されている．無彩色の無機顔料には，二酸化チタンや酸化亜鉛などの白色顔料とカーボンや酸化鉄 (Fe_3O_4) などの黒色顔料，その他に二酸化ケイ素や炭酸カルシウムなどの体質顔料がある．体質顔料は白色でその屈折率が低いことから，ビヒクルの屈折率に近く，無色な透明性を帯びるために，増量剤やレオロジー調整剤などの用途として使われる．このほかに二酸化チタンや酸化亜鉛は紫外線領域に光の吸収帯をもつことから，紫外線防止 (UV カット) 用の顔料としても利用されている．有彩色顔料の着色はおもに可視光 (380〜780 nm) の選択的な吸収によって起こる．たとえば，青色顔料に対して太陽光などの白色光を当てると，顔料は緑色から赤色の光を吸収するため，それ以外の青色の光が透過または反射して我々の目に到達する．この選択的な吸収が顔料の色を決める．無機顔料の場合，コバルトブルーやコバルト緑などのように遷移金属元素を含む場合には配位子場・結晶場による着色と，カドミウムレッドやウルトラマリンのように遷移金属を含まないものの電荷吸収による着色がある．

一方，顔料の着色に与える影響は固溶などの構造的因子による場合と，粒子径や粒子形状，凝集性などの粉体的因子による場合とに大別される．

キーワード：無機顔料，ビヒクル，紫外線防止，可視光

表 2.17

色	名称	組成	構成鉱物
黒		Cr-Fe	$(Cr, Fe)_2O_3$
		Co-Cr-Fe	スピネル
		Co-Mn-Fe	スピネル
		Co-Mn-Cr-Fe	スピネル
		Co-Ni-Cr-Fe	スピネル
		Co-Ni-Al-Cr-Fe	スピネル
		Co-Ni-Mn-Cr-Fe	スピネル
		Co-Mn-Al-Cr-Fe	スピネル
		Co-Ni-Cr-Fe-Si	スピネル
グレー	アンチモンスズグレー	Sn-Sb	$SnO_2[Sb]$
	ジルコングレー	Sn-Sb-V	$SnO_2[Sb, V]$
		Zr-Si-Co-Ni	$ZrSiO_4[Co, Ni]$
黄	バナジウムスズ黄	Sn-V	$SnO_2[V]$
	バナジウムスズ黄	Sn-Ti-V	$SnO_2[Ti, V]$
	バナジウムジルコニウム黄	Zr-V	$ZrO_2[V]$
	バナジウムジルコニウム黄	Zr-Ti-V	$ZrO_2[Ti, V]$
		Zr-Y-V	$ZrO_2[Y, V]$
	プラセオジム黄	Zr-Sr-Pr	$ZrSiO_4[Pr]$
	クロムチタン黄	Ti-Cr-Sb	$TiO_2[Cr, Sb]$
	クロムチタン黄	Ti-Cr-W	$TiO_2[Cr, W]$
	アンチモン黄	Pb-Sb-Fe	$Pb_2Sb_2O_7[Fe]$
	アンチモン黄	Pb-Sb-Al	$Pb_2Sb_2O_7[Al]$
		Zr-Si-Zn-Cd-S	$(Zn,Cd)S$ を $ZrSiO_4$ でコート
茶		Zn-Cr-Fe	スピネル
		Zn-Al-Cr-Fe	スピネル
		Zn-Mn-Al-Cr-Fe	スピネル
		Zr-Si-Pr-Fe	$ZrSiO_4[Pr] + ZrSiO_4[Fe]$
緑	ビクトリアグリーン	Ca-Cr-Si	$Ca_3Cr_2(SiO_4)_3$
		Cr-Al	$(Al, Cr)_2O_3$
		Cr-Al-Si	$(Al, Cr)_2O_3$
	ピーコック	Co-Zn-Al-Cr	スピネル
	ピーコック	Co-Cr	スピネル
		Zr-Si-Pr-V	$ZrSiO_4[Pr] + ZrSiO_4[V]$
		Zr-Si-Sn-V	$ZrSiO_4[V] + SnO_2[V]$
青	海碧	Co-Zn-Al	スピネル
	コバルトブルー	Co-Al	スピネル
	紺青	Co-Al-Si	スピネル
		Co-Zn-Si	$(Co, Zn)_2SiO_4$
		Co-Si	Co_2SiO_4
	トルコ青	Zr-Si-V	$ZrSiO_4[V]$
ピンク 紫 赤	マンガンピンク	Al-Mn	$\alpha\text{-}Al_2O_3[Mn]$
	スピネルピンク	Zn-Al-Cr	スピネル
	クロムスズピンク	Ca-Sn-Si-Cr	$CaSnOSiO_4[Cr]$
	クロムスズライラック	Ca-Sn-Si-Cr-Co	$CaSnOSiO_4[Cr, Co]$
	クロムスズライラック	Sn-Cr	$SnO_2[Cr]$
	サーモンピンク	Zr-Si-Fe	$ZrSiO_4[Fe]$
	ファイヤーレッド	Zr-Si-Cd-S-Se	$Cd(S,Se)$ を $ZrSiO_4$ でコート

日本セラミックス協会, セラミックス誌 34[11] 919 (1999)

2.4 環境・エネルギー関連材料

2.4.1 概論

現在の産業技術体系では，資源の枯渇化や資源利用に伴う環境負荷が大きな問題となっている．地球環境が変化すると人類や生態系に大きな影響をおよぼすため，地球規模での環境保全を念頭においた科学および材料技術，すなわち省資源および資源の有効利用，新素材・新材料の創製，廃棄物のリサイクルなどが求められている．エコマテリアル (環境材料) とは環境保全を意識した，地球や人に優しい材料をいい，省エネルギー，省資源，環境に関連した材料分野として近年注目されている．表 2.18 にエコマテリアルの分類を示す．今後は負荷を軽減し，継続的な発展を可能とする資源・材料サイクルの環境評価 (LCA：life cycle assessment) が必要である．以下，将来のエネルギー源について概説する．

化石燃料と違ってクリーンで無公害，しかも半永久的である太陽エネルギーは，地球環境・エネルギー問題を解決できる新しいエネルギー源として期待されている．さらに，水素や炭化水素，メタノールなどの可燃性ガスと酸素ガスとの燃焼反応の化学エネルギーを電気エネルギーに変換する燃料電池は無公害であり，騒音も出ないので，都市型の小規模分散型の電源として，またセラミックスを電極とするリチウムイオン二次電池は，小型充電式電源として注目されている．

熱電変換発電も注目されているが，これは，二つの異なる導体を接合し，接点を加熱すると他端に電位を生じる (ゼーベック効果) 現象を利用する．一方，熱電材料に通電すると接点の温度が下がる (ペルチェ効果) 現象であり，ペルチェ効果は熱電冷却に利用される．熱電変換素子に用いられる熱電材料の性能は，性能指数 Z ($= S^2\sigma/\kappa$：ここで S は材料固有の物性値であるゼーベック係数，σ は導電率，κ は熱伝導率である) により評価され，この値が大きいほど熱電特性が優れている．一般には性能指数 Z に絶対温度 T を乗じた ZT を無次元性能指数と呼び，この値で熱電材料を評価することが多い．熱電発電には PbTe, SiGe, $FeSi_2$ 系，熱電冷却には $(Bi, Sb)_2(Te, Se)_3$ 系が検討されている．最近は高温用熱電変換材料として酸化物材料も検討されており，性能指数が $10 \times 10^{-4}\ K^{-1}$ を超える材料も見出されている (表 2.19)．

キーワード：ゼーベック効果，エコマテリアル，LCA，熱電変換

2.4 環境・エネルギー関連材料

表 2.18 無機系エコマテリアル

地球環境問題	エコマテリアルへの要求性能	エコマテリアル
地球の温暖化,砂漠化	CO_2 の削減,省エネルギー,エネルギーの蓄積,新エネルギーの創製	発電材料(太陽電池,燃料電池など),電池材料(2 次電池),蓄熱・冷凍・断熱材料光触媒系材料,自動車の軽量化のための材料,CO_2 固定化材料
オゾン層の破壊	代替フロン,フロンの分解	フロン分解用の触媒
酸性雨	大気汚染防止,環境保護	車の排ガス用触媒,大気汚染物質分解用触媒(光触媒),大気浄化材料(脱硫材,脱硝材)
森林破壊	計画伐採,木材資源の有効利用	木質材料(木質セメント,炭),古紙類の再生材料
水質・海洋汚染	水質汚濁防止,環境保護	水質浄化材料(ゼオライト),下水汚泥焼却灰の再生材料
有害物質	有害物質および環境ホルモン物質の使用禁止	有害重金属の未使用材料(無鉛ガラス,非スズ系防錆材など)
資源の枯渇	省エネルギー,省資源	未利用資源利用材料,資源リサイクルによる再生材料
廃棄物問題	廃棄物の削減およびリサイクル,ゴミ焼却灰および汚泥焼却灰の利用,建築廃材の再利用	廃棄物リサイクルによる再生材料(電池,コンクリートなど),環境低負担型セメント,ガラス製品のリサイクル
生活環境のアメニティ性	生態系への配慮	無機系抗菌剤・抗カビ剤,生体関連材料,光触媒材料

表 2.19 おもな酸化物熱電変換材料の諸特性

材料名	最適温度 (/K)	導電率 ($\times 10^4 Sm^{-1}$)	熱起電力 (μVK^{-1})	熱伝導率 ($Wm^{-1}K^{-1}$)	性能指数 ($\times 10^{-4} K^{-1}$)
$(Zn_{0.98}Al_{0.02})O$	1273	3.7	-180	5.0	2.4
$(Ba_{0.4}Sr_{0.6})PbO_3$	673	2.8	-120	2.0	2.0
$Ca(Mn_{0.9}In_{0.1})O_3$	1173	0.56	-250	2.5	1.4
$(ZnO)_5(In_{0.97}Y_{0.03})_2O_3$	1060	3.3	-120	3.6	1.3
$NaCo_2O_4$	576	5.1	-150	1.3	8.8
多孔質 Y_2O_3	960	4.8×10^{-5}	-5.6×10^4	1.5	10

2.4.2 環境材料・耐火物

材料の侵食には大きく分けて2種類ある．一つは物理的侵食 (erosion) であり，摩耗，熱的スポーリング (急熱と急冷を繰り返すことにより，表面と内部の間で熱膨張差が生じて，表面が剥離する現象)，永久収縮など，環境との物理的相互作用によって材料が劣化する．もう一つは化学的侵食 (corrosion) であり，材料と雰囲気の間で生ずる化学反応による侵食である．表 2.20 に化学的侵食の例を示す．このうち，気体が関与して高温で進行する侵食を乾食，室温付近で水と酸素の存在によって進行する侵食を湿食という．両侵食反応とも，相境界を荷電粒子 (電子，イオン) が移動して起こる電気化学反応である．

一般に，1000℃を越えるような高温部材，いわゆる耐火物は，工業窯炉に使用されている．現在，国内で年間約 250 万 t が販売消費されているが，その使用条件，窯炉の使用箇所によってさまざまな特性が要求される．なかでも高温での耐食性は，炉の寿命を決定づける重要な特性の一つである．この高温耐食性は，気相侵食と液相侵食とに大別され，液相侵食においては局所的に侵食速度が異常に増大する現象 (局部侵食) のメカニズムも解明されつつある．

気相侵食

耐火物の気相侵食には，CO ガス，炭化水素，天然ガス，ホウ酸ガス，亜硫酸ガス，水素および塩素ガス，金属ガスなど各種のガスによる侵食がある．各種ガスの耐火物に対する侵食作用を表 2.21 に示すが，気相侵食は，400〜1200℃程度の低温度域で生じる場合が多い．すなわち気相浸食は，温度の高い被加熱面より内部の温度域におけるガスと耐火物中の特定成分との反応である．

液相侵食

鉄鉱石から鉄をつくる鉄鋼分野では，製銑，製鋼および鋳造などの各工程を経由することになるが，処理目的が異なる各工程ではスラグ組成を含めた操業条件の違いにより，さまざまな耐火物が用いられる．たとえば混銑車 (製銑工程) では Al_2O_3-SiC-C 系，転炉や各種二次精錬炉 (製鋼工程) では MgO-C 系や MgO-Cr_2O_3 系，タンディッシュやスライディングゲート (鋳造工程) には Al_2O_3-C 系や Al_2O_3 系吹付け材が用いられている．

キーワード：物理的侵食，化学的侵食，気相侵食，液相侵食，局部侵食

2.4 環境・エネルギー関連材料

表 2.20 化学的侵食の例

腐食を生じさせる系	プロセス	例
固-気反応系	酸化	金属，非酸化物セラミックスの酸化劣化
	還元	高温電極材料 (MHD) の還元劣化
	蒸発	SiO_2 質耐火物の高温蒸発
	分解	ポリマーの高温熱分解
	析出	原子炉材のボイドスウェリング
	低融点化合物の生成	MHD 発電用絶縁体のアルカリ浸食
固-液反応系	溶解	食塩電解容器の腐食
	分解・溶出	原子炉用被覆材の冷却剤による腐食
固-固反応系	拡散・溶出	放射性廃棄物の包埋体からの溶出
	低融点化合物の生成	シャモレットれんがと MgO の反応

表 2.21 各種ガスの耐火物におよぼす侵食作用

ガス種	耐火物への作用	影響	反応温度 (°C)	耐火物 (主として侵される組成)	実例
CO	炭素の沈積	組織の脆化，崩壊	400〜600	各種耐火物 (Fe 触媒作用)	高炉
CH_4	炭素の沈積	組織の脆化，崩壊	600〜1000	各種耐火物 (Fe 触媒作用)	化学工業炉
C_mH_n	還元作用	気化による脆化	1400 以上	各種耐火物 ($SiO_2 \to SiO \to Si$)	
Zn, Pb	金属の充填	酸化に伴う容積変化 (亀裂等)	470〜560	各種耐火物 (気孔)	高炉
SO_2	低融性物質の生成	溶出による組織の脆化	800〜1000	マグネシア-クロム系耐火物 ($MgO \to MgSO_4$)	高炉，ガラス窯，ロータリーキルン
	硫酸塩の生成	組織の膨大	50〜200	シリカ-アルミナ系耐火物 ($Al_2O_3 \to Al_2(SO_4)_3$)	コークス炉
B_2O_3	低融性物質の生成	溶出による組織の脆化	1000 以上	マグネシア-クロム系耐火物 ($MgO \to MgO \cdot B_2O_3$)	ガラス窯
アルカリ (主に K_2O)	アルカリケイ酸塩の生成	結合強度の劣化	600〜900	シリカ-アルミナ系耐火物 ($3Al_2O_3 \cdot 2SiO_2 \to K_2O \cdot Al_2O_3 \cdot SiO_2$)	高炉，ガラス窯業，ロータリーキルン
		溶出による組織の脆化	800〜1000	マグネシア-クロム系耐火物 ($MgO \to (Mg \cdot Na)SO_4$)	
H_2	還元作用	気化による脆化	1400 以上	各種耐火物 ($SiO_2 \to SiO \to Si$)	化学工業炉
Cl_2	塩化物の生成	気化，溶出による脆化	900〜1000	シリカ-アルミナ系耐火物 ($Fe \to FeCl_2, FeCl_3$)	化学工業炉
H_2O	水和物の生成	消化による脆化，崩壊	低温域	ドロマイト，マグネシア耐火物	各種工業炉
	他種ガスとの共存効果	浸食の作用の促進・抑制	高温域	各種耐火物，促進 CO, SO_2, Cl_2，抑制 H_2	
O_2	酸化作用	酸化による脆化，崩壊	400 以上	炭素，炭化ケイ素系耐火物	各種工業炉

2.4.3 放射性廃棄物固化体

原子力開発にともなって,放射能で汚染された廃棄物も増大しており,危険度の高い使用済み核燃料の再処理時に発生する高レベル廃液が問題になっている.これまでに,放射性廃棄物 (radioactive waste) をセメント,プラスチック,ガラスなどで安全な固化体にして処理する方法が提案された.中でもガラスはほかの物質に比べて化学的耐久性に優れ,機械的強度が大きく,放射性成分を多量に溶解することが可能であるため,現在はガラス固化処理方式が主流になっている.その方法であるが,高レベル廃液を約 600 ℃ で加熱して酸化物粉末とし,ガラス形成剤を混入して高温で熱溶解によってガラス化する.Ru, Cs などの放射性成分の揮発を防ぐために,溶融温度は低いほうが望ましい.

固化用ガラスとしては,ホウケイ酸塩系,アルミノケイ酸塩系,リン酸塩系が検討されたが,現在では溶融温度が低く,放射線や薬品に対して耐久性に優れるホウケイ酸塩系が選択されている (図 2.32).ガラス固化体の組成の一例を表 2.22 に示す.この場合,ガラス固化体はウラン 1 t あたり約 110 l (約 300 kg) 発生することになる.100 万 kW 級の原子力発電所であれば,1 基あたり,1 年間でこの 30 倍程度のガラス固化体が発生することになる.

この高レベル放射性廃棄物の場合,ウランやプルトニウムなどの核分裂反応によって生成する核分裂生成物の半減期がきわめて長いため,長期間にわたっての安全な貯蔵管理を必要とする.そのため長期の安全性を予測・評価する場合には,処分場を包むまわりの地層 (天然バリア) と緩衝材 (人工バリア) を組み合わせた多重バリアが必要である (図 2.33).なかでも,地層処分後の地下水との接触によって固化ガラスから放射性物質の浸出が懸念され,さらにガラスの安定性および固化ガラス中の放射性物質の崩壊熱による結晶化や分相現象なども問題となる.

ガラス固化体の化学的耐久性,とくに水への放射性成分の浸出を考えるときに問題になる成分は,酸化モリブデン MoO_3 である.MoO_3 はガラスへの溶解度がほかの成分に比べて低く,Na_2MoO_4, Cs_2MoO_4 などのモリブデン酸アルカリとして分離しやすい.分離析出した相はイエローソリッドと呼ばれ,^{90}Sr, ^{137}Cs などの非常に危険な核種を固溶するが水に溶けやすいため,この相の分離析出は極力避けなければならない.

キーワード:高レベル放射性廃棄物,ガラス固化体,多重バリア

2.4 環境・エネルギー関連材料

表 2.22 ガラス固化体の組成

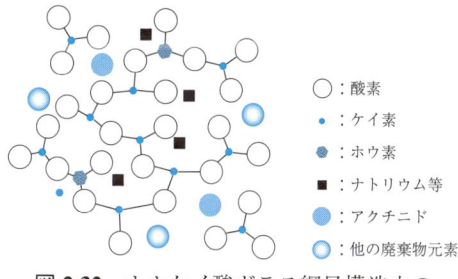

ガラス組成 (mass%)	
SiO_2	43〜47
B_2O_3	14
Al_2O_3	3.5〜5.0
Na_2O	10
その他	9〜12.5
廃棄物酸化物 (Na_2O を除く)	15

○：酸素
・：ケイ素
●：ホウ素
■：ナトリウム等
●：アクチニド
○：他の廃棄物元素

図 2.32 ホウケイ酸ガラス網目構造中の廃棄物元素の存在状態

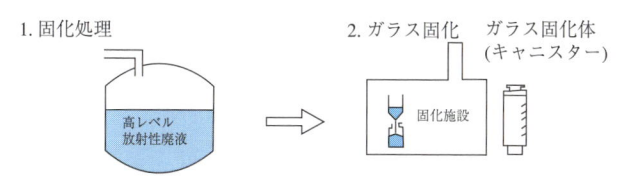

1. 固化処理
高レベル放射性廃液

再処理工場で，ウランやプルトニウムを回収したあとの残液として発生

2. ガラス固化　ガラス固化体（キャニスター）
固化施設

工場内で，ガラス原料と混ぜて高温で溶かし合わせて，ステンレス製の容器（キャニスター）の中に固める

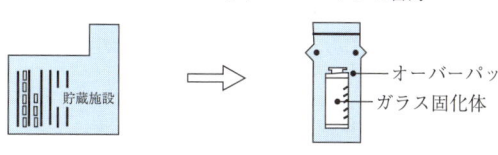

3. 貯蔵
貯蔵施設

ガラス固化体は，冷却のため30〜50年間程度貯蔵する

4. オーバーパックに密封
オーバーパック
ガラス固化体

厚い金属製の保護容器でガラス固化体を包む

5. 深い地層に埋める　緩衝材を充填
オーバーパック
ベントナイト

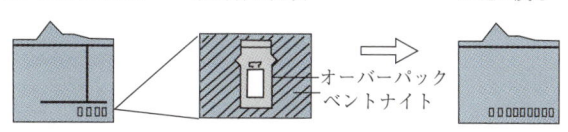

地下の深い地層中の処分孔の中に下ろす

周囲にベントナイト粘土を充填する

6. 埋め戻し

処分場は，操業後，元通りに埋戻す

図 2.33 地層処分の概略

2.4.4 イオン交換体

結晶中のアルカリ金属イオンは，比較的弱い結合をしていることから，容易にイオン交換しやすい．全体の構造(ホスト骨格)は変化せずに，イオン(ゲスト)を等量変換することもある．たとえば，層状粘土鉱物の層間イオンの交換やゼオライトの陽イオン交換反応などがこの例である．

無機ホスト材料

無機ホスト材料の空間形状は，トンネル状，層状，かご状などがあり，その形状と大きさは化合物によって異なるため，ゲスト物質によって空間への取り込まれ方に選択性が生じる(表2.23)．取り込まれたゲスト物質とホスト材料との間には相互作用が生じ，ホストゲスト物質の物性が変化する．このホストゲスト現象を利用して，触媒，電池，電極材料，超伝導体，水素貯蔵剤などが開発されている．

ゼオライト

0.3～10nmの微細孔をもち，特異な吸着性や反応性を示す多孔質結晶(microporous crystal)の代表的な化合物がゼオライト(zeolite)である．1954年にモレキュラーシーブ(分子ふるい)として商品化が始まり，吸着剤，分離剤，触媒として利用されている．合成ゼオライトは，その化学組成が一般式 $M_{2/n}O \cdot Al_2O_3 \cdot ySiO_2 \cdot wH_2O$（$y \geq 2$，nは陽イオンMの価数，wは空隙に含まれる水の分子数）で示される結晶性アルミノケイ酸塩である．合成ゼオライトの構造は AlO_4 と SiO_4 の四面体が互いに酸素イオンを共有して複雑に連結した結晶性の無機高分子である(図2.34)．この骨格中には連なった空隙が3次元的に広がっており，これらの空隙は陽イオンや水分で占められている．合成ゼオライト中では Si^{4+} の一部を Al^{3+} が置換しているために正電荷が不足し，これを補うために Na^+，K^+，Ca^{2+} などの陽イオンが構造中に保持されている．これらのイオンは移動性であるため，層状粘土類に比べてはるかに高い陽イオン交換能を有する．また，ゼオライトの細孔の奥にある広い空洞には，水分子のほかに硫酸塩，炭酸塩，硫化物などが入る場合もあり，とくに水の場合は沸石と呼ばれる．合成ゼオライトは，細孔径が分子程度の大きさで，しかも均一であることから，各種分子を選択的に分離できるという特徴を有しており，モレキュラーシーブという名称もこの特性に由来している．

キーワード：イオン交換，無機ホスト材料，多孔質結晶，ゼオライト，アルミノケイ酸塩

2.4 環境・エネルギー関連材料

表 2.23 空間形状の異なる無機ホスト材料の性質

空間形状	ホスト	ゲスト	空間の大きさ	用途
1次元	$K_2O \cdot 4TiO_2$	アルカリ金属, 水素	0.2×0.8nm	導電体など
2次元層状	グラファイト	ハロゲン, アルカリ	0.335nm	触媒, 電池
	β-Al_2O_3	アルカリイオン	～0.2nm	イオン交換体
	粘土鉱物	水, 有機物など	～0.8nm	触媒
	α-リン酸ジルコニウム	イオン, 有機物など	0.8～3.3nm	吸着材, 抗菌剤
	カルコゲナイド (TaS_2, TiS_2 など)	アルカリ金属	—	超伝導材, 電池
3次元かご状	NASICON	アルカリイオン	～0.5nm	固体電池
	ゼオライト	有機化合物	0.2～0.9nm	分子ふるい
	多孔質ガラス	各種イオン	1～100nm	イオン透過膜
	銀化合物 (AgI)	—	～0.12nm	固体電池
	ブロンズ (WO_3)	アルカリ金属, 水素	～0.78nm	電極材料
格子充填空間	金属水素化物	水素	—	水素貯蔵材

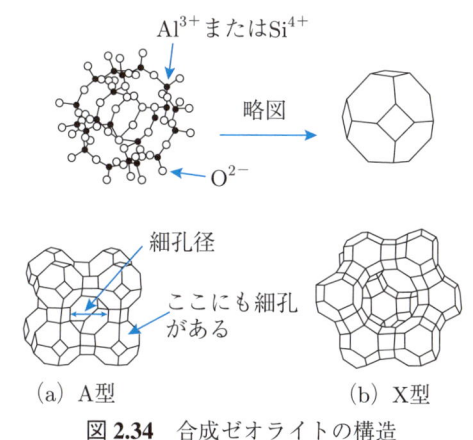

図 2.34 合成ゼオライトの構造

2.4.5 太陽電池

　太陽の光エネルギーを直接電気エネルギーに変換する発電装置である太陽電池は，導電性の異なるp型とn型の半導体を接合（p-n接合）した構造が基本である．光エネルギーを受けて接合部に発生した電子と正孔の対は，それぞれn型，p型半導体へと移動することによって両端に電位差が生じる．この現象を光起電力効果（photovoltaic effect）という．ここで両半導体を外部回路で結ぶと電流が流れる（図2.35）．太陽電池は，① 太陽光スペクトルと太陽電池の感度スペクトルの整合性，② 太陽光のエネルギー密度は小さいので大面積が必要，③ 汎用電源と競合できる低価格，などの条件を満たさなくてはならない．代表的な材料は，結晶質シリコンやアモルファスシリコン（a-Si）である．蒸着またはスパッタ法によって作製されるa-Siは，図2.36に示すように未結合手（ダングリングボンド）が多いために，多くの局在準位が生じて価電子制御が困難になり，p-n接合がつくれない．しかしSiH_4をグロー放電によって分解してつくったa-Siは，未結合手に水素が結合した水素化アモルファスシリコン（a-Si：H）とでもいうべきものになり，局在電子密度が小さく，価電子制御が可能となる．その変換効率は，シリコン単結晶太陽電池で20％，シリコン多結晶で17％程度である．a-Siでは12％程度と効率は劣るが，次に示すような長所をもっており，有望視されている．① 大面積化が容易である（基板の大きさや形状に合わせたものが容易に製造できる）② 製造コストが低い（製造過程でのエネルギー消費は非常に少なく，製造工程は単純．基板材料としてガラス，金属，樹脂のいずれも使用可）③ 薄膜でも十分な性能を発揮する（光吸収係数が大きく，約$1\,\mu m$の薄膜で目的とする性能が達成される）④ 集積化が可能である（アモルファス薄膜は，パターン形成および積層化が容易であるため積層型のデバイスがつくれる）

　太陽電池は，電卓，時計などのエレクトロニクス製品を中心にした民生用製品の電源として，また，ポンプシステム，街路灯などの独立電源や電力用システムへ拡大してきた．今後は，個人住宅用，さらに中・大規模太陽光発電システムへと拡大することが期待されている．

キーワード：p-n接合，光起電力効果，アモルファスシリコン

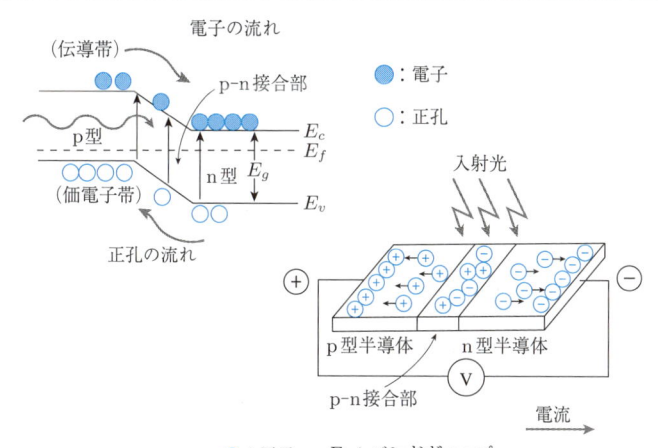

2.4 環境・エネルギー関連材料

図 2.35 太陽電池の原理

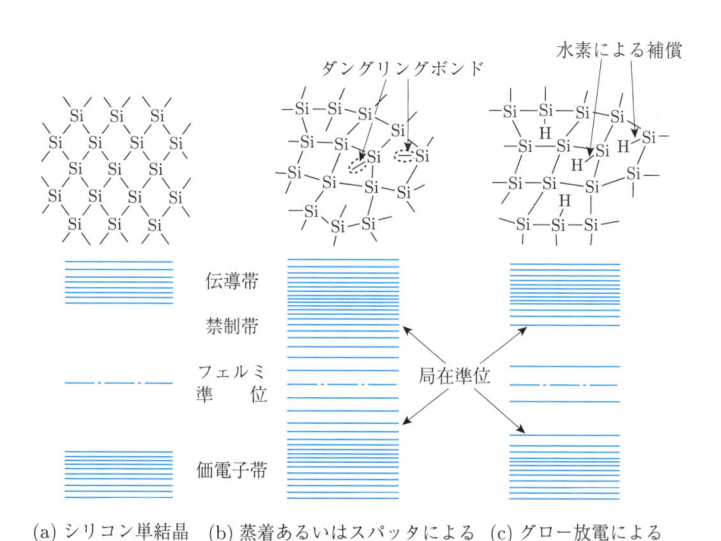

○: 電子
⊕: 正孔
E_g: バンドギャップ
E_f: フェルミ準位
E_c: 伝導帯のエネルギー
E_v: 価電子帯のエネルギー準位

(a) シリコン単結晶　(b) 蒸着あるいはスパッタによるアモルファスシリコン　(c) グロー放電によるアモルファスシリコン

図 2.36 アモルファスシリコンにおける結合状態モデルとバンドモデル

2.4.6 熱電素子

異なる半導体の接合部分に温度差を与えると起電力が発生する．これはゼーベック効果と呼ばれ，熱電発電 (themoelective generation) に用いられる．熱電発電はさまざまな発電規模が可能であり，使用温度範囲が広いことなどから，将来のエネルギー源としての期待が高まっている．

その特性は，α：ゼーベック係数 (V/K)，σ：導電率 (S/m)，κ：熱伝導率 (W/m・K) によって表される性能指数 Z を用いて評価される．

$$Z = \alpha^2 \cdot \sigma / \kappa$$

この式から分かるように，特性向上を目指して熱伝導率が小さく，伝導度の大きな物質の探索が続けられている．

Z は温度 (T) の関数であり，過去には $ZT = 1$ なる材料が目標とされてきた．その代表はカルコゲナイド系，ビスマス–アンチモン系，シリサイド系などの非酸化物材料である．それらの特性を図 2.37 に示すが，この図からも明らかなように n 型，p 型を問わず，ZT が 1 以上の半導体が得られており，また最適特性を示す温度域も材料によって異なることが明らかになっている．

さらに最近は，熱安定性に優れる酸化物の熱電素子への利用が活発である．これはゴミ焼却炉等の廃熱利用や地熱利用という観点から生まれた発想であり，1000℃ 以上でも使用できる材料が要求されている．現在，検討されている酸化物セラミックスの一例を表 2.24 に示す．性能示数は低く，実用化には至っていないが，これらが熱電素子として用いられる理由は次のとおりである．すなわち，表 2.24 に示した酸化物はスモールポーラロン伝導体であり，さまざまな方法により，比較的容易に性能指数の向上が期待されるからである．また，材料内に超格子をつくることによって熱伝導性が向上し，2 次元の層状化合物のなかには大きな電気導電性を有するものがあるなど，熱電素子としての特性の向上が見込まれるためである．その例として，ペロブスカイト型酸化物 $CaMnO_3$ の Mn を置換した化合物におけるホール移動度を図 2.38 に示す．移動度が置換イオンの価数によらず，その大きさとともに大きくなっている．とくに $Ca(Mn_{0.9}In_{0.1})O_3$ において，1,173 K で性能指数は 1.5×10^{-4} が得られており，さらなる向上が図られている．

キーワード：ゼーベック効果，性能指数

2.4 環境・エネルギー関連材料

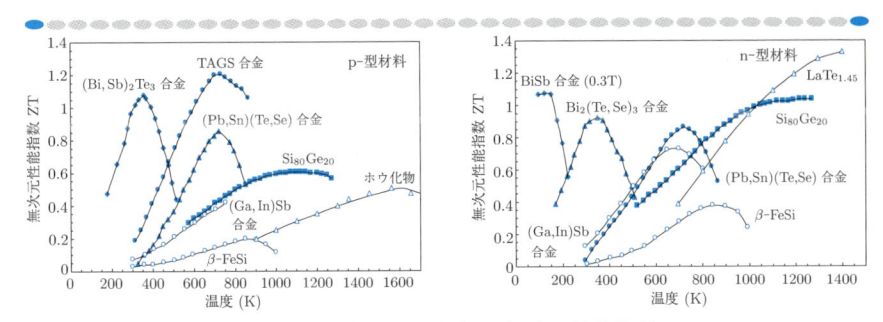

図 2.37 既存の熱電材料の無次元性能指数

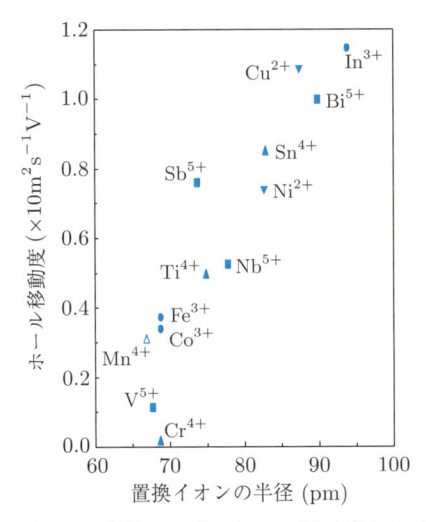

図 2.38 $Ca(Mn_{0.9}M_{0.1})O_3$ の室温におけるホール移動度とサイト置換イオン M の半径との関係

表 2.24 主な酸化物熱電変換材料の諸特性

材料名	最適温度 (K)	導電率 ($\times 10^4 S \cdot m^{-1}$)	熱起電力 ($mV \cdot K^{-1}$)	熱伝導率 ($W \cdot m^{-1} K^{-1}$)	性能指数 ($\times 10^{-4} K^{-1}$)
$(Zn_{0.98}Al_{0.02})O$	1,273	3.7	-180	5.0	2.4
$(Ba_{0.4}Sr_{0.6})PbO_3$	673	2.8	-120	2.0	2.0
$Ca(Mn_{0.9}In_{0.1})O_3$	1,173	0.56	-250	2.5	1.4
$(ZnO)_5(In_{0.97}Y_{0.03})_2O_3$	1,060	3.3	-120	3.6	1.3
$NaCo_2O_4$	576	5.1	150	1.3	8.8
多孔質 Y_2O_3	960	4.8×10^{-5}	-5.6×10^4	1.5	10

2.4.7 燃料電池

燃料電池 (fuel cell) は近未来の電力源として期待されており，その発電方式もさまざまである．電解質として酸やアルカリ水溶液，あるいは有機高分子イオン交換膜を用いる低温型 (200 ℃ 以下)，溶融塩を用いる中温型 (300～700 ℃)，固体電解質を用いる高温型 (1,000 ℃ 前後) がある (表 2.25)．ここでは，セラミックスを多用する固体酸化物型燃料電池 (SOFC) について述べる．

SOFC の発電原理は水の電気分解の逆反応である．すなわち，酸素と水素から水が生成する場合に発生する電圧を利用する．その基本的構造は他の電池と同様であり，正極 (空気極) と負極 (燃料極) にはさまれた電解質 (electrolyte) からできている．ただ，燃料電池は常に燃料を供給しなければならず，また，活物質自身に電子伝導性がある材料を使用する必要がある．その動作原理を図 2.39 に示す．(a) は電解質が酸化物イオン導電体の場合である．正極から入った酸素が，外部回路から入った電子を取り込んで酸化物イオンとなり，その酸化物イオンが電解質中を移動して負極に達し，そこで水素と反応して水を生成する．このとき，外部回路に放出される電子を酸化物イオンの生成に利用する．一方，(b) は電解質が水素イオン導電体の場合である．水素は負極で電子を放出して水素イオンとなり，この水素イオンが電解質中を移動して正極に達し，そこで水が生成する．

SOFC 用の電解質に求められる特性として，① イオン導電性が高い，② 電子伝導性を示さない，③ 物理・化学的に安定，④ 分解電圧が高い，⑤ 活物質と反応しない，ことなどが挙げられる．このほかにも安価・無害・耐食性に優れるなどの性質が必要であることは，いずれの電解質についても同じである．これらの条件を満足する物質として，希土類元素を添加した ZrO_2 焼結体が用いられている．この ZrO_2 焼結体は，温度が高いほどイオン導電性が良好となり，約 1,000 ℃ において約 100 % のイオン導電体となる．その代表は，10 mol% 程度の Y_2O_3 を添加した ZrO_2 (安定化ジルコニア) であり，室温から作動温度までの広い範囲において立方晶蛍石型構造を有し，その構造中に生成する酸素空孔を介して酸化物イオン導電性が発現する．しかし，導電性が良好とは言えず，より高性能な SOFC を実現するためには，より低温で高イオン導電性を示す材料の開発が急務である．

キーワード：固体電解質，SOFC，イオン導電体，安定化ジルコニア

2.4 環境・エネルギー関連材料

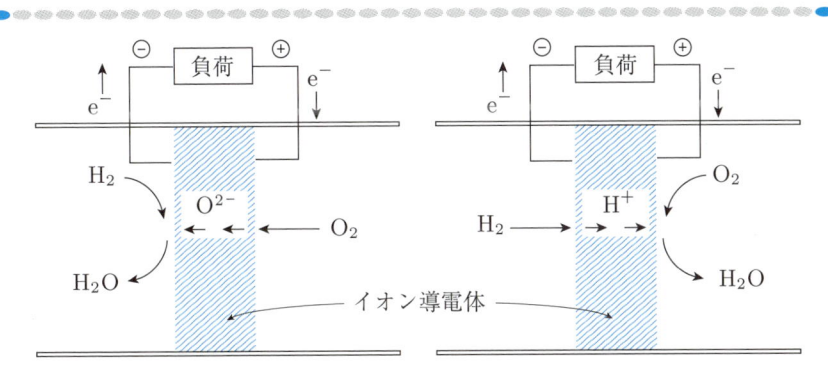

(a) 電解質が酸化物イオン導電体の場合　(b) 電解質がプロトン導電体の場合

図 2.39　SOFC の動作原理

表 2.25　燃料電池発電

技術分野	構成要素		セラミックス系材料	金属・有機その他	要求される物性と特徴
水素-酸素系 メタノール- 酸素系 低温型 (水溶液系) < 200°C 中温型 (溶融塩系) 300〜700°C 高温型 (固体電解質系) 1,000°C前後	電解質	低温型 (H^+ あるいは OH^-誘導)		H_3PO_4水溶液, KOH 水溶液, (テフロン系, 炭化水素系高分子膜)	目的とするイオンの伝 導度が高い(内部抵抗が 小さい) 目的とするイオン種に 対する伝導の選択性が 大きい 電子伝導性が小さい(電 流効率大) 化学的に安定(蒸発, 分 解, 活物質との反応な どを生じない)
		中温型 (CO_3^{2-}導電)	Li_2CO_3, K_2CO_3, Na_2CO_3など溶融塩		
		高温型 (O^{2-}導電)	$ZrO_2(+Y_2O_3)$, $ThO_2(+Y_2O_3)$, $Bi_2O_3(+Y_2O_3, WO_3)$, $CeO_2(+Gd_2O_3)$		
	電極	低温型	黒鉛(繊維, メッシュ)	Pt, Ir(電極触媒として)	電子伝導性が高い 電極反応に対する触媒 性があり, 電圧降下が 小さい 耐酸, 耐アルカリ性が ある
		中温型	NiO	多孔質Ni	
		高温型	(La, Sr)MnO_3(空気極) NiO(燃料極)	Pt, Co(電極触媒として) Ni, Ru(燃料極)	
	高温型のインター コネクト		(La, Sr)CrO_3 (La, Ca)CrO_3	Ni-Cr, Fe-Cr合金	高電子伝導性 ガス気密性

2.5 生体関連材料

2.5.1 概論

硬組織代替材料の開発ターゲットは，以下の二つに大別される．
 (a) 加齢，事故などにより喪失した生体機能を部分的に補助，あるいは完全に代替する材料
 (b) 生体器官を再生するための材料

(a) では人工材料のみを使用する．人工骨 (artificial bone) として用いられる無機材料，整形外科および歯科用インプラント無機材料，自己硬化型骨修復用セメントなどがおもな用途である．

(b) では材料と細胞や組織を併用する細胞工学や組織工学に基づく．骨，軟骨細胞培養担体，骨形成因子のような生体内物質と無機材料の複合による生体組織さらには臓器の再生をターゲットとする．

最近の研究成果報告によると，材料としては生体骨や歯の無機成分と同じ組成や構造をもつリン酸カルシウムなどの生体親和性 (biocompatibility) 無機材料，高強度ジルコニア，高強度・低摩耗アルミナ，および生体親和ガラスおよび結晶化ガラスが臨床応用されている．

骨や関節など骨格系臓器の機能，すなわち歩行などの運動機能や体を支える支持機能を回復する機能再建治療には，人工関節や人工骨などの人工材料が普及しつつある．関節に痛みをともなう関節の摺動部の軟骨の治療にも人工関節は適用される．骨の腫瘍の切除部や複雑骨折などによる骨の欠損部には，人工骨を補填する方法が実用化されている．現在用いられている材料はアルミナなど生体にイナート (生体不活性) な無機材料やリン酸カルシウム系の水酸アパタイトなどが用いられている．

人工関節の骨頭用の材料としては，生体内で長期の耐食性と，人工関節の寿命を決定する耐摩耗性，すなわち摩擦・摩耗特性に優れ，機械的な強度の大きい材料が要求される．従来金属材料が用いられてきたが，より低摩耗，耐摩耗特性に優れた材料として高純度アルミナやジルコニアが使われてきている．人工関節の耐久性，寿命をさらに向上するためにも，摩耗特性 (wear characteristics) と機械強度の向上が今後の課題である．

また，人工骨を移植した後，骨組織がすみやかに再生・回復する機能をもつ無機材料の開発，さらに患者の骨組織を採取し，これを組織培養によって増殖し，患部に移植する技術が研究開発されている．骨組織を培養する場合には，立体的に骨の形態に培養する場合の足場（スキャフォールド）となる無機材料の開発・実用化が求められており，リン酸カルシウム系の多孔質材料，あるいは多孔質材料の表面にリン酸カルシウム系材質のコーティングなどがこの候補として考えられる．

これら無機材料と金属あるいはポリマーとの複合材料に関しても，バイオミメティック (biomimetic) 法や，スパッタリング法やゾル–ゲル／ディッピング法のような電子工業やガラス工業にも利用されている種々の薄膜塗布技術，あるいはコラーゲンのようなタンパクとの複合技術の進歩も著しい．また生体内でのインプラント材に対する血管や神経などの侵入など，生命現象を勘案して設計された多孔化技術も実用化されている．

人工関節や人工骨そのものの耐久性の向上を図る一方，生体側の骨や軟骨の再生を促し，再建を図る材料の研究開発も進められている．人工歯根に関しては現在のところ，歯根膜なる生体組織が抜歯時に破壊され，生体歯根に匹敵するインプラントの開発は困難とされてきているが，上述した (a) と (b) の融合でほぼ生体歯根の機能を備えたインプラント材の開発が達成可能になった．

日本は未曾有の超高齢化社会に至ったが，超高齢化社会における高い生活の質 (QOL) の維持は社会の大きな課題である．機能を長期間維持でき，手術後生涯使用できる人工臓器の開発が急がれる．最近の基礎科学および技術の進歩を勘案すると，新規な高信頼性人工骨および人工関節の開発は可能で，将来的は生体組織と機能的に同じ人工骨，関節などが臨床現場に供されるものと期待される．

最近，生体の無機・有機物質との相互作用のみならず，細胞や組織に働きかけるベクトルマテリアルが発見された．未分化細胞の利用や，臓器再生が将来のキーテクノロジーと期待されるなかで，ベクトルマテリアル (vector material) は重要な役割を果たすものと考えられる．その有力な材料は分極されたアパタイトである．新規な生体代替材料としてのみならず，環境や食品，農業，畜産業への応用も検討されている．

キーワード：硬組織代替材料，人工骨，人工関節，人工歯根，人工臓器，QOL，超高齢化社会，ベクトルマテリアル，分極アパタイト

2.5.2 生体材料

　生体内に埋入された材料 (implant) 表面では，まず埋入直後から近傍で炎症 (生体側の異物に対する防御作用) が起こり，同時に無機イオンやタンパク，糖類などの血液成分の吸着が始まる．その後，吸着物の介在によって未分化細胞 (間充織細胞) がインプラントに接近し，インプラント材の表面に改質や細胞の接着，増殖，石灰化が順次進行し，インプラント材の生体との同化が起こると考えられている (図 2.40)．

　生体親和性を有する無機生体材料 (bioceramics) はインプラント材の開発に不可欠である．これらは表 2.26 に示すように二群に大別される．一つはヒドロキシアパタイト (hydroxyapatite) を中心とするリン酸カルシウム類である．これらは脊椎動物の骨や歯などの硬組織にみられる無機物質とほぼ同一の組成や構造を有し，顕著に生体組織と反応する生体活性 (bioactive) 材料群である．リン酸カルシウムに対する生体組織の反応は分子生物学のレベルにおいても他の材料との親和性に関する相違は顕著であることが証明されている．

　もう一つはリン酸カルシウム類以外で，生体内において為害性がなく，生体親和性を示す材料群である．早くからバイオセラミックスの研究・開発に供されてきたアルミナや高強度ジルコニア，シリカやリン酸分を主成分とするガラスなどがこれに分類される．これらは前出のように耐火物や構造材料として実用に供している．とくにバイオガラスと呼ばれる Na^+ や Ca^{2+} を含むリンケイ酸ガラスは骨と結合することが報告されている．

　無機材料が臨床応用されるのは人工歯根や人工骨のような生体硬組織の代替材料，あるいは骨補填材のように骨修復材料が主である．リン酸カルシウム類の水和硬化反応を利用して歯科用セメントが実用化されている．表 2.26 に示した種々の無機材料やバイオガラスの多くはインプラント材として臨床試験され，優れた生体親和性が証明されている．しかしながら，セラミックスをバイオマテリアルとして利用する場合にも加工性と破壊靱性ではポリマー金属に劣る．これらの機械的短所を補う目的で，金属との複合，あるいはコーティングによるバイオマテリアル (biomaterial) の開発も盛んとなってきた．

キーワード：インプラント，炎症，バイオセラミックス，生体活性

2.5 生体関連材料

体液成分　間葉細胞　細胞接着　骨芽細胞の分化と
の吸着　の接近　と増殖　骨のモデリング

破骨細胞

インプラント材
- タンパク
- ミネラル成分
- 糖類
- 脂質

改質表面　マトリックスの小胞体　マトリックスの小胞体の成熟

マトリックスの形成　マトリックスの改質　石灰化

初期　　　　　　　　　　中期　　　　　　　　　後期
　　　　　　　　時間の経過 →

図 2.40 インプラント表面で起こる生体反応の模式図

表 2.26 バイオセラミックスの分類

バイオセラミックス	材料（括弧は代表的な組成や略記号）	使用形態 製造プロセス
生体活性セラミックス	リン酸カルシウム類 ─ ヒドロキシアパタイト $(Ca_{10}(PO_4)_6(OH)_2, HAp)$	─ 焼結体（緻密体，多孔体） ─ 粉体（湿式，乾式，ゾルゲル法） ─ コーティング（プラズマスプレー，スパッタリング，陽極酸化，電気泳動，ディッピングなど） ─ コンポジット（ポリマー，生体関連物質（タンパクなど）） ─ 繊維
	─ リン酸三カルシウム $(Ca_3(PO_4)_2, TCP)$	─ 焼結体（緻密体，多孔体） ─ 粉体（湿式，乾式）
	─ その他 $(CaHPO_4 \cdot 2H_2O, CaHPO_4, Ca_2P_2O_7, Ca_4(PO_4)_2O,$ リン酸八カルシウム (OCP)，非晶質リン酸カルシウム (ACP))	─ 粉体
生体親和セラミックス	─ アルミナ (Al_2O_3) ─ ジルコニア (ZrO_2, PSZ) ─ チタニア (TiO_2) ─ 窒化ケイ素 (Si_3N_4) ─ 炭化ケイ素 (SiC)	─ 焼結体（緻密体）
	─ カーボン (C)	─ 繊維
	─ バイオガラス $(SiO_2 \cdot CaO \cdot Na_2O \cdot P_2O_5$ 系，$SiO_2 \cdot CaO \cdot Na_2O \cdot P_2O_5 \cdot K_2O \cdot MgO$ 系，$SiO_2 \cdot CaO \cdot Al_2O_3 \cdot P_2O_5$ 系)	─ バルク
	─ 結晶化ガラス $(SiO_2 \cdot CaO \cdot MgO \cdot P_2O_5 \cdot CaF_2(AW)$ 系，$CaO \cdot Al_2O_3 \cdot P_2O_5$ 系)	─ バルク，繊維

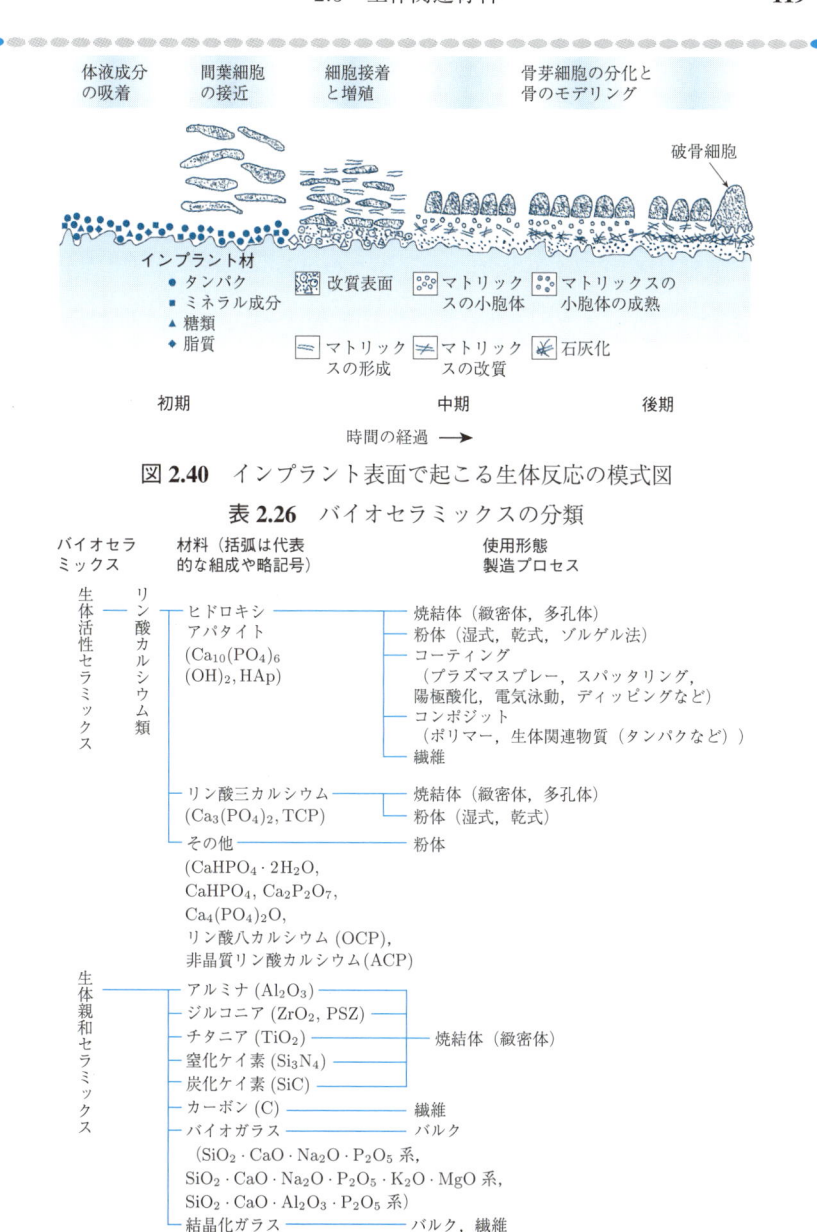

2.5.3 医療機器材料

セラミック医療機器の代表は,体内をリアルタイムで観察可能な超音波診断装置であろう.これは体内観察の代表であるX線透過装置と異なり,体内への影響が無二であることから,心臓の活動状態や胎児の動きなどが容易に観察できる点で優れた機器である.超音波プローブの先端に厚さ$0.5\,\mu$m程度のジルコン酸チタン酸鉛(PZT)の圧電セラミックス(piezoceramics)の振動子板が取り付けられている.プローブの構造を図2.41に示す.その原理であるが,プローブから発せられた超音波と,それが臓器に反射して戻ってきた音波とを比較してブラウン管に表示させる.精度を上げるため,なるべく効率よく振動する音波を体内に発するとともに,弱い反射波を確実にキャッチするためにも共振させることが必要である.そのために厚さ方向に振動するような形状のPZTセラミックス板が使用されている.なお,超音波診断装置では$1\sim10\,\mathrm{MHz}$のパルス状超音波を用いる.

胃の検査でおなじみの内視鏡には光ファイバーが用いられている.これは通信用ファイバーと同様,高屈折率のコアのまわりを低屈折率のクラッドが覆った構造で,すべての入射光が端面から出射するようになっている.また,臓器を傷つけないように柔軟であることも要求される.

またレーザー・メスも損傷の少ない手術用として用いられることが多い.その概要は図2.42に示したとおりであり,光ファイバーを通過してきたレーザー光が人工サファイア(sapphire)を通して絞り込まれ,患部以外に傷をつけない手術が可能になっている.この場合のレーザー源としてはNd:YAGが用いられている.

古くから最も簡便に利用されている医療機器は体温計である.健康管理に欠かせないものであるが,セラミックスが用いられるようになったのは比較的最近である.セラミック体温計は,従来の水銀温度計に比べて安全性が高いこと,操作が簡単なこと,迅速な検温が可能なことに加え,デジタル化しやすい点が利点であろう.体温計用の温度センサとしては,NTCサーミスタやPTCサーミスタが利用されている.前者は温度上昇にともなって抵抗値が減少し,後者はある温度における抵抗の変化が急激なものであり,精密な温度計測を要求される場合には後者が用いられる(図2.43).

キーワード:超音波診断,光ファイバー,レーザー・メス,NTC,PTC

2.5 生体関連材料

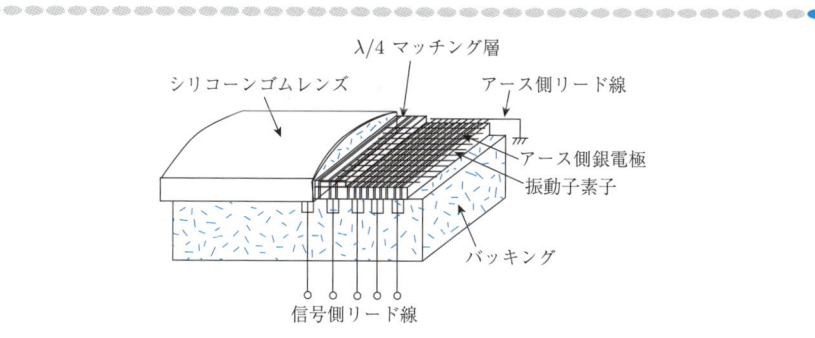

図 2.41 電子式リニア走査用プローブの構造

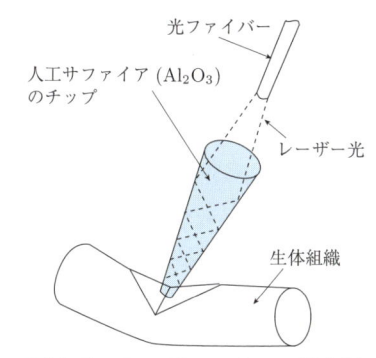

図 2.42 レーザー・メスの模式図

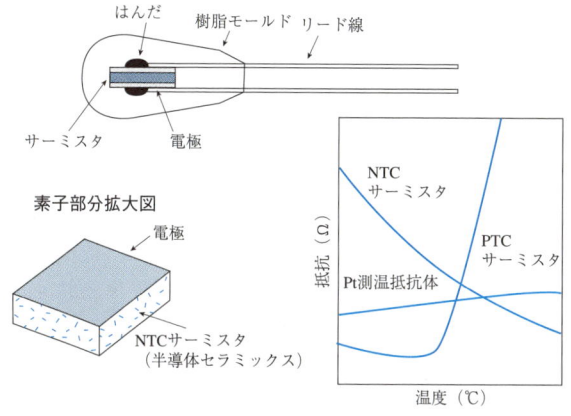

図 2.43 サーミスタ

2.5.4 化粧品

化粧品 (cosmetics) には，顔料として多くのセラミック微粒子が用いられている．顔料は油，香料，水などと混合して，ファンデーションや口紅などとして用いる．このように肌の色のコントロールを行う以外に，微粒子が紫外線を吸収・散乱することから，サンケア化粧品にも配合されている (表2.27)．特に超微粒子を用いると，透明で紫外線防御効果の高いものが得られる．

紫外線 (ultraviolet) は，UVC (200～280 nm)，UVB (280～320 nm)，UVA (320～400 nm) に大別される (図2.44)．フロンなどによるオゾン層 (ozone layer) 破壊により，短波長の紫外線が地表まで到達するようになり，皮膚ガンが増加している．サンケア化粧品は，①UVBをカットし，紅斑を抑制しながら美しい小麦色の皮膚に日焼けさせるサンタン化粧品，②UVAとUVBをカットし，紫外線による皮膚反応を起こさせないサンスクリーン化粧品，の二つに分類される．パラアミノ安息香酸などのサンスクリーン剤が配合されており，これらの安定配合が重要となる．紫外線防御効果は，ヒトの皮膚を用いて評価するSPF (sun protection factor) 値による比較が一般的である．

セラミック超微粒子の紫外線吸収と散乱

超微粒子二酸化チタンをはじめ，酸化亜鉛や酸化鉄などの金属酸化物を透明性のある紫外線防御剤として配合するサンケア化粧品が開発されている．二酸化チタンのバンドギャップはその結晶型によって多少異なるが，ほぼ3 eVであり (図2.45)，およそ410 nmの波長の光のエネルギーに相当する．二酸化チタンの電子はこれより短い波長の光によって励起される．他の金属酸化物のうち，シリカやアルミナが光に対して不活性であるのは，そのバンドギャップが4ないし5 eV以上で，波長が非常に短い紫外線を用いなければ電子を励起できないためである．酸化亜鉛のバンドギャップは二酸化チタンの場合と同じく約3 eV，酸化鉄は約2.2 eVであり，紫外線あるいは可視光線によって電子は励起される．

微粒子の粒径は光散乱と隠ぺい力に大きく影響する．粒径が光の波長に比べて極端に大きい場合には，この粒子の遮へい効率は粒子の断面積に比例し，粒径が小さいほど光の遮断面積が増える．粒径が光の波長と同レベルの領域では，粒径が波長 λ の1/2前後で光散乱が最大となる．粒径が光の波長より極端に小さい場合には，隠ぺい力が減少し，透明度が増加する．

キーワード：紫外線，無機顔料，二酸化チタン，超微粒子

2.5 生体関連材料

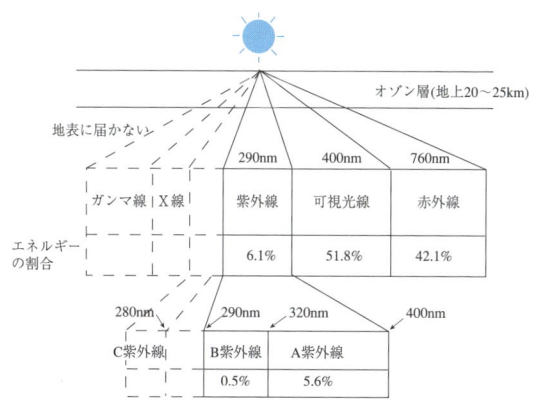

図 2.44 太陽光線のスペクトル

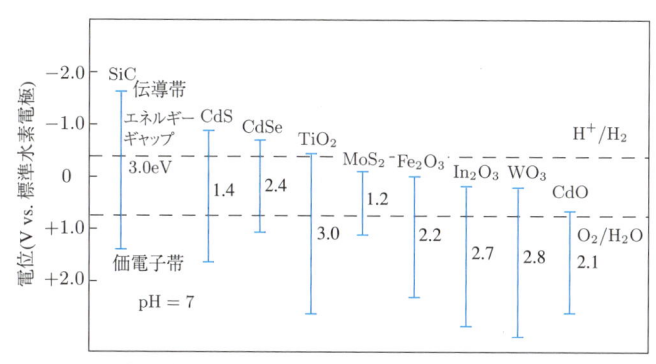

図 2.45 pH = 7 の水溶液中におけるフラットバンドポテンシャルと伝導帯および価電子帯位置 (H_2O からの H_2 あるいは O_2 の発生電位)

表 2.27 無機材料の紫外線透過率 (%)

顔料	波長 (nm)		
	313 (UVB)	365 (UVA)	436 (可視)
酸化亜鉛	0	0	46
二酸化チタン	0.5	18	35
カオリン	55	59	63
炭酸カルシウム	80	84	87
タルク	88	90	90

2.6 生活関連材料

2.6.1 概論

家庭においてセラミックスは，陶磁器，ガラス容器，窓ガラス，タイル，装飾品などとして，また，現代生活に欠かせない家電製品であるテレビ，ビデオ，ラジオ，エアコン，さらには安全や防犯のための各種センサ(ガス，温度など)の部品として，目に見えないところでも広く使われている．

住宅(セラミック複層パネル)：防耐火性が要求される住宅の壁には，ニューセラミックス，グラスウール，セッコウボード(図2.46)などのセラミック系の建材を組み合わせた複層パネルが使われている．ニューセラミック複層パネルの固体部分の主成分はトバモライトなどのケイ酸カルシウム水和物である．

セラミック・センサ：夜間照明(ポーチライト)のなかには，人体の発する熱(赤外線)を検知して光量調節するタイプのものがあり，焦電体(温度変化により表面電荷が誘起され，この電荷を電流・電圧として取り出す)が使われている(チタン酸ジルコン酸鉛など)(図2.47)．また，ガス漏れ警報機などのガスセンサとしては，酸化スズ系のセラミック半導体が用いられている．

ほうろう器具：ほうろうとは，鉄，銅，ステンレスなどの金属表面にガラス質の釉薬を高温で焼き付けてコーティングしたものであり，金属の堅牢さとガラスの耐久性・耐食性・美観といった特徴が組み合わされた複合材料である．

スポーツ・レジャー用品：セラミックスの焼結体や繊維が利用されている．カーボンやガラス，炭化ケイ素などのセラミック繊維は，軽量かつ堅固で，プラスチックとの複合化により，テニスラケット，スキー板，釣り竿，ヨットの船体，ゴルフクラブのシャフトなどに使われている．ジルコニア，アルミナ，窒化ケイ素などのセラミック焼結体は，その耐摩耗性・耐熱性のために，釣り具のリール，ゴルフクラブのヘッドなどに利用されている．

衛生陶器：衛生設備に利用される洗面器や便器などの陶器製の器具を一般的に衛生陶器と呼んでいる．陶器は，① 強度・耐久力が大きい，② 酸・アルカリに侵されない，③ 汚物が付着しにくく，清掃が容易である，④ 汚水，汚臭を吸収しない，⑤ 複雑な構造体を一体型にしてつくることができるなど，衛生設備器具に適した条件を備えているために広く使用されている．

2.6 生活関連材料

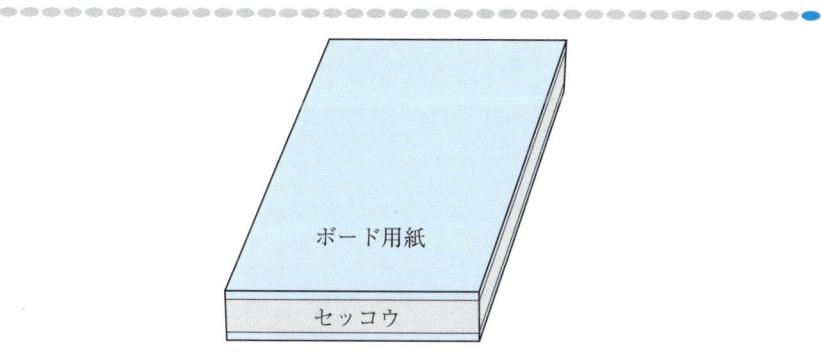

図 2.46　セッコウボード

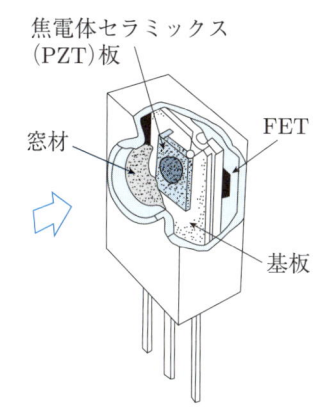

図 2.47　赤外線センサ

2.6.2 陶磁器

陶磁器は，粘土，石英，長石，陶石など，おもにケイ酸塩を主原料とする岩石鉱物の粉末を成形・乾燥後適当な温度で焼成したもので，素地 (きじ) の組成，釉薬 ('うわぐすり' または 'ゆうやく') の有無や焼成温度などで次のように分類される (表 2.28)．

土　器

アルカリやアルカリ土類を多く含む有色の粘土を原料とし，800℃ 前後の比較的低温で焼成する．釉薬は掛けないが，彩色されているものを土器と呼ぶことがあり，その場合は彩色具として釉薬を使用しないことを前提としている．多孔質で吸水性が高く，もろくて壊れやすい．

陶　器

カオリナイトを含まない粘土を原料とし，1,000～1,300℃ で焼成する．主原料によって粘土質陶器，ドロマイト質陶器，長石質陶器に分けられる．組成により粗陶器 (酸化鉄等の不純物を含む有色陶器．釉瓦，陶管，かめなどに使われる) と，精陶器 (素地が白く，衛生陶器，食器などに使われる．このうち磁器質程度までに焼き締めたものを硬質陶器という) に分けられる．通常は施釉 (せゆう) する．素地は多孔質でわずかに吸水性があり，磁器に比べてかたさや機械的強度は小さく，打てば濁音を発する．楽焼や萩焼などがある．

炻　器 (せっき)

陶器と磁器の中間的存在で，アルカリ，アルカリ土類，鉄などの不純物を多く含む粘土を原料とし，1,100～1,300℃ で焼成する．施釉はしないが焼成において自然釉が掛かるものがある．原料に鉄を多く含むため，赤褐色か黒褐色であり，軽く打つと澄んだ音がし，吸水性はほとんどない．備前焼や常滑焼などがある．

磁　器

不純物の少ない良質の粘土，石英，長石，陶石などを原料とし，1,200～1,450℃ で焼成する．素地はガラス質で吸水性がなく，透光性があり，機械的強度が強く，打つと金属音を発する．釉薬は長石質のものを用いる．有田焼 (伊万里焼) や九谷焼などがある．英語で表す場合には，『(産地名＋) ware』であるが，磁器自体は，porcelain と呼ばれる．原料鉱物の特殊な物性を利用した電磁気用や耐熱用などの特殊磁器もある．

キーワード：釉薬，土器，陶器，炻器，磁器

2.6 生活関連材料

表 2.28 陶磁器の分類

分類	素地の吸水性	素地の色	釉薬	焼成温度	その他	
土器 (eathenware terracotta)	あり	不透明 (有色)	なし	約500～ 1,000℃	素地は黄褐色，赤褐色，黒褐色．粘土を主原料とし，やや軟質に焼き上げる．野焼き，または窯で焼く．	中国では紅陶，灰陶，彩陶，黒陶，白陶
陶器 (poterry)	あり	不透明 (有色 または 白色)	あり	約1,000 ～1,300℃	軟質陶器	低火度（800℃前後）で素焼きしてから釉を掛け再度焼く．	楽焼，ヨーロッパのファイアンス，マジョリカ
					硬質陶器	高火度（1,200～1,300℃）で素焼きしてから釉を掛け再度焼く．	萩焼，薩摩焼ヨーロッパ現代陶器
炻器 (stoneware)	なし	不透明	あり	約1,100 ～1,300℃	最良の原料を用い，高度の技術を駆使して作られる上質のやきもの．外観上は陶器に近く，金属性の清音を発するなど性質は磁器に近い．	
磁器 (porcelain)	なし	半透明 (白色)	あり	約1,200 ～1,450℃	軟質磁器 (1,200℃ 前後で 焼成)	原料中に水晶の粉末とアルカリ分を加え，水晶がガラス化した性質を利用して磁器に特質を似せている（疑似磁器）．	メディチ磁器 (1575年にフィレンツェで創始)
						長石分の多い軟質磁器の原料に骨灰を加えたもので，低温（1,150℃前後）で焼成でき，不良品が少ない．	ボーンチャイナ(18世紀にイギリスで創始)装飾品，美術品
					硬質磁器 (1,300～ 1,450℃で 焼成)	低火度磁器（1,300℃前後で焼成）	食器，その他一般磁器製品
						高火度磁器（1,450℃前後で焼成）	理化学用器具高級食器工芸品

2.6.3 ガラス製品

わが国のガラス産業の生産額は年間 1.9 兆円 (1997 年) であり，各種用途のガラス製品が製造されている．ガラス製品技術の現状を表 2.29 に示す．

(1) 建築用ガラス　フロート法 (float process) による板ガラス，強化ガラス，網入り・線入りガラス，防火ガラスなど多岐にわたる製品がある．これらに熱線カット機能の付与や着色のための成膜，さらには複層化を行うことにより，遮熱・遮音などの高機能化がなされている．また，結晶化ガラス (glass-ceramics) の焼結体からなる人工大理石調壁材なども実用化されている．**(2) 自動車ガラス**　フロントガラス，サイドガラス，リヤーガラスなどに大別され，ガラスの曲げ，合わせ，強化技術の進歩に加えて，サイドガラスの着色，リヤーガラスの加熱，紫外線カットや撥水性付与のコーティングなど，高機能化が進みつつある．**(3) テレビジョンガラス**　大型の平板液晶テレビの成長で CRT テレビの相対的な衰退が感じられる．**(4) 光通信用ガラス**　光ファイバー用ガラスの需要が増大している．増幅器に関しては，Er^{3+} ドープ光ファイバー増幅器が実用化されている．また，ファイバー接続に関係のあるマイクロレンズ，レンズアレイ，合波・分波用フィルター，フェルールなどのガラスの需要も伸びている．**(5) 液晶用ガラス**　TFT 液晶用として，歪点が 700 °C 以上の無アルカリガラスがフュージョン法やフロート法により大量に生産されている．**(6) ガラス磁気ディスク**　高剛性でたわみが少なく，超平坦な面に加工できるガラスの特性を生かしてガラスディスクが実用化されている．**(7) フォトマスク用ガラス**　半導体基板上に細い線を描いて集積回路の集積度を上げるためには，フォトリソグラフィーに短波長の紫外線を使って石英ガラスフォトマスクがつくられている．**(8) 携帯電話用ガラス部品**　フリットペーストを使って数十層に積層した小型のプリント配線多層基板が開発され，携帯電話のディスプレイなどの小型軽量機器に多用されている．**(9) 治療用ガラス**　$MgO\text{-}CaO\text{-}SiO_2\text{-}P_2O_5\text{-}CaF_2$ 系の生体活性を有する結晶化ガラスは，人工骨用インプラント材料として用いられている．放射化した $Y_2O_3\text{-}Al_2O_3\text{-}SiO_2$ ガラス微小球を患者の肝臓中に注入して，β 線による肝臓ガンの治療を行う例もある．

キーワード：建築用ガラス，CRT 用ガラス，光通信用ガラス，治療用ガラス

2.6 生活関連材料

表 2.29　ガラス製品技術の現状

用途	製品	世界トップの技術レベル	技術レベルの意味
住宅・建築	熱線反射ガラス 真空複層ガラス 防火ガラス 調光ガラス 結晶化ガラス壁材	板成形から一貫でCVD成膜 厚さ6mmで熱貫流1.5w/m²K 火災を90分間遮断 1m角のEC高耐久品を量産 拡散反射大(89%)の壁材	熱線反射ガラスを低コスト供給 住宅用サッシにアダプターなしで装着,省エネ・遮音 透明な防火・耐火窓の実現 透過率を任意に制御できる窓ガラスを実用化 ビル,公共施設の壁・柱などの化粧材として適用
自動車	防曇ガラス アンテナガラス 撥水ガラス 親水ガラス ヘッドアップディスプレイ 遮音ガラス 熱線吸収ガラス 熱線反射ガラス	曇りセンサー付き自動熱線ガラス アンプなしで>1.8GHz,デジタル対応 リヤガラスに実用化 サイドミラーに実用化 フロントガラスに実用化 複層ガラスを実用化 熱線透過率26.6%/3.45mm厚 単板ガラスで実用化	運転時の視界確保,バッテリー負荷の軽減 情報化対応 運転時の視界確保 運転時の視界確保 走行速度等のフロント窓への表示,安全性向上 車内の快適性・静粛性の向上 車内の快適性向上,エアコン負荷の軽減 車内の快適性向上,エアコン負荷の軽減
情報電子	磁気ディスク用ガラス TFT用ディスプレイ基板 PDP用ディスプレイ基板 半導体用フォトマスク基板 平面CRT PDP隔壁形成用ガラス	ヘッド浮上<10nm,弾性率>100GPa 平坦度<0.1mm,熱収縮<3ppm の板成形・焼鈍・研磨技術 歪点600～650℃のソーダ石灰ガラス 高度な欠陥制御と精密研磨 (平坦度,1mm,面粗さRa<0.1nm) 物理強化の導入・実用化 幅50mm, 高150mmのリブ形成	磁気ディスク記録の高密度・高速化の実現 高精細・高画質の画像表示の実現 大面面薄型ディスプレイの実現 UV光フォトリソによる超微細加工の実現 ブラウン管の軽量化と平面化の両立 PDPディスプレイ高精細化の実現
光通信	光ファイバー ・屈折率分布制御 　ファイバー ・高屈折率SMファイバー ・広帯域EDF 高性能光ファイバーアンプ ファイバーグレーティング 石英ガラス導波路 マイクロレンズ フェルール 偏光ガラス	高精密な屈折率分布,低非線形・低波長分散のファイバー製造 ・有効コア断面積>100mm² ・分散スロープ<0.05ps/km/nm² ・性能指数>200ps/nm/dB ・帯域幅>40nm,NF<4.5dB 広帯域・高出力・利得平坦 合分波の波長間隔<50GHz 合分波の波長間隔<50GHz 直径0.1mm品でシングルモード対応 ガラス製を実用化 消光比1000:1,耐熱400℃	長距離・大容量伝送用ファイバーの供給 DWDMシステム用非線形低減型ファイバー DWDMシステム対応低分散スロープファイバー DWDMシステム用分散補償ファイバー DWDMシステム対応光ファイバーアンプに適用 長距離・大容量伝送用光増幅装置の実現 合分波高性能フィルター,利得等価器,分散補償の実現 DWDM用合分波,分散補償の実現 DWDM用光部品の小型・高効率化 光ファイバー接続ロスの低減,部品の低コスト化 光通信アイソレーター,各種センサー部品への適用
機器 光学	映像機器用非球面レンズ モールド成形用低融点ガラス 精密光学系用ガラス マイクロレンズアレイ	大口径の精密モールドプレス ガラスの種類:10種類以上 10⁻⁶オーダーの屈折率均質性を実現 長尺・高分解能・薄型のレンズ	低コストで高精度な光学系を実現 高精度な光学系を実現 半導体露光装置の実現 ファックス,プリンター,複写機等の小型化・高性能化
製造 半導体	露光装置ステッパーレンズおよびフォトマスク 単結晶引上ルツボ	ArFレーザー光(193nm)を99%透過, 均質度10⁻⁶オーダー 大口径品(40インチ)を製造	半導体製造の高集積化,高スループット化 φ300mmウェーハ用単結晶引上への対応
照明・容器	強化びん コールドミラー	SnO₂膜コート強化品の実用化 ゼロ膨張ガラス製を実用化	びんの軽量化,再利用回数の向上 医療用,LCDプロジェクター用高精度高輝度光源に適用
繊維	長繊維 次世代繊維	50m/sで2hr連続無切断紡糸 低エミッション繊維を実用化 生体親和性繊維を実用化	生産効率の向上,番手の均一化,白金量の節約 B₂O₃,F等の揮発成分ゼロ,電子部品への適用 発ガン性の心配の回避
環境エネルギー	アモルファスSi 太陽電池用基板 核廃棄物固化用ガラス	テクスチャー化による変換効率向上 ホウケイ酸ガラスでRF/直接通電溶融	光閉じ込め効果による太陽光利用効率の向上 高レベル放射性廃液等のガラス固化
医用・生体	人工骨	無機質の人工骨を実用化	脊椎・チョウ骨に適用,関節は不可.

2.6.4 建造物 (セメント，コンクリート)

セメント (cement) は1世紀以上も前から製造されており，建造物をはじめ，道路やダムなど，生活と密着した材料の一つである．その多くは砂利と砂を加えて水で練り，コンクリート (concrete) として利用される．

一口にセメントといわれるが，その種類は表2.30に示したようにさまざまである．それらの特性は構成鉱物の量によって決まり，目的に合わせて利用されている．一般にセメントという場合には，表中のポルトランドセメント (portland cement) を意味している．これは，1824年，生石灰に粘土を混ぜて焼成・粉砕することによってセメントは製造されたが，その色がイギリスのポルトランド島特産の石材に似ていたことから命名されたものである．

セメントの水和反応 (hydration) の概要を図2.48に示す．水和直後，水とセメントはバラバラの状態であり，セメント表面には薄い水和物層が生成して水和の進行が阻害される (①)．その後，セメント中の酸化カルシウムと水とが反応して生成した水酸化カルシウムが過飽和状態となり，セメント粒子の内部・外部に生成してくる (②)．さらに時間が経過すると，セメント粒子付近にある水酸化カルシウムを含むコロイド状物質が相互に接着し始めることによってゲルが生成し，凝結が始まる (③)．時間の経過とともにゲルは成長してセメント粒子の間隙を埋めながら硬化が進み，強度が発現する (④)．

コンクリートはセメント間隙に砂利や砂を含んでいるために強度は大きいが，その水和過程はセメントと同様である．セメントやコンクリートの強度は，セメント中に含まれる $Ca_2SiO_4(C_2S)$ や $Ca_3SiO_5(C_3S)$ が水和生成するエトリンガイトなどのセメント水和物 (C-S-H) と複雑に絡み合うことによって発現する．

図2.49は，セメント中に含まれる各種水和化合物単独の強度変化を示したものである．C_3S は急激に強度を発現し，初期の発熱量も大きい．一方，C_2S は比較的ゆっくりと強度が発現し，初期の発熱量は小さい．つまり，セメントの種類によって発熱量は異なる．したがって，水和反応によってコンクリート内部の温度は上昇するが，コンクリートと鉄筋の膨張率の違いによってひび割れを生じることがある．このためにダム建設などの場合には，急激に発熱しない C_2S を多く含む中庸熱セメントが用いられ，ひび割れを防止している．

キーワード：ポルトランドセメント，水和反応，C_3S，C_2S

2.6 生活関連材料

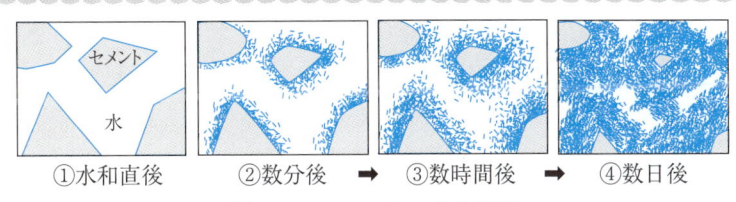

①水和直後　②数分後 ➡ ③数時間後 ➡ ④数日後

図 2.48　セメントの水和過程

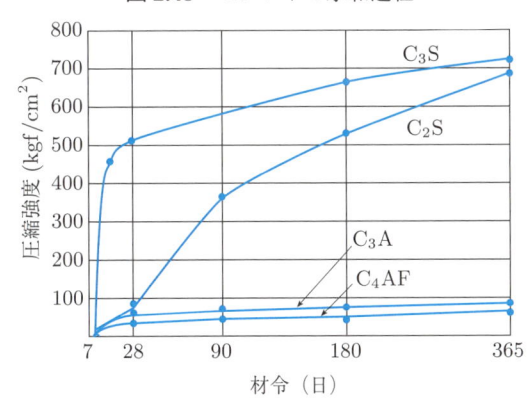

図 2.49　クリンカ主要鉱物の圧縮強度発現例

表 2.30　各種セメントの化学分析結果例 [JIS R 5202]

セメントの種類		ig. loss (%)	insol (%)	SiO_2 (%)	Al_2O_3 (%)	Fe_2O_3 (%)	CaO (%)	MgO (%)	SO_3 (%)	Na_2O (%)	K_2O (%)	TiO_2 (%)	P_2O_5 (%)	MnO (%)	C_3S (%)	C_3A (%)
ポルトランドセメント	普通	0.8	0.1	21.9	5.2	3.0	63.6	1.6	2.0	0.35	0.57	0.30	0.10	0.16	—	—
	早強	1.0	0.1	20.7	4.6	2.8	65.0	1.5	2.8	0.32	0.47	0.25	0.11	0.10	—	—
	中庸熱	0.7	0.2	23.3	3.8	4.0	63.4	1.1	1.9	0.24	0.45	0.21	0.10	0.09	44	4
	耐硫酸塩	0.6	0.1	22.0	3.4	4.7	64.9	1.0	1.8	0.18	0.33	0.20	0.12	0.11	—	1
高炉セメント	A 種	1.0	0.1	24.0	7.4	2.3	58.4	2.9	2.0	0.26	0.27	0.64	0.05	0.22	—	—
	B 種	0.8	0.2	26.1	8.5	2.0	54.7	3.4	2.1	0.27	0.41	0.71	0.07	0.30	—	—
	C 種	1.4	0.1	28.6	10.6	1.3	49.7	4.0	1.8	0.18	0.21	0.99	0.02	0.32	—	—
シリカセメント	A 種	0.5	6.9	20.4	4.3	3.0	60.3	1.2	1.7	0.46	0.52	0.24	0.13	0.06	—	—
フライアッシュセメント	B 種	0.9	12.1	20.0	4.8	2.8	54.3	1.4	1.9	0.37	0.43	0.29	0.11	0.12	—	—

3 プロセッシング

- 3.1 先端手法の原理
- 3.2 トラッド手法の原理
- 3.3 測定と評価

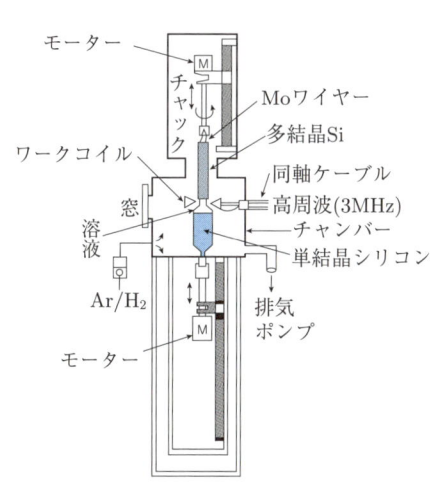

浮遊帯溶融法 (FZ 法) 装置の概略図

第 3 章 プロセッシング

● **3.1 先端手法の原理** ●

3.1.1 多結晶作製

多結晶を作製するための最も一般的な方法は，所望の成分を含む固体原料を混合して長時間加熱 (heating) することである．この方法によって多結晶体を作製する場合の注意点はいろいろあるが，まず，原料の純度を考慮した正確な秤量が必要である．このため，吸湿性が高い原料や水分を含む原料，融点が低い物質や揮発性の物質，さらには非化学量論組成の化合物などは，本方法による多結晶作製のための原料としては好ましくない．

図 3.1 は，チタン酸バリウム ($BaTiO_3$) を例とした一連の多結晶体の作製工程である．原料を秤量後，乳棒・乳鉢 (pestle and mortar) を用いて混合・微細化した後，加圧によって円板状に成形する．加圧成形の目的は，原料どうしの接触点を増やして反応性を向上させることにある．要するに，拡散反応が起こる箇所を増やすことによって生成率は向上する．その後成形体を加熱するが，この加熱にはアルミナるつぼ (alumina crucible) が用いられる．そのようすを図 3.2 に示す．るつぼの底に成形体と同じ混合粉末を敷き，その上に成形体を乗せてその周りを同じ粉末で囲んでいる．こうすることによって，成形体中の組成の均一性が保持され，さらに成形体とるつぼ (低温の場合には，磁性るつぼが使われる) との反応物が成形体内部に生成するのを防止できる．なお，加熱には電気炉 (electric furnace) を利用する．この加熱工程は仮焼と呼ばれるが，この仮焼において原料中の炭酸塩などの余分な物質が除去される．

ほとんどの酸化物の多結晶体は，上述の操作方法によって作製できる．しかし，微密な多結晶が必要な場合や，逆に多孔質な多結晶体が求められる場合など，多結晶体に求められる微細構造 (microstructure) はさまざまである．要するに，所望の微細構造を有する多結晶体を作製するために，やはり試行錯誤が必要である．なお，多結晶体を作製する場合の主な注意事項は以下のとおりである．

- 原料や仮焼物はできるだけ粉砕する (粒子間の接触数を増やすため)
- 凝集した粉末の使用を避ける
- 成形密度を大きくする

キーワード：純度，粉砕・混合，乳棒・乳鉢，電気炉，仮焼

3.1　先端手法の原理

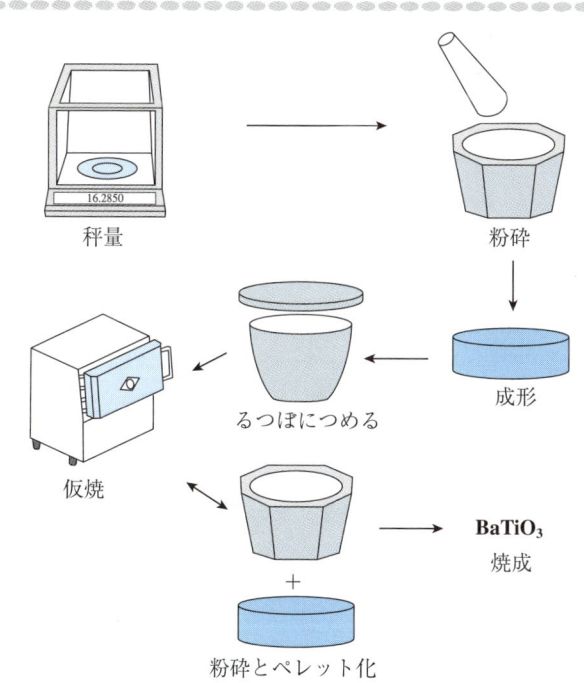

図 3.1　多結晶体の作製工程

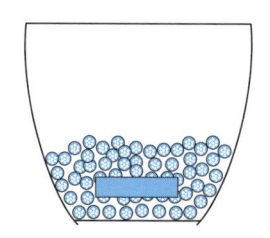

（秤量 → 粉砕 → 成形 → るつぼにつめる → 仮焼 → 粉砕とペレット化 → 焼成　BaTiO$_3$）

図 3.2　加熱時るつぼ内のようす

3.1.2 粉体合成 (液相)

液相中に存在する金属陽イオンを水酸化物，炭酸塩，シュウ酸などとして沈殿 (precipitation) させ，これらを加熱して酸化物粉末を作製する方法である．固体を混合・焼成する方法に比べて微細な粉末が得られ，また高純度であることから，広範囲に利用されている．溶液中に溶解している目的イオンを沈殿させるためには雰囲気条件を変えたり，溶媒を除去することによって過飽和状態にする必要がある．これらは物理的変化を利用しているのであるが，化学反応による粉末合成が盛んである．最近，注目されている金属アルコキシド (metal alkoxide) を出発原料として金属酸化物を合成する方法の一つであるゾル-ゲル法 (sol-gel process) について説明する．

ゾル-ゲル法とは，"溶媒中の目的イオンを加水分解反応や重縮合反応によってゾル化し，その後に得られるゲル状物質を加熱して目的物を得る"方法である．その特徴を表 3.1 に示すが，微細な高純度粉末が比較的手軽に得られるためにその利用範囲は広い．出発原料として金属アルコキシドが用いられることが多くなっており，ここでは金属アルコキシドを用いた場合について説明する．

図 3.3 にアルコキシドの加水分解反応を 3 段階に分けて示した．水分子の OH 基がアルコキシドの金属イオンに求核的に付加して H^+ が OR 基に移り，ROH が取り除かれる．つまり，金属アルコキシドの加水分解 (hydrolysis) の進みやすさは，イオンの性質によって決まる．たとえば，電気陰性度が小さく，イオン半径が大きいほど，加水分解は促進される．このため，$Si(OiPr)_4$ の加水分解は $Ti(OiPr)_4$ に比べて非常に遅いことが理解できる．また，その構造も加水分解に影響するが，遷移金属のアルコキシドはアルキル基の分子量が多いほど加水分解されにくいのは，この一例であろう．

セラミックスの多くは，数種類の金属元素を含む複合酸化物である．ゾル-ゲル法による薄膜作製のフローを図 3.4 に示す．PZT 薄膜を作製する場合は，まず，Zr と Ti のアルコキシドを 2-メトキシエタノールに溶解して還流し，そこに $Pb(OAc)_2$ のメトキシエタノール溶液を加えて再度還流する．こうして得られた溶液に基板を浸して乾燥後，焼成することによって PZT 薄膜が作製されているが，粒成長もなく，均一な膜であることが確認されている．

キーワード：沈殿法，ゾル-ゲル法，アルコキシド

3.1 先端手法の原理

表 3.1 ゾル-ゲル法の特徴

長所
- 組成が均一で高純度な超微細粉末が作製可能
- 粉末原料の生成に必要な温度，およびそれから得られる焼結体の作製に要する温度が低い
- 通常では作製が困難な組成物の合成が可能
- 粉末状態を経ることなく，バルク・薄膜・ウィスカー等の作製が可能
- 複合化が容易

短所
- 炭素や炭酸基，水酸基等が残留しやすい
- 焼成中に組成変動が生じやすい
- 焼結時の収縮が大きい

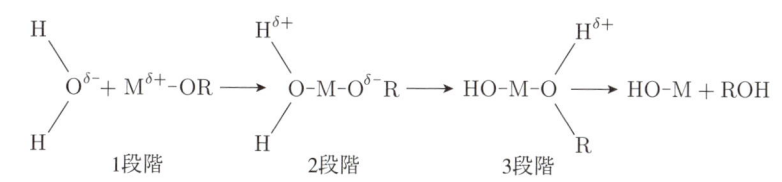

$$\begin{array}{c}H\\ |\\ O^{\delta-}\\ |\\ H\end{array} + M^{\delta+}\text{-OR} \longrightarrow \begin{array}{c}H^{\delta+}\\ |\\ \text{O-M-O}^{\delta-}\text{R}\\ |\\ H\end{array} \longrightarrow \begin{array}{c}H^{\delta+}\\ |\\ \text{HO-M-O}\\ |\\ R\end{array} \longrightarrow \text{HO-M} + \text{ROH}$$

1段階　　　　　　　　2段階　　　　　　　3段階

図 3.3　金属アルコキシドの加水分解反応

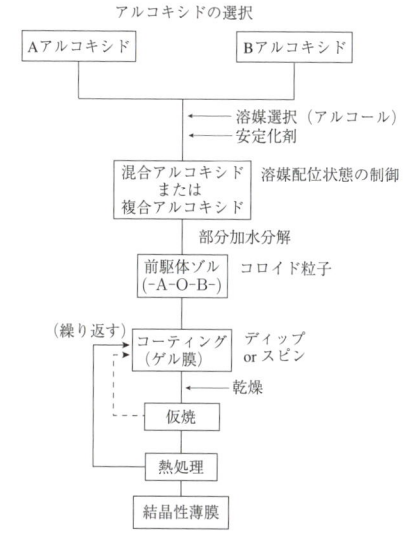

図 3.4　ゾル-ゲル法による薄膜作製のフローチャート

3.1.3 粉末合成（固相）

固体の化学反応を利用する粉体作製方法であり，微細な粉体合成のなかで最も汎用な方法の一つである．以下に，本合成方法に属する熱分解法と固相反応法について説明する．

1. 熱分解法 (thermal decomposition)

基本的には水酸化物，炭酸塩，シュウ酸塩，硫酸塩，硝酸塩などの分解を利用して酸化物粉末を得る方法であり，本方法によって合成される物質は多い．

$$A(s) \rightarrow B(s) + C(g)$$

上式が熱分解反応の一例であり，固体出発物質 A が分解して固体 B と気体 C に分解することを表している．気体 C が水のときは脱水反応，CO_2 のときは脱炭酸反応である．図 3.5 は $Mg(OH)_2$ の加熱による質量変化を示したものであり，温度の上昇とともに固相中に含まれる水酸基が気相となって放出され，目的物である MgO が生じる反応である．このときの構造変化のようすを図 3.6 に示すが，$Mg(OH)_2$ の結晶格子から H_2O が脱離するさいに構造が著しく変化するため，生成する MgO 粉末は微細化が可能である．

2. 固体反応法 (solid-state reaction)

2 種類以上の化合物を混合した後，高温で反応させて所望の粉体を得る方法である．その反応は固体どうしの接触部である接触界面部から始まり，その後は反応生成物内における拡散によって，さらに反応が進行する．たとえば図 3.7 のように，二つの固相 A と B が平面で接して生成物 AB が生じる場合を考える．なお，話を簡単にするため，拡散成分は A だけであり，A が生成層 AB 内を拡散して B と反応して新たに AB を生成すると考える．さらに界面反応は迅速であるとすれば，この反応は A の拡散が律速となり，その反応速度は移動距離の逆数に比例する．その場合，$dx/dt \propto 1/x$ (k：比例定数) から $x^2 = kt$ が得られ，いわゆる放物線則に従って AB を生成することが分かる．

キーワード：熱分解法，固体反応法，拡散反応

3.1 先端手法の原理

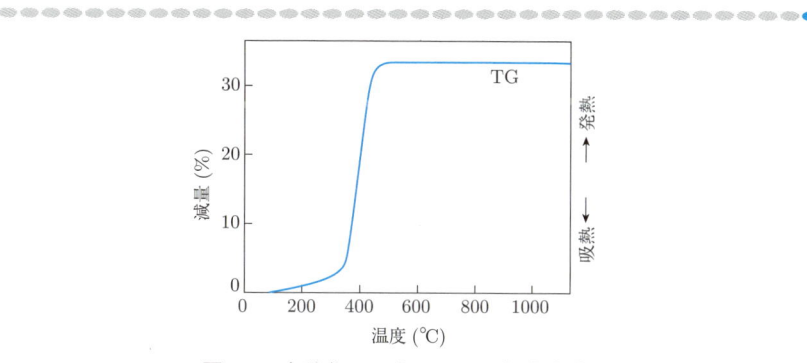

図 **3.5** 水酸化マグネシウムの加熱変化

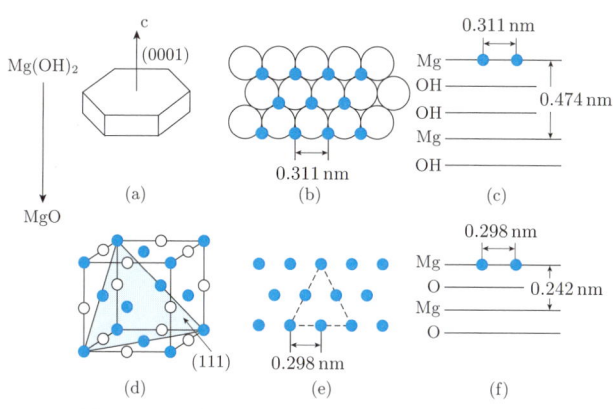

図 **3.6** $Mg(OH)_2 \rightarrow MgO + H_2O$ の分解機構

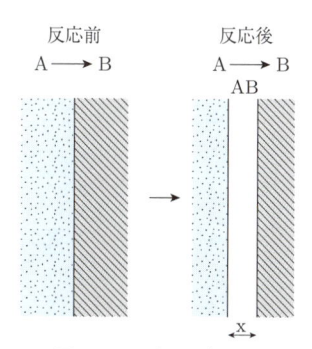

図 **3.7** 固相反応の例

3.1.4 単結晶作製

　物質を加熱後，溶融して冷却すると，その物質は固化する．固化状態は冷却速度によって異なり，急冷した場合にはガラスが，ゆっくり冷却した場合には結晶が生成する．さらにその冷却速度を極端に遅くした場合には結晶成長が顕著になり，最終的には結晶全体の方向がそろった単結晶 (single crystal) が得られる場合がある．要するに単結晶は，多結晶を作製する場合とは異なり，冷却条件を選択することによってはじめて作製が可能になる．このような融液固化による方法以外でも単結晶は作製されており，それらを表 3.2 に示す．以下にこれらのなかでも代表的な単結晶作製について，その概要を説明する．

　まず，現代に欠かすことのできないシリコン単結晶であるが，その製造方法としては FZ 法が一般的である．図 3.8 にその概略を示すが，焼結によって作製したシリコン多結晶の端部を赤外線や高周波誘導によって集中的に加熱して溶融させ，その溶融部分をゆっくりと移動させることによって単結晶を成長させる方法である．本方法は他の方法とは異なり，溶融のための容器を使用しておらず，不純物混入の恐れは少ないが，容器を用いていないための難しさもある．しかし，比較的結晶成長速度が速く，かつ高純度化も容易であり，この方法で作製される単結晶は多い．また，ベルヌーイ法も容器を利用しない単結晶合成方法の一つであり，ルビーやサファイアなどアルミナを主成分とするために高温での合成が必要な宝石などの合成に用いられている．

　水熱合成法 (hydrothermal synthesis) はオートクレーブ中の高温高圧雰囲気下において結晶を成長させる方法であり，古くから含水鉱物である粘土の合成など，天然鉱物の合成に利用されてきた．要するに，常温常圧下において溶解度が小さい粘土鉱物も高温高圧下では溶解度が大きくなることを利用して単結晶を作製する方法である．その合成には図 3.9 に示すような超硬合金でつくられた耐熱耐圧容器が用いられ，たとえばフェライトなどの磁石はこの方法によって合成される．その合成方法であるが，溶媒としてアルカリ水溶液を用い，400 ℃ に加熱して密閉容器内の気圧が 100 MPa 程度の雰囲気化で合成する．水晶は，この水熱合成法によって作製されている．

キーワード：FZ 法，ベルヌーイ法，水熱合成法

3.1 先端手法の原理

表 3.2 単結晶の育成法

育成法		操作法	例
溶液相中成長	水熱合成法	オートクレーブ中で高温高圧下で行う単結晶育成法	水晶，YIG
	フラックス法 (F 法)	原料を低融点剤 (フラックス) 中に入れて溶解し，単結晶を育成	エメラルド
溶融体成長	ベルヌーイ法[†] (V法)(火炎溶融法)	原料酸化物粉末を酸水素炎中に落して溶融し，種結晶上に落として溶融液を冷却固化させて単結晶を育成	Al_2O_3，合成宝石
	チョクラルスキー法 (CZ 法) (引きあげ法)	種結晶の先端を溶融液面に接触させ，軸と容器とを反対方向に相互に回転させながら，ゆっくり引きあげて，単結晶を成長させる	Si, YAG
	ブリッジマン法 (B 法) (温度勾配法)	原料粉末を徐々に降下させて，容器先端部から単結晶を成長させる方法	GaAs
	浮遊帯溶融法[†] (FZ 法)	棒状の多結晶焼結体を垂直に設置し，軸を中心に回転しながら降下させ，部分的に加熱した溶融部を移動させながら単結晶化	TiO_2, YAG
気相成長	化学輸送法	多結晶体原料を高温で分解して低温部に輸送し，そこでもとの化合物に再結合させて結晶を晶出させる方法	SnO_2，各種フェライト類
	CVD 法	気相化合物を蒸気圧の低い化合物として単結晶を晶出させる．基板上に薄膜上単結晶を析出させられる	酸化物および非酸化物の単結晶
固相成長	超高圧合成法	超高圧高温装置を用いて単結晶をつくる	ダイヤモンド，立方晶 BN

[†] これらの方法では容器を用いないので，得られる単結晶は容器による汚染を受けない．

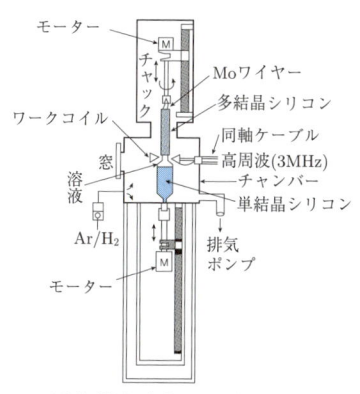

図 3.8 浮遊帯溶融法 (FZ 法) 装置の概略図   図 3.9 水熱合成法の装置図

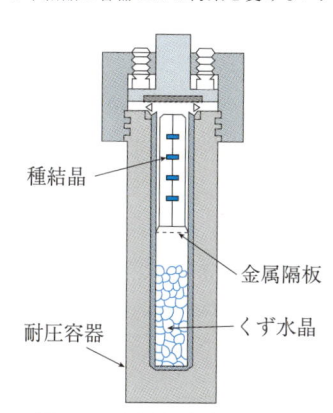

3.1.5 薄膜合成

エレクトロニクスにおける部品の高集積化が求められているため，電子部品として使われているセラミックスの薄膜 (thin film) 化が非常に重要なプロセス技術となっている．薄膜作製法には図 3.10 に示すように多くの種類があり，出発原料によって成膜プロセスを分類すると図 3.11 のようなる．

その成膜プロセスには，原子あるいはイオンの [結合の開裂]−[その再結合] を利用する物理的方法と，化学的方法を利用するプロセスがある．下の経路 (1) の状態変化をたどって調製される成膜法は，物理反応プロセスである．

経路 (1) [S_{st}(固体原料)] → [V(気相) あるいは L(液相)] → [S_F(生成膜)]

これに対して経路 (2) や経路 (3) をたどる方法では化学反応が主プロセスである．

経路 (2) [L_{st}(液体原料)] → [S_F]

経路 (3) [V_{st}(気体原料)] → [V(高温)] → [S_F]

一般には，前者に属する作製法を物理的方法 (physical processing)，後者を化学的方法 (chemical processing) と分類される．気相を利用した薄膜作製法は，物理的気相蒸着法 (PVD：physical vapor deposition) と化学的気相蒸着法 (CVD：chemical vapor deposition) に大別される．PVD 法には，真空蒸着法，スパッタリング法がある．真空蒸着法は固体を真空中で加熱することにより蒸発させた粒子を基板上に堆積させる方法であり，スパッタリング法は原料固体 (ターゲット) にイオンを衝突させ，表面から放出される原子や分子を基板上に堆積させる方法である．また，CVD 法は気化した原料化合物が熱分解，酸化，還元などの化学反応を経て，基板上に薄膜として凝縮する方法である．有機金属化合物を使用した MOCVD 法は，薄膜の低温析出が可能で，膜物性の制御に優れている．ゾル−ゲルによる薄膜合成法は，金属塩，金属有機化合物などから生成するゾルをゲル化して薄膜を得る方法であり，組成制御と複合化が容易である．そのほか，溶媒中に分散させた酸化物微粒子を電界により基板に堆積させる電気泳動法や，電解によって陽極に酸化被膜を形成させる陽極酸化法などがある．

薄膜は作製プロセスの特殊性や二次元に近い形状にできることなどのために，バルク材料ではみられない特異な構造や特性をもつ物質が作製できる．

キーワード：PVD 法，CVD 法，真空蒸着法，スパッタリング法，ゾル−ゲル法

3.1 先端手法の原理

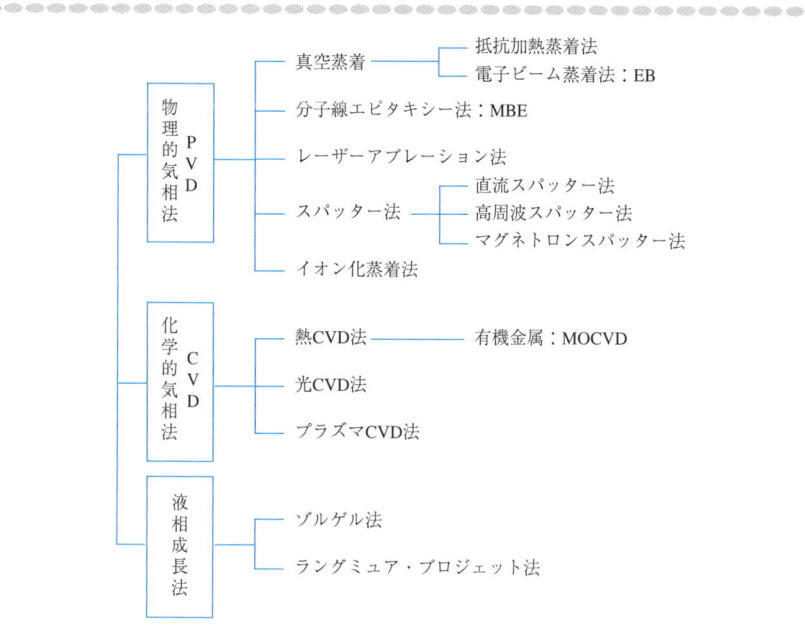

```
                    ┌─ 真空蒸着 ─┬─ 抵抗加熱蒸着法
                    │           └─ 電子ビーム蒸着法：EB
         物理的      ├─ 分子線エピタキシー法：MBE
         気相法 ─────┤
         PVD        ├─ レーザーアブレーション法
                    │                ┌─ 直流スパッター法
                    ├─ スパッター法 ──┼─ 高周波スパッター法
                    │                └─ マグネトロンスパッター法
                    └─ イオン化蒸着法

         化学的      ┌─ 熱CVD法 ─────── 有機金属：MOCVD
         気相法 ─────┼─ 光CVD法
         CVD        └─ プラズマCVD法

         液相        ┌─ ゾルゲル法
         成長法 ─────┤
                    └─ ラングミュア・プロジェット法
```

図 3.10 薄膜作製法の分類

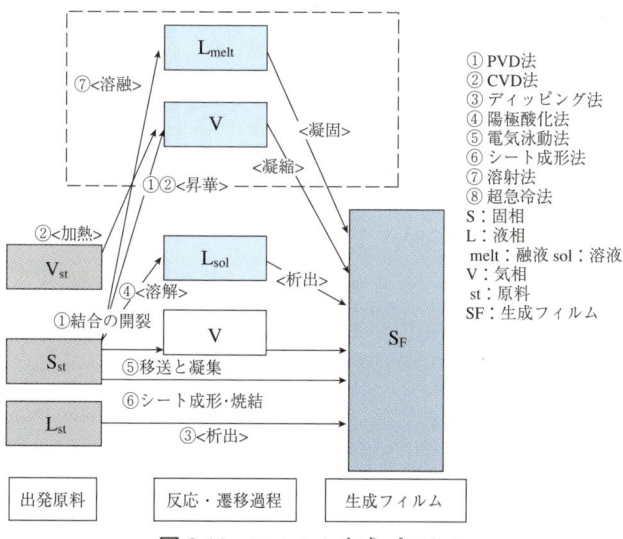

図 3.11 フィルム生成プロセス

① PVD法
② CVD法
③ ディッピング法
④ 陽極酸化法
⑤ 電気泳動法
⑥ シート成形法
⑦ 溶射法
⑧ 超急冷法
S：固相
L：液相
 melt：融液 sol：溶液
V：気相
 st：原料
SF：生成フィルム

L_{melt}, V, L_{sol}, V_{st}, S_{st}, L_{st}, S_F

⑦〈溶融〉、〈凝固〉、①②〈昇華〉、〈凝縮〉、②〈加熱〉、④〈溶解〉、〈析出〉、①結合の開裂、⑤移送と凝集、⑥シート成形・焼結、③〈析出〉

出発原料 ／ 反応・遷移過程 ／ 生成フィルム

3.2 トラッド手法の原理

3.2.1 セラミックス製造の歴史

"セラミックス"とは『人工的につくられた非金属の無機固体材料』と定義されている．その製造工程を図3.12に示すが，粉砕・混合した天然原料に水を加えて成形し，乾燥後，火を用いて焼き固めたものである．日本で最も古いセラミックスはいわゆる縄文土器であり，多孔質で強度も低い．しかし，弥生時代になると高温で焼くことが可能となり，長石や石英などの主原料のほかに粘土を混合することによって，緻密で強度も大きな陶磁器がつくられるようになった．要するに粘土は，その可塑性を利用して成形剤として用いられた．こうして得られた焼成体に絵を描いた後に釉をかけて再度加熱することにより，陶磁器が得られている．

3～40年前まで"セラミックス"は"窯業"と呼ばれていた．これは古代人が土器などをつくるさいにかまど(窯)を利用していたことに由来している．要するに陶磁器をはじめ，セメント(cement)，ガラス(glass)，耐火物(refractory)など，現代生活に不可欠な無機物の製品はすべて"セラミックス"ということになる．その製造方法の概要は上に示したとおりであるが，未だにその製造はさまざまな工夫やノウハウに頼っていることが多い．セラミックスの製造工程において生じる一般的な問題点を表3.3に示した．天然原料を用いる場合には，その受け入れ管理には十分注意が必要であることに始まり，各工程においてさまざまな注意が必要であることに気が付くであろう．表3.3に示したほとんどの工程で不純物混入の恐れがあり，それが生産性の低下にもつながること，さらには製造物の破壊に至ることもあるなど，気を付けなければならないことが多い．原料粉砕時の不純物の混入や粒子径・粒度分布，粉砕粒子の凝集などは，後工程に悪影響をおよぼす重要な問題である．また，分級は粉砕原料の粒径をそろえるための操作であり，粉末の流動性を改善するための造粒工程と同様に，均一な焼結体を得るためには必須の操作である．最終的には得られた成形体を加熱することによってセラミックスが得られるが，昇温にともなう水分や有機物の飛散による成形体の破壊や，焼成後の急激な降温によって生じる物体表面と内部との温度差による破壊などには，十分な注意が必要である．

キーワード：粉砕，混合，粘土，窯業，陶磁器，セメント，ガラス，耐火物

3.2 トラッド手法の原理　　145

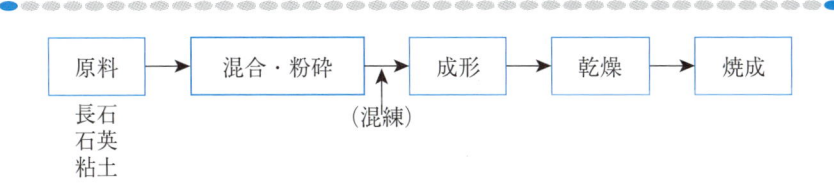

```
[原料] → [混合・粉砕] → [成形] → [乾燥] → [焼成]
 長石          ↑
 石英        (混練)
 粘土
```

図 3.12　セラミックスの製造工程

表 3.3　セラミック製造工程の問題点

工程	問題点
原料	組成の変化・偏折
	物理的・化学的性質の変化特性
	原料形状の変化 (処理方法の変化)
混合	不純物混入
	組成の不均一化
粉砕	不純物混入
	粒子形状制御
	凝集
分級	不純物混入
	生産性低下, 分級精度
造粒	装置の保守・管理
	生産性低下
成形	密度の不均一化
乾燥	割れ・破損
焼成	汚染
	割れ・破損
加工	難しい

――― 頭の体操 (その 3) ―――

(解答がない問題は, 該当する項目のページを読めば答えが分かる内容です)

問題 1　二次方程式 $(ax^2 + bx + c = 0)$ の解を導き出しなさい. (答：省略)

問題 2　図 3.6 の (d) に示されている MgO において, いずれのイオンもお互いに接しているとする. この場合 (Mg^{2+} の半径/O^{2-} の半径) の価数を求めなさい. ただし, 2 の平方根は 1.4 とする. (答：0.8)

問題 3　問題 2 と同じ図における (222) 面のようすを描きなさい. (答：(e) の青丸が白丸になった図)

3.2.2 セメントの製造

石灰石 (limestone) は日本国内で賄える数少ない原料の一つであり，日本においてセメント工業が発展した要因がここにある．セメントの製造フローを図3.13に示すが，おもな原料は石灰石，粘土 (clay)，鉄滓 (iron slag)，ケイ石 (silica)，セッコウ (gypsum) である．石膏以外の原料を十分に乾燥した後，目的とするセメントの化学組成になるように秤量する．その後，ボールミルを用いて粉砕混合した後，ロータリーキルンと呼ばれる大型の回転炉にて焼成するが，そのときの分解反応や生成反応を温度の関数として図3.14に示す．焼成前の原料は微粉になっているために水を吸着しており，まずはこれが除去される．さらに粘土や石灰石が脱水分解された後，目的の化合物が生成し始め，最終的には1,450℃で焼成した後に急冷してクリンカー (clinker) と呼ばれる灰黒色の塊が得られる．このクリンカーには，C_3S, C_2S に加えて C_3A, C_4AF などの鉱物が含まれており，これを粉砕した後で凝結時間を調整するために2〜5％のセッコウを加えてセメントになる．表3.4は上述した工程から得られるセメントの化学組成の一例である．以下に，セメント製造時の組成計算法について説明する．この計算は，セメントの品質管理という立場からも重要であり，次のような順序で考える．

(a) Fe_2O_3 は Al_2O_3, CaO と反応して C_4AF になる．(b) C_4AF の生成に使用されなかった Al_2O_3 は，CaO と反応して C_3A になる．(c) C_4AF と C_3A の生成後に残った CaO は SiO_2 と反応する．(d) CaO と SiO_2 からまずは C_2S が，次に C_3S が生成し，余った CaO は遊離する．(e) MgO は反応せずに遊離する．(f) SO_3 は $CaSO_4$ として残存する．(g) 遊離の CaO を定量 (グリセロールのエチルアルコール溶液で抽出) する．

化学組成の一例として，化学組成が SiO_2 23.0％, Al_2O_3 4.5％, Fe_2O_3 3.1％, CaO 64.9％, SO_3 2.4％, 遊離 CaO 0.9％であるセメント中の各鉱物量を計算してみよう．このとき，右頁の表に示した係数を利用するとよい．この数字から C_3S 48％, C_2S 30％, C_3S 7％ C_4AF 9％, $CaSO_4$ 4％と算出される．

キーワード：石灰石，ボールミル，ロータリーキルン，クリンカー

3.2 トラッド手法の原理

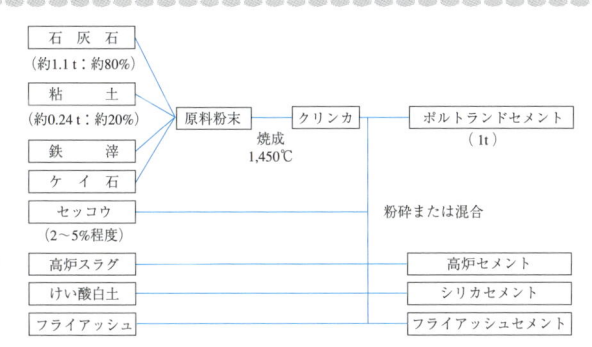

図 3.13 セメントの製造工程

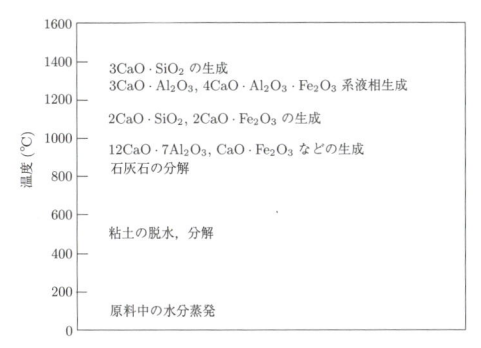

[フロー図: 石灰石(約1.1 t：約80%)、粘土(約0.24 t：約20%)、鉄滓、ケイ石 → 原料粉末 → 焼成 1,450℃ → クリンカ → ポルトランドセメント(1t)。セッコウ(2～5%程度)→ 粉砕または混合。高炉スラグ → 高炉セメント、けい酸白土 → シリカセメント、フライアッシュ → フライアッシュセメント]

図 3.14 キルン内での原料の焼成過程

[温度(℃) vs 過程のグラフ]
- 1400℃付近: $3CaO \cdot SiO_2$ の生成
- 1300℃付近: $3CaO \cdot Al_2O_3$, $4CaO \cdot Al_2O_3 \cdot Fe_2O_3$ 系液相生成
- 1100℃付近: $2CaO \cdot SiO_2$, $2CaO \cdot Fe_2O_3$ の生成
- 900℃付近: $12CaO \cdot 7Al_2O_3$, $CaO \cdot Fe_2O_3$ などの生成／石灰石の分解
- 500℃付近: 粘土の脱水, 分解
- 100℃付近: 原料中の水分蒸発

表 3.4 ポルトランドセメントの化合物組成の一例
(単位：%)

項目	C_3S	C_2S	C_3A	C_4AF
普通	50	26	8	9
早強	66	10	8	9
超早強	70	5	10	8
中庸熱	44	35	5	11
耐硫酸塩	57	23	2	13

C_3S ： $3CaO \cdot SiO_2$
C_2S ： $2CaO \cdot SiO_2$
C_3A ： $3CaO \cdot Al_2O_3$
C_4AF ： $4CaO \cdot Al_2O_3 \cdot Fe_2O_3$

セメントの組成計算に用いる係数

$CaO/SO_3 = 0.70$, $CaSO_4/SO_3 = 1.70$, $3CaO/Al_2O_3 = 1.65$, $Al_2O_3/Fe_2O_3 = 0.64$, $4CaO/Fe_2O_3 = 1.40$, $3CaO \cdot Al_2O_3/Al_2O_3 = 2.65$, $3CaO \cdot Al_2O_3/Fe_2O_3 = 1.69$, $4CaO \cdot Al_2O_3 \cdot Fe_2O_3/Fe_2O_3 = 3.04$, $2CaO/SiO_2 = 1.87$, $2CaO \cdot SiO2/SiO_2 = 2.87$, $3CaO \cdot SiO_2/SiO_2 = 3.80$, $3CaO \cdot SiO_2/CaO = 4.07$, $3CaO \cdot SiO_2/Fe_2O_3 = 1.43$, $3CaO \cdot SiO_2/SO_3 = 2.85$, $2CaO \cdot SiO_2/3CaO \cdot SiO_2 = 0.754$

3.2.3 陶磁器の製造

陶磁器 (ceramic ware) は，成形した素地 (きじ) を乾燥して水分を除いた後，各種窯を用いて焼成することにより製造される (図 3.15).

(1) **成形** 粘土，長石，石英などの素地配合原料に水を加えてボールミル (ball mill) で微粉砕して均質化し，さらに土練機で練る．成形には，水分も減らすプレス成形 (皿，タイルなど)，水中に分散させた泥しょうをセッコウ型に流し込む鋳込み成形，ろくろ成形などの方法がある．泥しょうは細かい固体粒子が水中に懸濁している液体であり，$2\,\mu m$ 以下の粘土粒子はコロイド的性質を示す．鋳込み成形体の曲げ強さ，焼成収縮などは $2\,\mu m$ 以下の粒子の含有率に影響される．泥しょうの流動性を向上させるために，少量の水ガラスやポリリン酸ナトリウムのような解こう剤が用いられる (図 3.16).

(2) **乾燥** 自然乾燥，トンネル窯乾燥，調湿乾燥 (亀裂防止のため湿分の多い $50 \sim 70\,℃$ の空気を用いる) などの方法に加えて，近年は熱風乾燥にマイクロ波，遠・近赤外線などを併用した方式も採用されている．

(3) **焼成** カオリナイトのムライト化が $1,000\,℃$ 程度から始まり，遊離するシリカが結晶化してクリストバライトとなる．アルカリやアルカリ土類酸化物はシリカやアルミナと反応してガラス質となり，焼結を促進する．焼成窯としては丸窯やトンネル窯 (図 3.17) が広く用いられている．食器や工芸品などの陶磁器では，成形乾燥物を $1,000 \sim 1,300\,℃$ で素焼きし，釉薬 (glaze) をかけて $1,200 \sim 1,400\,℃$ で本焼成を行う．顔料を用いて絵模様を転写あるいは手描きし，$800 \sim 900\,℃$ に加熱して絵を焼き付ける．素焼きはすべて酸化雰囲気中で行われ，吸着水や結合水の脱水反応と焼結が起こる．本焼きは，酸化雰囲気で行うものと，白色磁器などの場合のように酸化－還元－中性と雰囲気を変化させて行うものとがある．雰囲気制御は，鉄分などの着色性成分の反応挙動を制御するために行われ，炭酸塩や有機物などの熱分解，ガラス化反応，被覆したうわぐすりの焼き付けなどを施して白素地製品ができあがる．衛生陶器やタイルなどの場合には，成形乾燥物に直接うわぐすりをかけた後に焼成して仕上げる．うわぐすりは素地の強度を増すが，乾燥物との膨張率の差が大きい場合には強度が低下したり，変形の原因となったり，うわぐすり層に亀裂が入ったりする．

キーワード：素地，泥しょう，坏土，トンネル窯，うわぐすり

3.2 トラッド手法の原理

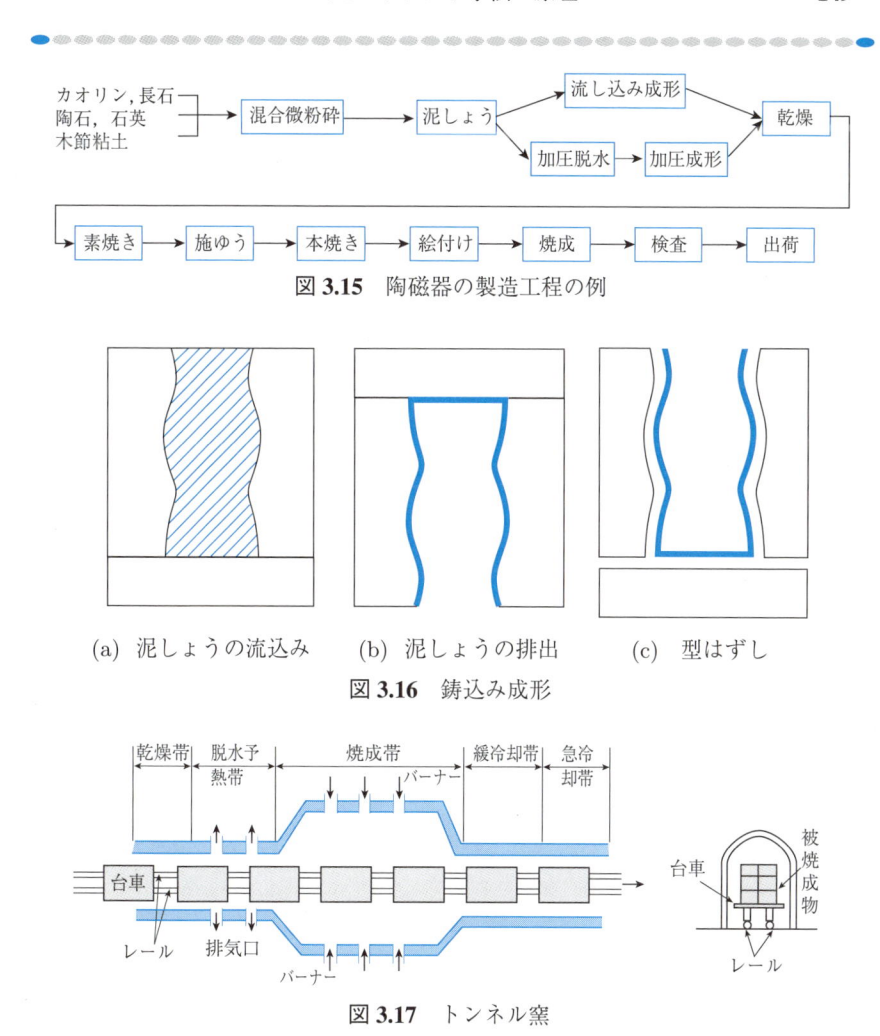

図 3.15 陶磁器の製造工程の例

(a) 泥しょうの流込み　(b) 泥しょうの排出　(c) 型はずし

図 3.16 鋳込み成形

図 3.17 トンネル窯

自分で調べましょう (その 4)

問題 1 高校の教科書を持ち出して，もう一度コロイドについて復習しましょう．

3.2.4 耐火物の製造

耐火物は高温を利用して製造されるセメントやガラス，さらに陶磁器など，多くのセラミックス製造用の加熱炉に用いられる構造材料である．近年は炭化物・窒化物の非酸化物系物質も耐火物として利用されているが，ここでは耐火物のなかでも使用量が多い，耐火れんがの製造方法について説明する．

耐火れんが (clay brick) の製造工程は図 3.18 に示したとおりである．耐火れんがは種類が多く，原料はれんがによって異なるが，一般的な原料はケイ石，長石，粘土である．ここでいう"粘土"とはカオリナイトをはじめとするアルミノケイ酸塩 (alminosilicate) であり，アルミナ分が少なく，水を加えることによって可塑性を発現するものが用いられる．しかしこれらの原料を用いてれんがを製造する場合には，粘土に含まれる結晶水 (crystal water) が焼成中に飛散するために収縮する．これを避けるため，粘土原料をあらかじめ焼成して用いることもあるが，このように使用前に加熱した粘土質原料をシャモット (chamotte) と呼ぶ．

あらかじめ破砕した原料を目的の組成に秤量・混合後，分級して粒径を整える．その後，れんが形状に成形することになるが，形を保つために可塑性を有する粘土が結合剤として用いられる．また，シャモットを利用した場合の成形剤としては，各種バインダから適切なものを選定して利用する．その成形方法はいろいろであるが，押出し法が多用される．得られた成形体は水分を含んでいるために焼成前に乾燥する．なお，バインダを使用した場合には水分がなくなることによって成形体は硬くなるが，これを硬化と呼ぶ．この硬化温度 (curing temperature) は 200～300℃ に設定されることが多い．硬化した成形体の焼成には，トンネル炉などの連続炉が利用される．連続炉の代表であるトンネル炉と，近年開発されたローラーハースキルンの特性を比較して表 3.5 に示す．

最近はれんがにも厳しい形状寸法が求められることに加えて，高温で利用する産業用機器にれんがが用いられている．このため，さまざまな形状のれんがが求められており，れんがも焼成体をそのまま出荷するのではなく，加工してから出荷することが多くなっている．そのためにれんがを切断，穿孔，研磨するなどの技術が求められ，それらに対応する各種加工機器も出現しており，れんが加工の重要性は増すばかりである．

キーワード：構造材料，耐火れんが，粘土，シャモット，連続炉

3.2 トラッド手法の原理

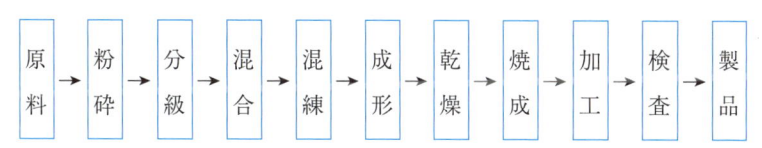

原料 → 粉砕 → 分級 → 混合 → 混練 → 成形 → 乾燥 → 焼成 → 加工 → 検査 → 製品

図 3.18 耐火れんがの製造工程

表 3.5 トンネル炉とローラーハース炉の焼成条件の比較

種類	トンネル炉	ローラーハース炉
概要	炉内に設置されたレール上を，被焼成物を載せた台車が移動	炉内に設置された耐熱性ローラ上を，被焼成物自体が移動
焼成温度 (℃)	1,050〜1,250	1,000〜1,300
焼成時間 (h)	20〜30	0.5〜4
生産性	大量生産が可能 大型の製品生産が可能	大量生産が可能 少量生産も可能
相互利点	熱効率が良い	台車を使用しないために熱効率はトンネル炉以上

頭の体操 (その4)

(解答がない問題は，該当する項目のページを読めば答えが分かる内容です)

問題 1 気体定数 $0.0821\,(l\cdot\text{atm}/(\text{K}\cdot\text{mol}))$ を SI 単位 $[\text{J}/(\text{K}\cdot\text{mol})]$ で表しなさい．(答：8.31)

問題 2 NaCl の空隙率を求めなさい．ただし，イオンはいずれも球であり，Cl^- は Na^+ の 2 倍の大きさであるとする．なお，円周率は 3.0 とする．(答：67%)

3.2.5 ガラスの製造

ガラスの製法としては溶融法が一般的であり，大部分のガラスはこの方法で合成されている．溶融法は固相の原料をその溶融温度以上に加熱して液相とした後，冷却してガラスにする方法である．溶融法の工程は，ガラス原料の調合，高温における溶融・清澄，成形，歪を除去しつつ行われる徐冷，および加工・検査などに分けられる (図 3.19)．

(1) **調合** ガラスの主原料は，ケイ砂 (SiO_2)，ホウ酸 (B_2O_3)，ホウ砂 ($Na_2B_4O_7$)，炭酸ナトリウム (Na_2CO_3)，石灰石 ($CaCO_3$)，四酸化三鉛 (Pb_3O_4) などであり，そのほか，溶融ガラス中の気泡を除去するための清澄剤，溶解促進剤としての硝酸ナトリウム ($NaNO_3$)，硫酸ナトリウム (Na_2SO_4)，三酸化アンチモン (Sb_2O_3) などが少量添加される．これらの原料を目標のガラス組成になるように秤量し，ミキサーで混合する．混合された調合原料をバッチ (batch) という．

(2) **溶融・清澄** バッチとカレット (cullet) (使用済みガラス製品とか，成形不良品などのガラスくず) を高温に保った溶解槽に投入し，原料の分解，溶融，ガラス化反応，泡抜き，均質化が行われた後，成形温度まで下げる．光学ガラスなどの少量多品種ガラスの製造には，るつぼ溶融プロセス (バッチ式) が用いられる．大量生産される板ガラス，びんなどの製造には，タンク窯などの連続溶融炉が用いられる．溶融のための熱源は重油バーナーが一般的であるが，溶融ガラスに直接電流を通じてジュール熱を利用して加熱する方法もある．

(3) **成形** 板ガラスの場合にはフロート法，ロールアウト法などが用いられる．フロート法は溶融金属スズの上を通して，研磨せずに平滑な板ガラスを得る (図 3.20)．ガラス表面に模様を付けた型板ガラスや金属製のワイヤー・ネットなどを入れた網入りガラスは，ロールアウト法によって製造される．びん，テーブルウェアなどの成形法としてはプレス法，ゴブ法，手吹き法などがある．

(4) **徐冷** (アニーリング)　急速に冷却すると内部応力を発生して破損するため，ゆっくり冷却する．

(5) **加工・検査**　切断，研磨などの加工を加え，検査選別して最終製品となる．自動車用のガラスのように曲面状に二次加工されるものは，最終製品の形状に切断された後，熱処理によって再成形される．

キーワード：溶融法，清澄，徐冷，板ガラス，フロート法

3.2 トラッド手法の原理　　　153

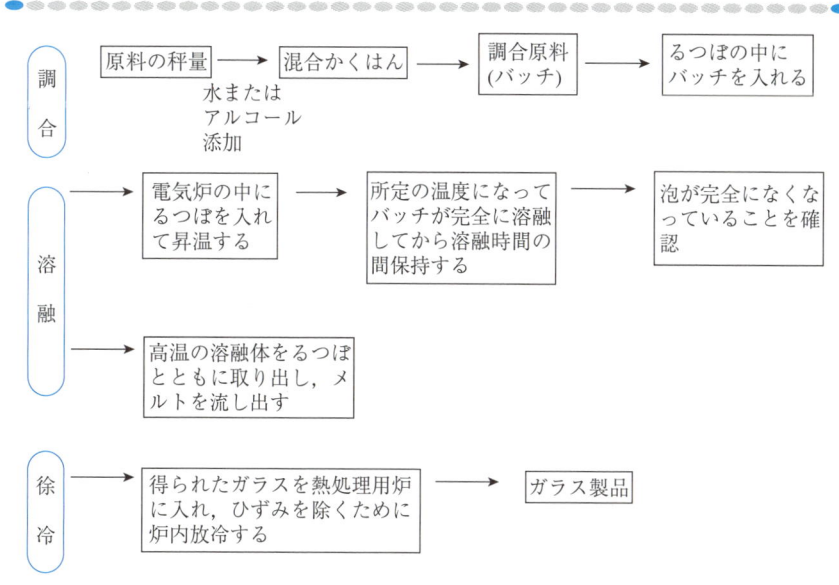

```
         ┌──────────┐    ┌──────────┐    ┌──────────┐    ┌──────────┐
  調  →  │原料の秤量│ →  │混合かくはん│ → │調合原料  │ →  │るつぼの中に│
  合     └──────────┘    └──────────┘    │(バッチ)  │    │バッチを入れる│
                         水または         └──────────┘    └──────────┘
                         アルコール
                         添加

         ┌──────────┐    ┌──────────────┐    ┌──────────────┐
     →  │電気炉の中に│ → │所定の温度になって│ → │泡が完全になくな│
        │るつぼを入れ│   │バッチが完全に溶融│   │っていることを確│
  溶     │て昇温する  │   │してから溶融時間の│   │認            │
  融     └──────────┘    │間保持する    │   └──────────────┘
                         └──────────────┘

         ┌──────────────┐
     →  │高温の溶融体をるつぼ│
        │とともに取り出し，メ│
        │ルトを流し出す    │
        └──────────────┘

         ┌──────────────┐                ┌──────────┐
  徐  →  │得られたガラスを熱処理用炉│  →  │ガラス製品│
  冷     │に入れ，ひずみを除くために│    └──────────┘
        │炉内放冷する        │
        └──────────────┘
```

図 3.19　高温溶融法によるガラス作製プロセス

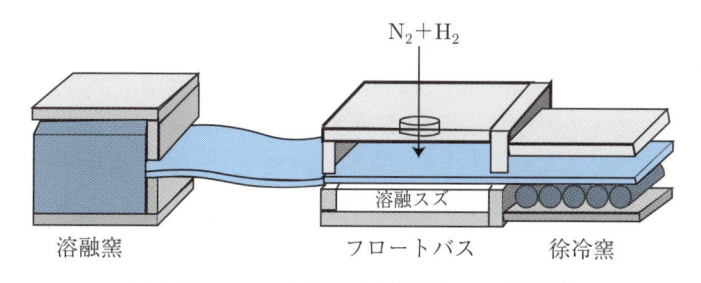

図 3.20　フロート法による板ガラスの製造法

● 3.3 測定と評価 ●

3.3.1 熱分析

熱分析とは，一定速度で温度を昇降温したり，また所定の温度に保持したりしたときの物質の物理的および化学的な変化を測定する方法である．無機材料では，その安定性や反応性を連続的に温度または時間の関数として調べることができ，高温状態での反応のシミュレーションなどに有効な情報を与える．一般に熱分析には表 3.6 に示したように多くの分析手法があるが，ここでは熱分析として一般的な熱重量分析 (thermogravimetry, 略称 TG) および示差熱分析 (differential thermal analysis, 略称 DTA) について解説する．

TG は熱てんびんとも呼ばれ，図 3.21 に示したように加熱装置の付いた精密てんびんであり，装置は，加熱部，てんびん部，試料容器，制御部およびデータ出力部からなる．TG では，試料の加熱や冷却などに伴う連続的な重量変化を温度または時間の関数として表す．得られた TG 曲線からは分解，脱水，蒸発，吸着などの熱的な重量変化の情報が得られ，DTA の結果などを考慮することによって固体の熱的状態変化を総合的に評価できる．たとえば，原料の脱水や脱炭酸などの反応温度，酸化などの重量変化を伴う反応，さらには添加したバインダーの分解などの評価に用いられる．

DTA は，試料と熱的に不活性な標準物質 (一般的に $\alpha\text{-}Al_2O_3$ が用いられる) との間の温度差を熱電対で検出し，温度の関数として測定する方法である．すなわち，試料に脱水 (吸熱)，分解 (吸熱)，融解 (吸熱)，相転移 (発熱，吸熱)，結晶化 (発熱)，酸化 (発熱) などの熱の出入りのともなう反応が起こった場合，標準物質との間に熱的なエネルギー差が生じる．このエネルギー差を温度差として評価する．たとえば，ある試料が吸熱反応，または発熱反応を起こす場合，試料温度が Ta に達すると温度の上昇が標準物質に比べて一時的に遅れ，また Tb では逆に一時的に速まる (図 3.22)．このようすを標準物質と試料との温度差 ΔT として表したものが，DTA 曲線である．しかし，この曲線の形や温度は TG 曲線と同様に昇降温の速度，雰囲気，試料の粒子径と重量などの影響を受けることから絶対的な評価にはならない．DTA の測定はガラスの転移，状態図の作成，物質の転移点，融点や沸点，物質の同定と混合物の定量などに用いられる．

キーワード：熱重量分析 (TG)，示差熱分析 (DTA)

3.3 測定と評価

表 3.6 熱分析の分類

物理的性質	技法
質量	熱重量測定 (TG)，発生気体分析 (EGA)，エマネーション分析
温度	示差熱分析 (DTA)
エンタルピー	示差走査熱量測定 (DSC)
寸法	熱膨張測定
力学的特性	熱機械分析 (TMA)
音響特性	熱音響測定
光学測定	熱ルミネッセンス測定
電気特性	誘電緩和測定，熱刺激電流測定
磁気特性	熱磁気測定

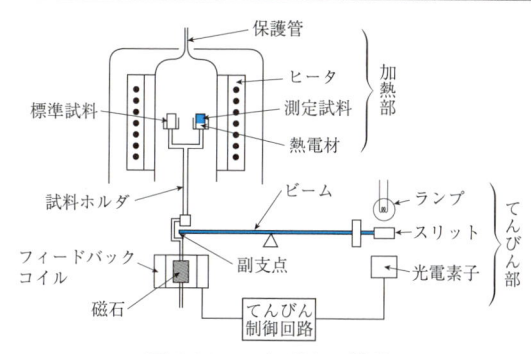

図 3.21 てんびんの構造

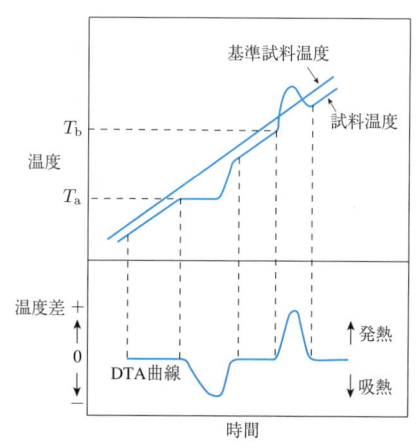

図 3.22 試料の温度変化と DTA 曲線

3.3.2 X線回折

X線回折法 (X-ray diffraction method) は物質の結晶構造を知る有効な手段である．X線は波長 (λ) 0.1～10 nm 程度の電磁波である．X線の発生には一般に管球型の発生装置が利用され，フィラメントから出る熱電子を高電圧下で加速し，陽極金属 (ターゲット) に衝突させてX線を発生させる．こうして発生するX線には，電子の制動放射による連続X線と，陽極元素固有の輝線スペクトルである特性X線とがある (図 3.23)．

結晶の構造を調べるには，原子間または格子間距離の大きさと同程度か，それよりも短い波長の電磁波が必要であることから，一般に銅，ダングステン，コバルトなどの特性X線，特に発生効率の高いKα線を使用する．

一定波長の特性X線を，規則的に並んだ結晶の原子からなる平行な結晶面 (原子の並びを平面としてみる) に θ 角で入射させると，一部は第一層で反射し，さらに第二層，第三層，…，でも反射する．このように異なる層で反射した波が，同一位相にある場合に強い反射波として観測される．この場合，各結晶面から反射する波の行路差は波長の整数倍となる．図 3.24 に示した回折条件において，P で位相がそろった強い反射波として観測される場合，波の行路差は $\delta = AB + BC$ である．また，入射角 θ と反射角 θ とが同じであることから，$\triangle ABO$ と $\triangle BCO$ は合同となり，$\delta = 2AB$ となる．第一層の結晶面と第二層の結晶面との格子面間隔 d は，反射波が同一位相にある条件 (ブラッグ (Bragg) 反射の条件) では以下の式で表される．

$$2d \sin \theta = n\lambda \quad (n = 1, 2, 3, \cdots)$$

このことから，一定波長 λ のX線を試料に当てて回折角 θ を測定することにより，結晶面の間隔 d を知ることができる．

図 3.25 にフッ素アパタイトの粉末X線回折図を示す．このような回折図形から化合物を同定するために，Hanawalt 法が用いられる．Hanawalt 法は回折図形の三強線 (三本の回折強度の高い回折線) を利用してある程度物質を限定し，最終的には ICDD カードと照合して同定する．ICDD カードにはすでに数万件の化合物のデータが収集され，毎年 1,000 種類以上の化合物のデータが追加，更新されている．最近では，データ解析用のコンピュータの性能が向上し，回折データの解析は簡単になった．

キーワード：特性X線，結晶格子，ブラック反射，Hanawalt 法

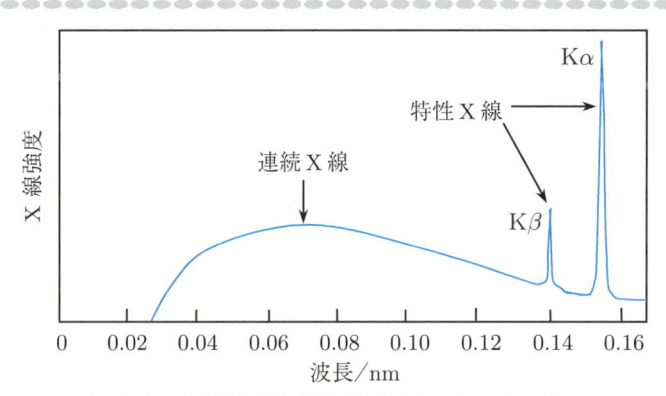

図 3.23　連続 X 線と特性 X 線 (ターゲット：Cu)

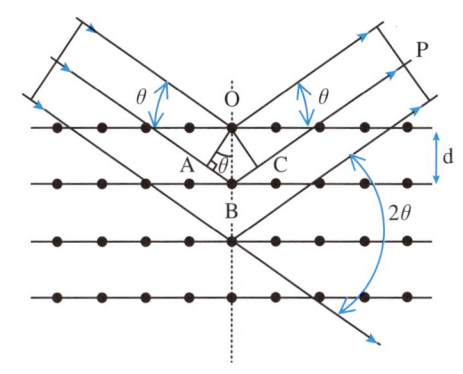

図 3.24　結晶の回折条件

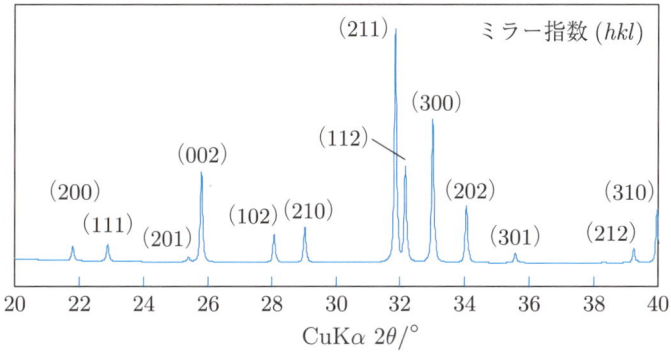

図 3.25　フッ素アパタイト ($Ca_{10}(PO_4)_6F_2$) の粉末 X 線回折図形

3.3.3 分光分析

　材料の特性はその組成と構造に依存するため，材料研究においては"材料のキャラクタリゼーション"が重要な位置を占めてきた．しかし最近の材料特性の向上はめざましいものがあり，これらの材料特性は原子・分子レベルにおける構造によって発現されるものが多く，原子・分子の結合様式や電子状態などの知見を得ることが重要になってきた．このため，従来からのX線をプローブとして用いる各種分析法のほかに，電子やイオンをプローブとする分析法が注目されるようになった．また，実際の工業製品ではさまざまな"加工"によって所望の形状が付与されることになるため，機器分析に加えて走査型電子顕微鏡 (SEM：scanning electron microscope) や透過型電子顕微鏡 (TEM：transmission electron microscope) による形態観察も重要になっている．表 3.7 は，さまざまな材料特性がいかなる分光分析法によって評価されているのか示したものである．特に SEM は材料表面の形状を直接観察できることから，研究開発においてはもちろん，生産工程においても用いられる汎用機器として重要な位置を占めている．

　分光分析法 (spectrometry) を利用する組成分析法は多種多様であり，その分析原理や前処理方法等もさまざまである．特にその手軽さから利用されることが多い原子発光分析法は，高温で原子化した試料に光を照射し，発生する蛍光強度を定量する分析法である．この方法で各種測定元素用光源や検出器モジュールを用いることによって簡便に正確な分析値が得られる．特に，原子化用励起源としてプラズマを用いる ICP (induction-coupled plasma) 原子吸光分析法は，短時間で固体試料の高精度な分析が可能となるために，利用されることが多い．この分析装置はランプ・フィルター・検出器からなるが，その概要を図 3.26 に示す．実際には，同時に数種類の光源や元素に固有な光学モジュールを用いることによって，プラズマの中心に設置した試料に陰極ランプの光照射によって対象とする一つの元素だけが励起され，それに伴う蛍光強度を検出して分析するものである．原子吸光は最も好感度の原子共鳴線に対してのみ発現する現象であり，スペクトルは重なりがないため，その分析が非常に簡単であり，高精度な分析が可能になる．分析可能な原子数も多く，また精度も 1 リットルあたり数 μg の微量分析が可能である．

キーワード：キャラクタリゼーション，SEM，TEM，ICP 原子吸光分析法

3.3 測定と評価

表 3.7 微視的な材料特性の評価に用いられる電子光学的手法

材料特性	実験法
結晶構造	結晶構造像法 (CSI : Crystal Structure Imaging) 電子回折法 (ED : Electron Diffraction) 収束電子線回折 (CBED : Convergent Beam Electron Diffraction)
微細構造	透過型電子顕微鏡法 (TEM : Transmission Electron Microscopy)
欠陥	回折コントラスト法 (DC : Diffraction Contrast) ED および制限視野微小回折法 (SAD : Selected Area Microdiffraction)
化合物	エネルギー分散型 X 線分光法 (EDX : Energy Dispersive X-ray Spectroscopy) 走査型透過電子顕微鏡 (STEM) 電子エネルギー損失分光法 (EELS : Electron Energy Loss Spectroscopy) オージェ電子分光法 (AES : Auger Electron Spectroscopy) X 線光電子分光法 (XPS : X-ray Photoelectron Spectroscopy)
表面構造	走査型電子顕微鏡法 (SEM : Scanning Electron Microscopy) 電子顕微鏡法，電子回折法
磁気構造	ローレンツ顕微鏡法 (Lorentz Microscopy)，(薄膜中の磁区) 走査型電子顕微鏡法 (SEM)，(表面上あるいは直下の磁区)
局所的電場	走査型電子顕微鏡法 (電圧コントラスト)，透過型電子顕微鏡法
電子構造	電子線励起電流法 (EBIC : Electron Beam Induced Conductivity) カソードルミネッセンス

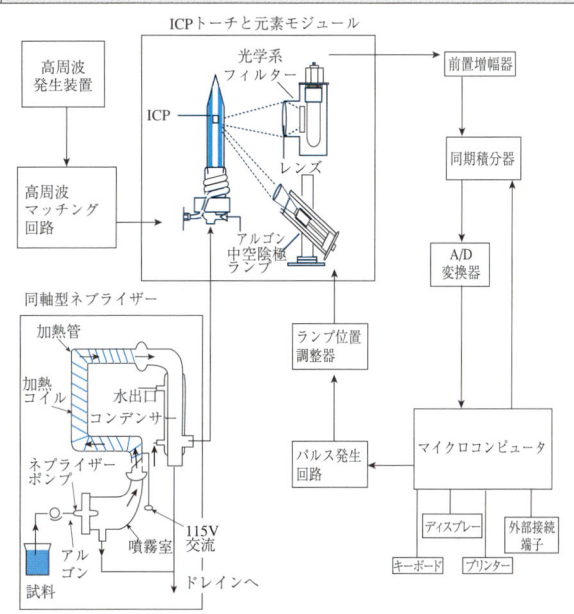

図 **3.26** ICP 原子-吸光分析装置の概略図 (Baird 社の好意による)

3.3.4 表面解析

機能性セラミックスの研究開発においては，表面および界面の組成を分析したり，化学結合状態や電子状態の解析が重要となる．代表的な表面分析法の励起粒子と検出粒子による分類を表 3.8 に，それらの比較を表 3.9 に示す．

表面解析には，表面全体を平均化して分析するほか，元素や化学結合状態などがどのような平面的分布をもって存在しているかを調べる分布分析もある．この分布分析の手法としては励起粒子を走査できる方法が有効であり，オージェ電子分光法 (AES：Auger Electron Spectroscopy)，電子線マイクロ分析法 (EPMA：Electron Probe Micro Analysis) および二次イオン質量分析法 (SIMS：Secondary Ion Mass Spectroscopy) などがある．これに対し，X 線光電子分光法 (XPS：X-ray Photoelectron Spectroscopy あるいは ESCA：Electron Spectroscopy for Chemical Analysis とも呼ばれる)，ラマン分光法 (Raman：Raman spectroscopy) および赤外吸光分光法 (IR：Infrared spectroscopy) などの励起粒子を走査できない分析法においても，試料台を走査したり，位置分解能を有した検出器を用いることにより，μm オーダーでの面分析が可能である．

試料表面から内部への深さ方向を分析する方法 (デプスプロファイル法) としては，イオンスパッタリングにより表面を削りながら連続的に分析する方法が一般的であり，XPS，AES および SIMS が用いられる．このデプスプロファイル法によれば，数 nm の深さ方向分解能で分析が可能である．また，試料をカットし，断面方向での分布分析を行う手法を用いれば，EPMA や Raman，IR などでも深さ方向分析が可能であるが，分解能は μm オーダーである．

元素の定性および定量分析は XPS，AES，SIMS および EPMA において実施可能である．Raman および IR は分子振動に起因するシグナルを検出するための原子団に関する情報が得られる．XPS および AES では化学シフトによるピーク位置のずれから，また，SIMS では質量スペクトルから化学状態の分析が可能である．通常の分析を行う際の定量精度は標準試料を用いた検量線法を適用できる EPMA が最もよく，マトリックスによる影響や元素および原子団の感度差が大きい SIMS，Raman および IR は比較的精度が悪くなる．また，検出感度は，質量分析法の一種である SIMS が最もよく，原子団を分析する Raman および IR は％オーダーである．

キーワード：AES, EPMA, SIMS, XPS, ESCA, Raman, IR

3.3 測定と評価

表 3.8 代表的な表面分析法の分類

励起粒子＼検出粒子	電子	イオン	光	分析広さ
電子	オージェ電子分光法 (AES, SAM) 電子線回折法 (ED, LEED, MEED, RHEED) エネルギー損失分光法 (EELS)		電子線マイクロ分析法 (EPMA, XMA)	(nm～μm)
イオン	イオン中和分光法 (INS)	二次イオン質量分析法 (SIMS)	粒子線励起 X 線分光法 (PIXE)	(nm～μm)
光	X 線光電子分光法 (XPS) 紫外線光電子分光法 (UPS)		赤外吸光分光法 (IR) ラマン分光法 (Raman) X 線回折法 (XRD) 蛍光 X 線分析法 (XRF)	(μm～mm)
分析深さ	(nm～)	(nm～)	(mm～)	

表 3.9 代表的な表面分析法の比較

分析方法	分析深さ	分析広さ	分布分析	深さ方向分析	元素分析	化学状態分析	定量精度	検出限界
X 線光電子分光分析 (XPS)	～数 nm	通常：1～数ミクロ：10μm～	△～○	○	○	◎	○ 数%	○ 0.02～数 at.%
オージェ電子分光分析 (AES)	～数 nm	通常：1～500μm ミクロ：0.02μm～	◎	◎	○	△	○ 数%	○ 0.05～数 at.%
二次イオン質量分析 (SIMS)	～10nm	通常：0.1～1μm ミクロ：0.1μm～	○	◎	○	○	△ 数～数 10%	◎ ppb～数 at.%
電子線マイクロ分析 (EPMA)	μm～	通常：2～500μm ミクロ：0.5μm～	○	×	○	△	◎ 数%	○ 0.01～数 wt.%
レーザーラマン分析 (Raman)	μm～	通常：1～100μm ミクロ：1μm～	△	×	×	◎	△～○ 数～数 10%	△ 1～数 wt.%
赤外吸光分析 (IR)	μm～	通常：0.1～数 μm ミクロ：10μm～	△	×	×	◎	△～○ 数～数 10%	△ 1～数 wt.%

3.3.5 光学特性

光学的特性は，材料固有の光学定数 (optical constant) によって決まる．光学定数とは物質中の光の伝搬を表す定数で，屈折率 n と消衰係数 k をいう．屈折率は光の波長によって異なり，d 線の屈折率 n_d とアッベ数 $\nu_\mathrm{d} = (n_\mathrm{d}-1)/(n_\mathrm{F}-n_\mathrm{C})$ で代表されることが多い．$n_\mathrm{F}, n_\mathrm{C}$ はそれぞれ F 線，C 線の屈折率である．消衰係数は物質内へ進行した光の強度の減衰に関係する量で，物質内を距離 d だけ進んだ光の強度は初めの強度に $\exp(-4\pi k \mathrm{d}/\lambda)$ (λ は光の波長) をかけた値で表される．光学定数 (n, k) の波長 (エネルギー) 依存性を明らかにすることは，材料の応用的な観点から重要であり，物質内部の電子状態を知る手掛かりとなる．

一般に多数の微粒子から成る組織構造を有するセラミックスなどの材料においては，屈折率の異なる多くの境界領域が存在することによって光が透過性を損なうために，通常の光学的測定がきわめて困難である．しかし，光学的測定によって，セラミックスの機械的強度など，各種特性におよぼす成形体内部の主要な欠陥を明らかにすることができるため，応用上きわめて重要である．ここではその具体例として浸液法を挙げる．

浸液法 (immersion method)

物体の屈折率を求める方法の一種で，種々の屈折率をもつ液体中に浸漬された対象試料を光学顕微鏡により焦点位置をずらしながら観察し，浸液と試料との界面に生じる光学像を判定基準に屈折率を決定する．この方法では，適当な屈折率を有する液体を粒子構造を有する材料に浸み込ませることにより，界面の光反射・散乱を著しく低減することが可能となる．図 3.27 に示すように垂直入射に対する反射率 R は，

$$R = (n_\mathrm{eff} - 1)^2/(n_\mathrm{eff} + 1)^2$$

と表される．ここで，粒子の屈折率を n_p，浸液屈折率を n_m とすると，n_eff は相対屈折率であり，$n_\mathrm{eff} = n_\mathrm{p}/n_\mathrm{m}$ となる．この浸液法のメリットは，汎用の光学顕微鏡を使用できることと，浸液の屈折率 n_m を種々選択することによって，粒子界面や欠陥，さらには場所による充填の差異など，反射・散乱源となる領域を際立たせることが可能となり，通常は光学的な観測が困難なセラミックス内部の欠陥の直接観察ができることである．

キーワード：光学定数，屈折率，消衰係数，アッベ数，浸液法

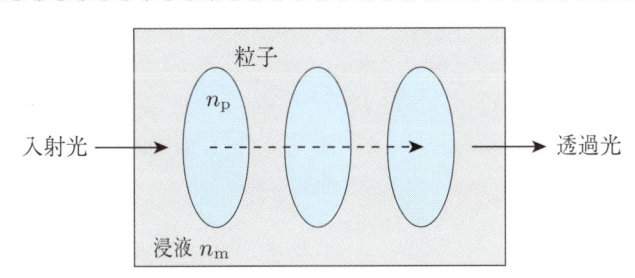

図 3.27 '適当な屈折率を有する液体 (浸液) を浸み込ませた'
粒子構造を有する材料の模式図

浸液法 (ベッケ線法)

鉱物や結晶の定性分析，屈折率測定の手法の一つ．光学顕微鏡 (透過型) を用いる．細かく砕いた試料を浸液に入れ，スライドガラスの上にのせて，カバーガラスをかぶせる．これを絞りを絞った顕微鏡で観察すると，試料の砕片の周囲に光る線が見える．これをベッケ線という．ベッケ線は鏡筒を上に移動させると高屈折率の方に移動し，鏡筒を下に移動させると低屈折率の方に移動する．このベッケ線の移動でいくつかの種類の浸液と試料の屈折率を比較し，試料の屈折率を測定することができる．

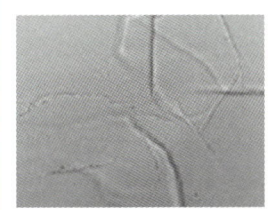

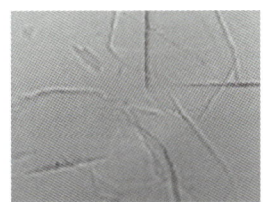

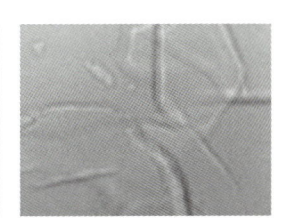

4 マテリアルインデックス

Al$_2$O$_3$ AlN Fe$_2$O$_3$ GaAs LiCoO$_2$ MgO PLZT
PMN Si SiAlON SiC SiO$_2$ SnO$_2$ TiO$_2$ WO$_3$
YAG YBCO ZnO アパタイト コーディエライト
光メモリー 非線形光学ガラス フォトクロミックガラス
フラーレン ムライト メソポーラスマテリアル
リン酸カルシウム

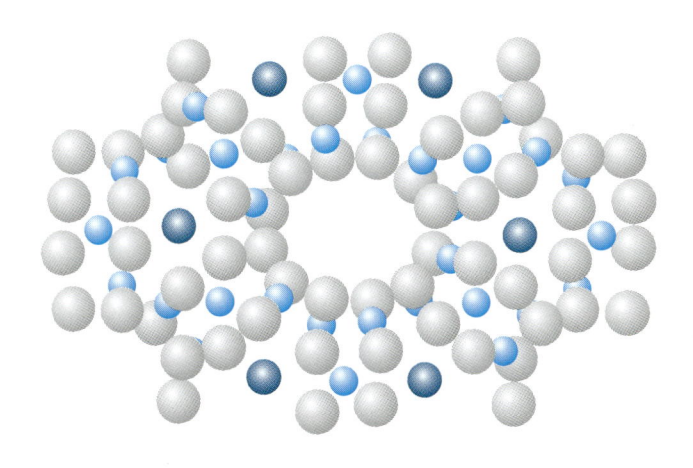

○：O   ●：Mg   ●：Si, Al

コーディエライトの単位格子 (c 軸投影図)

Al_2O_3

<特徴> アルミナは，機械的特性(硬度，圧縮強度など)に優れ，熱膨張率は小さく，酸やアルカリに対する耐食性に優れ，電気絶縁性に優れるという特性を有する．アルミナには，$\alpha, \gamma, \delta, \kappa, \eta, \rho$ などの多形が知られているが，1200℃以上ではすべて α 型になる．

<結晶構造> 菱面体晶系：a = 0.4758nm, c = 1.2991nm, S.G. R3c

図 4.1 に α-Al_2O_3 の結晶構造を示す．

<作製法> 1. バイヤー法：$Al_2O_3 \cdot 3H_2O$ または $Al_2O_3 \cdot H_2O$ を主成分とする天然鉱物ボーキサイトに加圧下で NaOH を加えてアルミン酸ナトリウム($NaAlO_2$)溶液とし，これを分解して $Al(OH)_3$ を析出させる．この $Al(OH)_3$ を高温焼成することにより Al_2O_3 を得る．

2. アンモニウムミョウバン熱分解法：アンモニウムミョウバンの溶解析出を数回繰り返して得られる精製物を熱分解する．純度 4N (99.99%) の高品質なアルミナが得られる．

3. 有機アルミニウム加水分解法：アルキルアルミニウムやアルミニウムアルコラートを加水分解して得られるアルミナゲルを焼成する．

4. 金属アルミニウムの水中放電酸化によって作製する．

<物性> 表 4.1 に α-Al_2O_3 の物性データを示す．

<用途> 炉材(耐熱性，高強度を利用)，軸受，切削工具，研磨研削剤(高硬度を利用)，電力輸送用絶縁碍子(電気絶縁性を利用)，IC 回路基板(電気絶縁性，高熱伝導性を利用)，MHD 発電用絶縁壁，スパークプラグ用絶縁体(電気絶縁性，耐熱性，耐食性，耐熱衝撃性を利用)，レーザー発振材料(Cr_2O_3 を 0.05% 程度添加した単結晶ルビー)，レーザー用窓材，人工宝石(透光性を利用)，高圧ナトリウム灯用管材(透光性，耐熱性を利用)，人工骨，人工歯根，人工関節(生体適合性を利用)，ウラン濃縮用ガス拡散多孔質分離膜(耐食性)，比表面積の大きな多孔体として触媒の担体

Al$_2$O$_3$

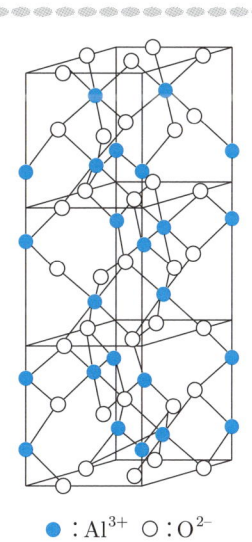

●: Al^{3+} ○: O^{2-}

図 4.1　α-Al$_2$O$_3$ の結晶構造

表 4.1　α-Al$_2$O$_3$ の物性

密度 (g/cm^3)	3.97〜4.02
融点 (℃)	2,050
曲げ強度 (MPa)	280〜1,030
ヤング率 (GPa)	400
ビッカース硬度 (GPa)	18〜23
モース硬度	9
破壊靭性 (MPa m$^{1/2}$)	2.7〜4.2
熱膨張係数 (10^{-6}/K) 0〜1,000℃	7〜8
熱伝導率 (W/mK)	20〜40
耐熱衝撃値 (K)	200
抵抗率 ($\Omega \cdot$cm)	10^{14}〜10^{16}

AlN

<特徴>　窒化アルミニウムは，高い熱伝導性，優れた電気絶縁性，耐プラズマ抵抗性，ハロゲンに対する耐食性，圧電性などの機能によって特徴づけられる．

<結晶構造>　正方晶系：$a = 0.3111$nm, $c = 0.4979$nm, S.G. $P6_3mc$

AlN はウルツ鉱型の結晶構造を有する化合物であり，その構造を図 4.2 に示す．

<作製法>
・アルミニウムの直接窒化法 $2Al + N_2 = 2AlN$
・アルミナの還元窒化法
アルミナを炭素で還元し，次式により窒素と反応させて AlN を得る．
$Al_2O_3 + 3C + N_2 = 2AlN + 3CO$
・CVD 法
アルミナとアンモニアを CVD 法により反応させ，μm〜mm オーダーの薄膜 AlN を得る．

<物性>　表 4.2 に AlN の物性データを示す．この表中の抵抗率が大きく，また熱伝導性が良好であるため，高密度の配線が必要な IC 基板，ISI 用基板として用いられるが，そのためには緻密化が必須である．図 4.3 は AlN の緻密化に及ぼす Y_2O_3 添加の影響を示したものであるが，微少の Y_2O_3 を添加することによって 1800℃ 以上の温度で焼成しさえすれば，AlN の緻密化は可能であることが分かる．セラミック基板としては，AlN のほかに Al_2O_3 や SiC が利用されている．Al_2O_3 に匹敵する高絶縁性と SiC にも勝る高熱伝導率を示すことに加えて，化学的・物理的安定性に優れる AlN に対する期待は大きい．しかし，加工性が悪く，高コストであることが汎用化への最大のネックとなっている．

<用途>　金属の溶融治具，半導体素子搭載のための基板・パッケージ，半導体製造用治具，高熱伝導性樹脂用フィラー

AlN

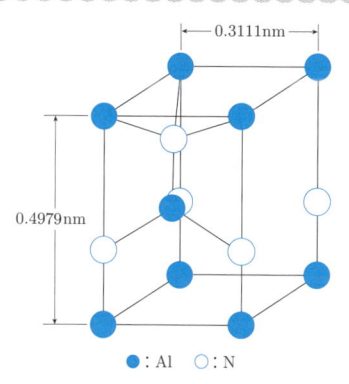

●: Al ○: N

図 4.2 AlN の結晶構造

表 4.2 AlN の物性

密度 (g/cm^3)	3.26
分解温度 (℃)	2,450
曲げ強度 (MPa)	400〜500
ヤング率 (GPa)	280
熱膨張係数 (10^{-6}/K) R.T.〜400℃	3.9
熱伝導率 (W/mK) at R.T.	70〜270
抵抗率 (Ω·cm) at R.T.	$> 10^{14}$
誘電率 ε (R.T., 1 MHz)	8.8
誘電損失 $10^{-4}\tan\delta$ (1MHz)	5〜10

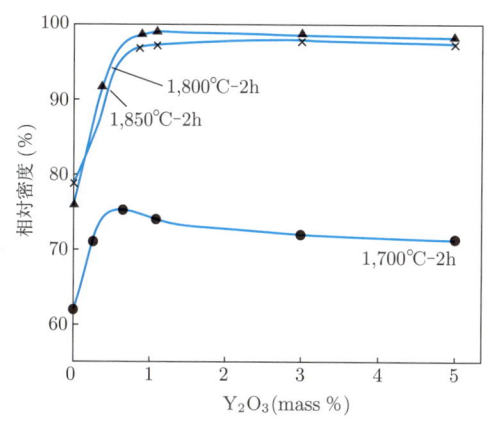

図 4.3 AlN の緻密化に及ぼす Y_2O_3 添加の影響

Fe_2O_3

<特徴> $\alpha\text{-}Fe_2O_3$ は $\alpha\text{-}Al_2O_3$ (コランダム) 型構造の化合物であり，hcp パッキングしている酸素の八面体位置の 2/3 に Fe^{3+} が存在する．$\alpha\text{-}Fe_2O_3$ のスピンは 950 K 以下で c 面内にあり，反平行に配列した反強磁性であるが，わずかに c 軸方向に弱い強磁性を示す．260K 以下では，スピンは c 軸方向に変化し，完全な反強磁性になる．

$\gamma\text{-}Fe_2O_3$ の結晶構造は Fe_3O_4 と同じであり，イオン分布は $Fe^{3+}[Fe^{3+}_{5/3}\square_{1/3}]O_4$ ($\square$ は空格子点) で，フェリ磁性である．

<結晶構造> 菱面体晶系：a = 0.5036nm, c = 1.3749nm, S.G. R3c

$\alpha\text{-}Fe_2O_3$ は上述したように $\alpha\text{-}Al_2O_3$ と同様の構造であるが，それを図 4.4 に示す．一方，$\gamma\text{-}Fe_2O_3$ (a = 0.8350nm, S.G. P4$_2$32) は $Fe^{3+}[\square_{1/3}Fe^{3+}_{5/3}]O_4$ ($\square$ は格子点に当該イオンが存在していないことを表す) で表される欠陥スピネル型化合物である．その構造の一部を取り出して図 4.5 に示すが，その構造の特徴は，スピネル構造特有の四面体の中心に Fe^{3+} が (ここでは Fe_{IV} と表す) 入り，また同様の八面体の中心に入る Fe^{3+} には 2 種類あることである．その一つは常に Fe^{3+} が存在している八面体であり，もう一つは 1/3 の確率でその中心に Fe^{3+} がない八面体 (ここでは Fe_{VIII} と表す) である．なお，$Fe_{IV}-O-Fe_{VIII}$ の結合角は 120° であり，$Fe_{VIII}-O-Fe_{VIII}$ の結合角は 90° である．

<作製法> $\alpha\text{-}Fe_2O_3$ は，鉄(III)塩の分解，または FeO(OH)，$Fe(OH)_3$ の脱水などによって不要な物質を取り除くことによって簡便に作製できる．一方，$\gamma\text{-}Fe_2O_3$ は $\alpha\text{-}Fe_2O_3$ の作製と同じ原料を用いながらも，その作製には充分な配慮が必要である．以下にその一例を示すが，$\alpha\text{-}FeO(OH)$ を 200℃ にて加熱脱水後，300〜400° の H_2 中に保持することによって還元する．その後，空気中にて 200℃ で 1 時間ほど保持することによって目的物が得られる．

<物性> $\gamma\text{-}Fe_2O_3$ は主として磁性材料として利用されており，その特性を他のスピネル型酸化物とともに表 4.3 に示す．4 配位の中心を占める元素の原子番号が小さくなるに従って磁気モーメントが大きくなっており，より強力な磁石になる．

<用途> $\alpha\text{-}Fe_2O_3$：顔料(赤色)，ガラスおよびレンズの仕上げ用研磨材，脱水素触媒(Cr_2O_3 を含む)，ガスセンサ(SnO_2 を含む)．

$\gamma\text{-}Fe_2O_3$：磁気テープおよび磁気ディスク用材料，ガスセンサ．

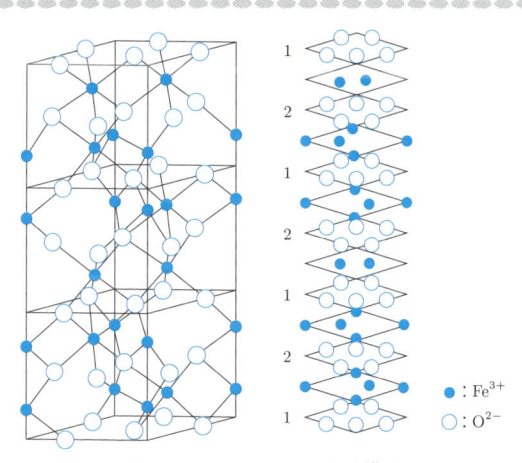

図 **4.4** α-Fe_2O_3 の結晶構造

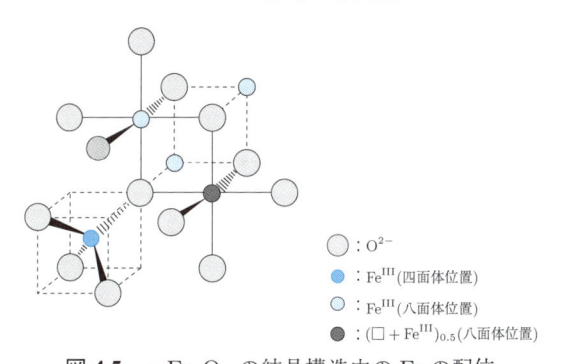

図 **4.5** α-Fe_2O_3 の結晶構造中の Fe の配位

表 **4.3** スピネル型酸化物の磁気特性

	磁気モーメント (μ_B)		I (Wbm^{-2})		T_c (K)
	計算値	測定値	0 K	室温	
$ZnFe_2O_4$	0	—	—	—	—
$MnFe_2O_4$	5	4.6	0.70	0.50	573
$FeFe_2O_4$	4	4.1	0.64	0.60	858
$CoFe_2O_4$	3	3.9	0.60	0.53	793
$NiFe_2O_4$	2	2.2	0.38	0.34	858
$CuFe_2O_4$	1	2.3	—	—	728
γ-Fe_2O_3	3.3	2.3	—	—	848

GaAs

<特徴> 13族と15族，または12族と16族の1:1の化合物で四面体構造を有する場合は，Siと同様な半導体材料になりうる．その代表がGaAsであり，Siに代わる半導体として期待されていたが，現状ではSiに取って代わるまでには至っていない．この理由としてはいろいろ考えられるが，GaAsのような化合物半導体はその構成元素それぞれの特性が異なるために，一定の特性を持つ材料の製造が難しいことが挙げられる．しかし最近になって小さいが良質の単結晶が得られるようになり，今後が期待されている．

<結晶構造> 図4.6に示したせん亜鉛鉱 (zincblende) 型の構造であり，いずれのイオンも四配位している共有結合結晶である．

立方晶系：a = 0.56538 nm, S.G. F43m

<作製法> 引き上げ法等の融液成長法と，単結晶基板上にエピタキシャル成長させる気相成長法がある．前者は大きな結晶をつくる場合に用いられるが，成分元素の蒸気圧が高いために化学量論組成物が得られにくいこと，またGaAsの融点は1,237℃と高いために容器からの汚染が防ぎにくく，高純度の結晶が得られない．一方後者はGaやAsCl$_3$を原料として800〜900℃の温度で作製する方法であり，結晶構造が類似で格子定数の近い化合物の単結晶を基板とすることによって，高純度な結晶が得られている．

<用途> 代表的な化合物半導体であり，半導体レーザーやガンダイオードなどに利用されている．これらの用途に用いられる結晶には完全性が求められるため，一般には気相成長法によって製造されている．こうして得られた単結晶の電気特性の一端を図4.7に示す．室温付近における電子の移動度は約7,000 cm^2/V·secであるが，100K付近では45,000 cm^2/V·secになっており，これらの値からも高純度の結晶であることが分かる．一方，電子濃度は50K以上でほぼ飽和しているが，これは結晶に若干の不純物が存在しているためである．

◯ : Ga   ◯ : As

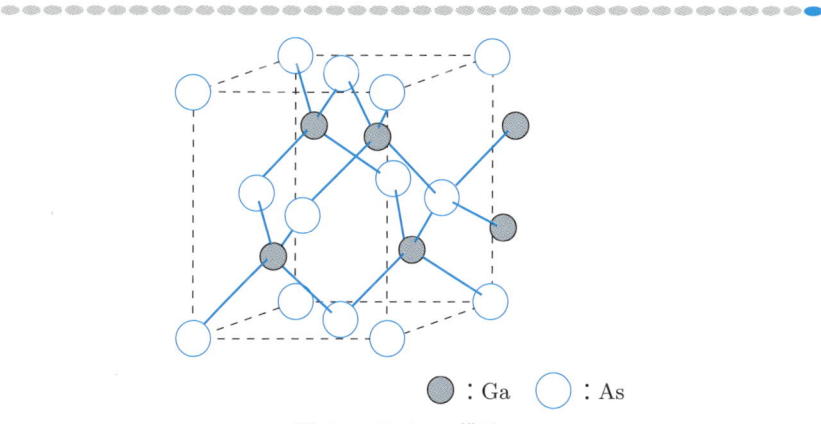

図 **4.6**　GaAs の構造

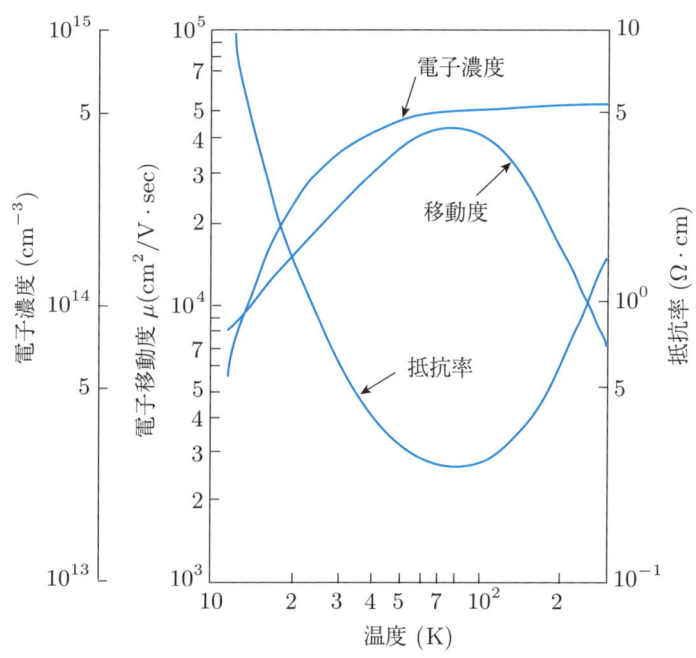

図 **4.7**　エピタキシャル成長によって作製した GaAs の電気特性

LiCoO$_2$

<特徴> 地球資源の枯渇や環境負荷の低減のために,さまざまな形態のエネルギー源が検討されている.なかでも,小型で可搬性に富むリチウムイオン二次電池が注目されており,その原理を図4.8に示す.なお,正極と負極で起こる反応式は次のとおりである.

負極：$LiC_6 = C_6 + Li^+ + e^-$

正極：$CoO_2 + Li^+ + e^- = LiCoO_2$

全体：$LiC_6 + CoO_2 = C_6 + LiCoO_2$

反応式からも分かるように,この電池は,リチウムイオンの移動による放電・充電反応を利用するものである.正極(活物質)材料として用いられている材料が LiCoO$_2$ であり,最近は Co から Mn や Ni への転換が試みられている.また負極に使用されているカーボンとしては,リチウムイオンが容易に出入りできるように層状カーボンが用いられている.

<結晶構造> Li 量によって格子定数はわずかに変化するが,化学量論組成物の結晶構造を図4.9に示す.この場合の格子定数は次のとおりである.

菱面体晶系：$a = 0.2824$nm, $c = 1.3891$nm, S.G. R3m

<作製法> さまざまな方法によってつくられているが,一般的には Li$_2$CO$_3$ と CoCO$_3$ を1：1の組成比になるように秤量して400℃にて一週間ほど加熱して,単相の目的物を得る.なお,水熱合成法や電気化学的手法を利用することによって作製時間が短くなり,かつ微細で特性に優れる LiCoO$_2$ の合成が可能になってきた.

<用途> リチウムイオン二次電池用正極材料としての用途以外には利用されていない.これはコバルトが豊富な資源ではないことが原因であり,代替材料の開発が急務である.そこで Fe の利用も試みられ,近年は LiFePO$_4$ を主成分とする正極材料が検討され始めた.さらに Fe の一部を Mn で置換することも試みられているが,Fe も Mn も資源的には問題がなく,今後の展開が楽しみである.しかし,現状では LiCoO$_2$ に頼るほかなく,その意味でも LiCoO$_2$ の特性改善は需要なテーマである.

LiCoO$_2$

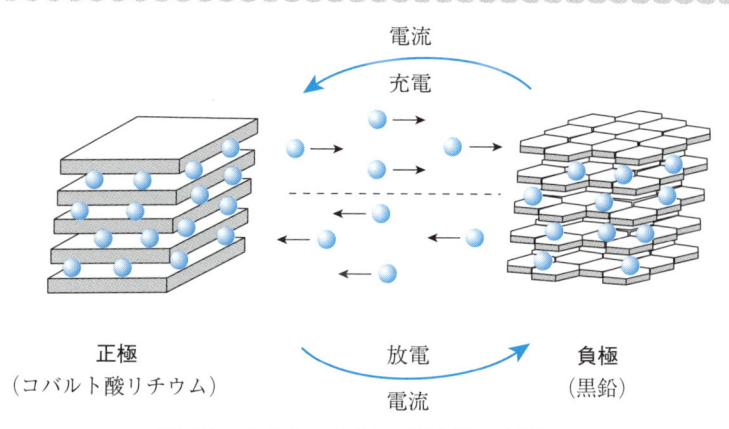

図 **4.8** リチウムイオン二次電池の原理

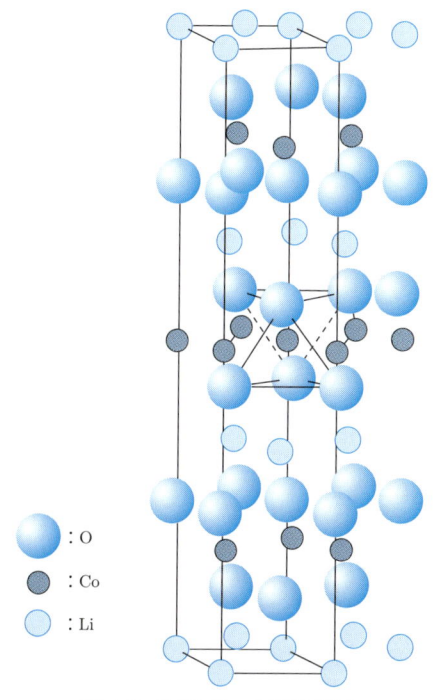

(正極：コバルト酸リチウム、負極：黒鉛、充電・放電、電流)

図 **4.9** LiCoO$_2$ の単位格子

○：O
●：Co
○：Li

MgO

<特徴> マグネシア (MgO) はカルシア (CaO) と同様のアルカリ土類金属元素の化合物であるが，カルシアとは異なり，日本に大規模な鉱床はない．しかし，ドロマイト ($MgCO_3$ と $CaCO_3$ との混合物) として採掘されたり，海水中から $Mg(OH)_2$ として採取されている．その結晶構造は NaCl 型であり，結晶が発達した場合にはペリクレースと呼ばれる．マグネシアは水や二酸化炭素と容易に反応するため，焼結による緻密化には多大な困難が伴う．

<作製法> 海水中の Mg^{2+} ($MgCl_2$, $MgSO_4$) に $Ca(OH)_2$ を加えて，$Mg(OH)_2$ 沈殿物として回収した後，熱分解する．

<結晶構造> 立方晶系：a = 0.4212nm, S.G. Fm3m

MgO の結晶構造は NaCl と同形である．

<物性> MgO の物性データを表 4.4 に示す．NiO とは全率固溶体を形成するが，その状態図を図 4.10 に示す．一方，CaO とはお互いに固溶して図 4.11 に示すような制限固溶共融混合物を生成する．

マグネシアは絶縁性に優れており，常温では 10^{14} [$\Omega \cdot m$] 以上，1,000℃ でも 10^5 [$\Omega \cdot m$] 以上の抵抗値を有する．また，高温においてはアルカリ溶融塩でも侵食されないが，強酸には室温で溶解する．また，Mg は他の金属で還元できず，酸性雰囲気中においてはほとんど揮発しない．

表 4.4

密度 (g/cm^3)	3.55〜3.68
融点 (℃)	2,852
曲げ強度 (MPa)	100〜140
ヤング率 (GPa)	250
ビッカース硬度 (GPa)	9〜10
モース硬度	4〜6
破壊靱性 (MPa m$^{1/2}$)	1.5
熱膨張係数 (10^{-6}/K) 25〜700℃	13
熱伝導率 (W/mK)	40〜60
抵抗率 (Ω cm)	> 10^{14}

<用途> 塩基性触媒，マグネシアセメント，医薬品 (制酸剤，緩下剤)，ゴム配合材 (加硫促進剤)，パステル，製鉄，セメント製造用の耐火れんが (耐熱性，耐塩基性を利用)

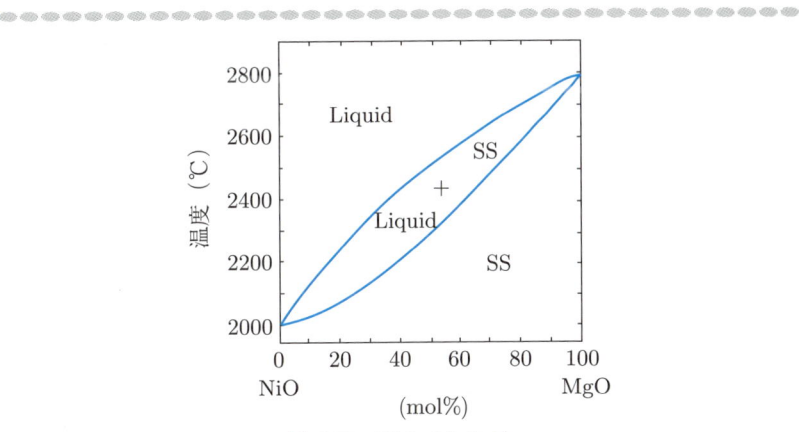

図 4.10　NiO–MgO 系

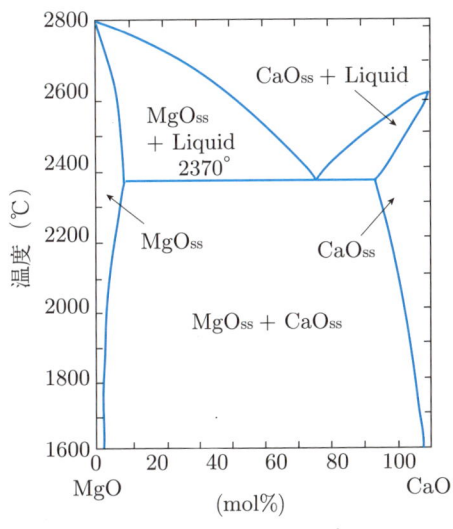

図 4.11　MgO–CaO 系

PLZT

<特徴> PLZT 結晶に電界を印加すると屈折率が変化する．このような電気光学効果を利用して，溶接用のゴーグルや立体視 TV 用メガネなどに応用されている．電気光学効果を利用するためには，透明，または透光性に優れることが必要である．そのため，従来は単結晶が用いられてきたが，多結晶においても空孔をなくし，粒径を制御することによって透光性焼結体が得られるようになった．PLZT は PZT $(Pb(Zr, Ti)O_3)$ の Pb の一部を La_2O_3 で置換したものであり，$(Pb_{1-X}La_X)(Zr_YTi_{1-Y})_{1-X/4}\square_{X/4}O_3$ ($0 \geq X \leq 0.30, 0 \leq Y \leq 1.0$) で表されるペロブスカイト型の酸化物である．

<結晶構造> PLZT は組成によって生成相は異なるが，そのようすを図 4.12 に示す．図中の斜線領域中の組成 $(Pb_{0.9}La_{0.1})(Zr_{0.65}Ti_{0.35})O_3$ の結晶系と格子定数は次のとおりである．

　　立方晶系：a = 0.40780 nm, S.G. Pm3m

<作製法> 通常はホットプレスによって作製されているが，透光性を上げるために，均一で高充填性，かつ易焼成に優れる原料粉末を用いる必要がある．このための原料作製法として，シュウ酸アルコール法が開発された．その方法であるが，シュウ酸アルコール溶液にそれぞれの元素の硝酸塩を滴下して沈殿を生成させ，得られた沈殿物を加熱処理することによって目的物を得る方法である．

<用途> PLZT は上に述べたように，特殊なゴーグルやメガネとして実用化されている．その構造の一例を図 4.13 に示す．厚さが 0.3 mm 程度の PLZT 板の片面にくし形電極が印刷され，それを 2 枚の偏光板ではさんだ構造であり，外側のガラスは PLZT と偏光板を保護している．偏光板とは，ある振動面の光だけを通すものでフィルターの役割をする．このような 2 枚の偏光板が，偏光面が直角になるような状態で PLZT 板の両側に設置されている．また，PLZT は電界が印加されると屈折率が変化することを利用して，通常は偏光面が 90°ずれているために光は通過できないが，PLZT に電界をかけると偏光面がずれて，光が通過できるようになる．この現象を利用したシャッターは機械式シャッターと異なり，瞬時に作動することから，閃光から目を守ることが可能になった．

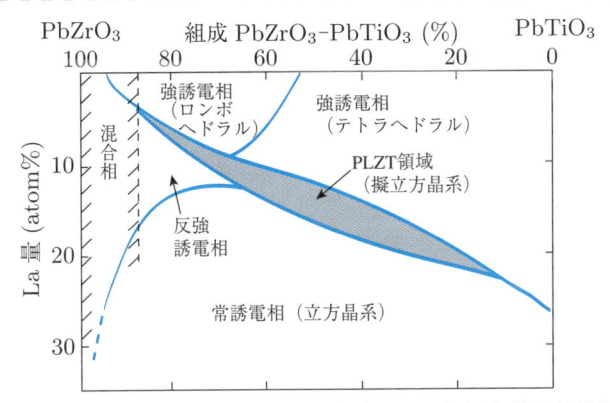

図 4.12 PLZT 系セラミックスの組成による相図と誘電的性質

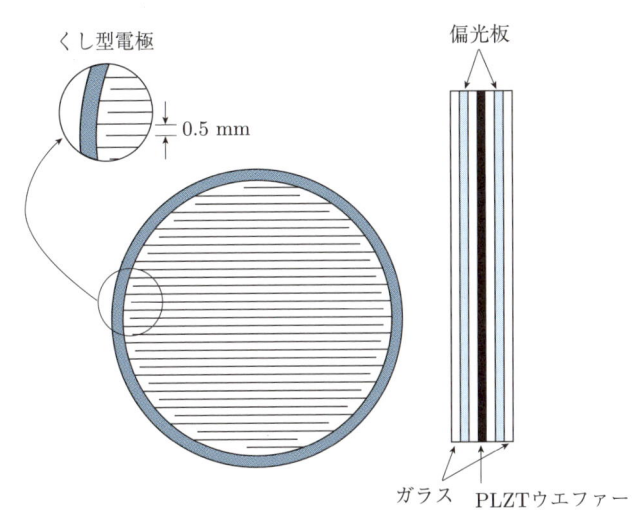

図 4.13 PLZT 光シャッター

PMN

<特徴> PMN ($Pb(Mg_{1/3}Nb_{2/3})O_3$) はリラクサー強誘電体の代表であり，広い温度範囲において大きな誘電率を有し，強誘電体に特徴的な電界-電束密度の履歴曲線に認められるヒステリシスがきわめて小さい．このため，マイクロマシン用材料として利用されている．

<結晶構造> 図4.14に示すようにペロブスカイト単位格子が8個集まった構造を有しており，B-サイトイオンはオーダリングしている．このようなオーダリングが存在するため，キュリー温度においてすべてのドメインが転移してしまうのではなく，微小なドメインが次々と転移する，いわゆる"拡散相転移"とでも呼ぶべき転移が認められる．つまり，通常の強誘電体とは異なり，図4.15に示したように広い温度域において大きな誘電率や誘電分散率が保持されることになる．また，その温度域を室温付近にもってくるために$PbTiO_3$などを固溶させることが多い．

<作製法> それぞれの酸化物を，混合・仮焼・本焼して得るのが一般的であるが，必要量を一度に混合すると単相のPMNは作製できない．そのために，まずはMgOとNb_2O_5を1：1のモル比になるように混合・仮焼して$MgNb_2O_5$を合成し，これにPbOを混合して再度焼成してPMNを作製する．なおPMNの単結晶は，フラックス法によって合成されている．

<用途> 広い温度範囲において誘電率が大きなことを利用して，コンデンサ用材料として利用されることが多い．また，電界を印加すると歪む現象は電歪と呼ばれるが，PMNはその代表でもある．たとえば，0.9PMN-0.1PTの組成である材料は，たとえば5kV/cmあたりの電界下において約0.025％の歪みを生じる．この歪みは大きいとはいえないが，ヒステリシスがほとんど認められないために微小な距離を正確に移動することが可能となり，精密機器の位置決めなどに利用されている．また，PMNのほかにPNN ($Pb(Ni_{1/3}Nb_{2/3})O_3$) やPZN ($Pb(Zn_{1/3}Nb_{2/3})O_3$) など，ほとんどの元素に関する複合ペロブスカイトが検討されたが，PMNを凌駕する材料は得られていない．また，リラクサーの優れた特性とオーダリングとの関係はすべてが明確になったわけではなく，現在もPMNが優れた特性を示す原因の追及が続けられている．

図 **4.14** PMN の構造

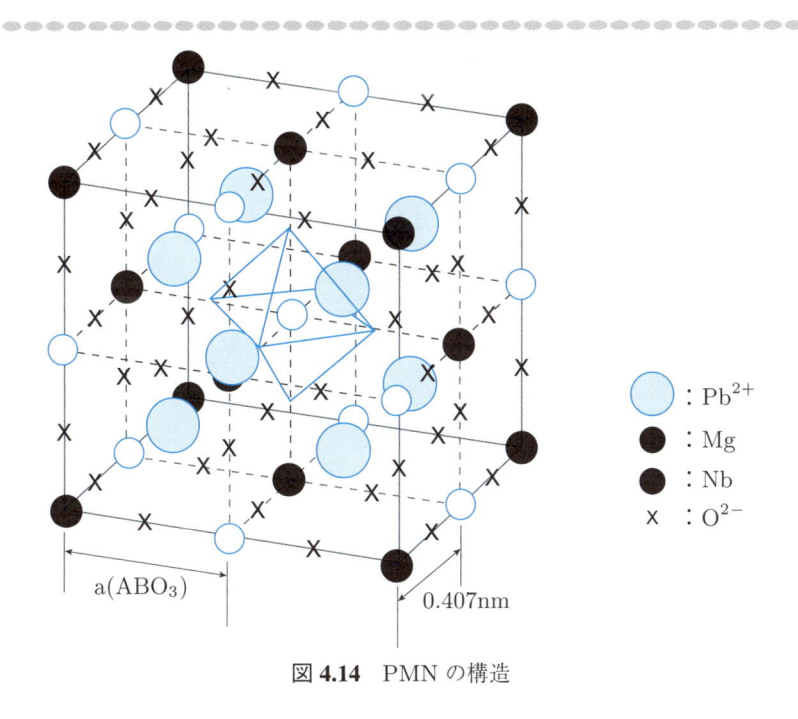

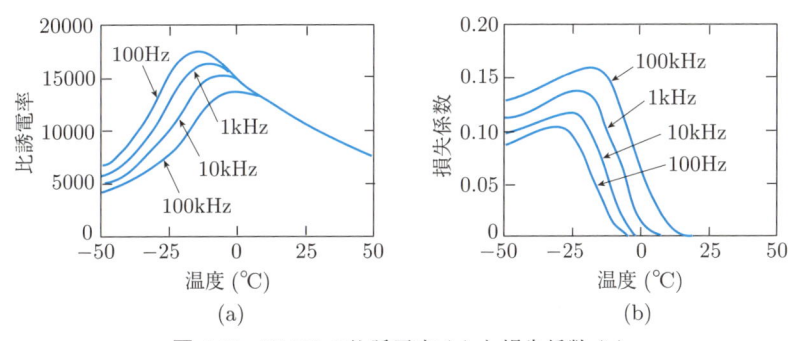

図 **4.15** PMN の比誘電率 (a) と損失係数 (b)

Si

<特徴> 電子材料の主役である半導体材料の中でもシリコンは，多結晶，単結晶を問わず，緻密で化学的・物理的にも安定であり，現在も研究開発が盛んな材料である．数々の優れた特性に加えて微細・精密な加工が可能であるために，デバイスの集積化回路用の基板としてシリコンを用いるのが一般的である．

<結晶構造> 立方晶系：a = 0.5431nm, S.G. Fd3m
結晶構造はダイヤモンドと同型である．

<作製法> 粗製の単体 (96～97%) は，ケイ砂あるいはケイ石 (主成分 SiO_2) を高温で高純度コークスによって還元して製造される．

$$SiO_2(s) + 2C(s) \rightarrow SiC(s) + CO_2(g),\ 2SiC(s) + SiO_2(s) \rightarrow 3Si(s) + 2CO(g)$$

最高純度の製品を得るには，Zn あるいは Mg を還元剤として $SiCl_4$ あるいは $SiHCl_3$ を作製し，これを蒸留精製後，水素中で加熱する．シラン SiH_4 から出発するエピタキシャル成長は半導体産業で広く利用されている．

帯溶融法は焼結体の塊棒の一部を加熱溶融して単結晶を製造する方法であり，高純度の単結晶が得られる．その概要を図4.16に示すが，加熱源である高周波誘導コイルを一定速度で上げていくと良質な単結晶が得られる．

<物性> Si の典型的な半導体特性を表4.5に示す．Si に微量の P を添加すると，P は Si と置換し，5個の電子のうち，4個の電子が隣接する4個の Si と共有結合するが，残りの1個の電子は結晶中に放出される．このため，P は P^+ となるので，放出された電子は P^+ の引力によって結晶中に束縛されるが，熱励起によって容易に伝導帯に移行し，導電性を示す．このように不純物からの余分な電子が導電性に寄与するものを n 型半導体と呼ぶ．また，P の代わりに微量の B を Si に添加した場合には，Si と置換した B は4個の Si と共有結合して B^- となり，価電子帯には電子の抜けた空孔が生じる．この空孔は正孔 (ホール) と呼ばれ，これが導電性に寄与することになる．このように不純物がバンドから電子を引き抜き，電子の詰まったバンドに正孔を生じさせることによって導電が可能となるものを p 型半導体という．

<用途> 高純度の単体結晶：半導体素子，アモルファス単体：太陽電池

表 4.5 Si の特性

密度 (g/cm^3)	2.329
融点 (℃)	1,410
沸点 (℃)	3,280
ヤング率 (GPa)	105
モース硬度	7
線熱膨張係数 (10^{-6}/K)	4.2
熱伝導率 (W/mK) at 27℃	148

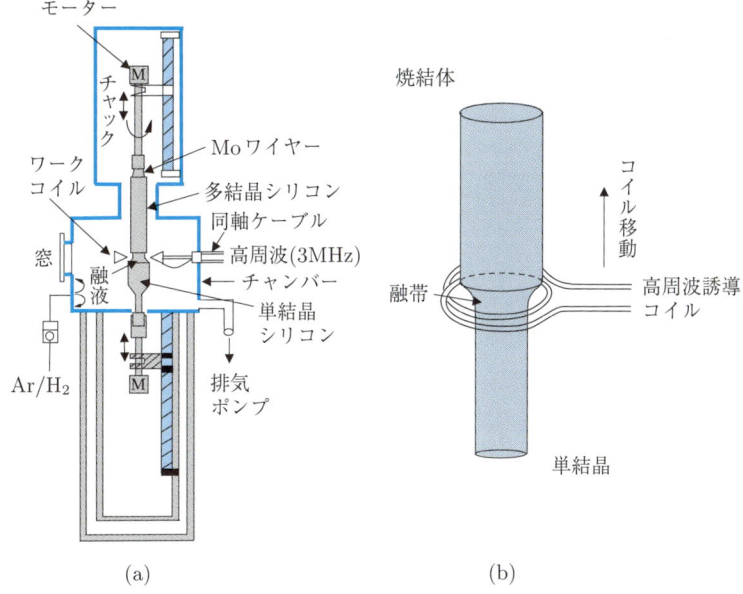

図 4.16 浮遊帯溶融法装置の概略図 (a) および溶融部拡大図 (b)

SiAlON

<特徴>　サイアロンは，ケイ素 (Si)，アルミニウム (Al)，酸素 (O) および窒素 (N) からなる化合物の総称であり，この 4 元素名を連結して，SiAlON と呼ばれる．サイアロンは窒化ケイ素 (Si_3N_4) と類似した特性を有しており，エンジニアリングセラミックスの一つである．β-SiAlON は，Si_3N_4 の Si, N が Al, O に置換したもの，α-SiAlON は，この置換型固溶および結晶格子間に特定な金属原子が侵入型固溶したものである．β-SiAlON の一般式は $Si_{6-z}Al_zO_zN_{8-z}$ ($z = 0 \sim 4.2$) で表され，α-SiAlON の一般式は $M_x(Si, Al)_{12}(O, N)_{16}$ ($x = 0 \sim 2$, M: Li, Mg, Ca, Y, Ln [La, Ce を除く希土類元素]) で表される．

- 常温，高温強度が強く，特に高温強度はアルミナよりもはるかに強い
- 熱膨張係数が小さく，優れた耐熱衝撃性をもっている
- 硬度が大きく，軽量である
- 耐酸化性，耐溶損性に優れている

<結晶構造>　図 4.17 に β-SiAlON および α-SiAlON の結晶構造の違いが分かるように示す．

<作製法>　β-SiAlON：Si_3N_4-AlN-Al_2O_3，Si_3N_4-AlN-SiO_2，Si_3N_4-AlN-Al_2O_3-SiO_2 などの原料混合粉末をホットプレスするか，あるいはその成形体を常圧焼結することによって製造される．

　α-SiAlON：たとえば，Si_3N_4-AlN-Y_2O_3 の混合粉末をホットプレスあるいは常圧焼結して製造される．

<物性>　表 4.6 に β-SiAlON および α-SiAlON の物性データを示す．

<用途>　β-SiAlON：金属などの熱間加工における加工用治具工具類 (熱間押出しダイス，ガイド，ローラーなど)，線引きダイス，アルミニウムダイキャスト機械のシリンダー，電気溶接のロケーションピン，ガイドリング

　α-SiAlON：溶接バーナーノズル，金属鋳造型材，押出し，引き抜きダイス，エンジン部品，切削工具，各種ロール・刃物，熱交換器用部品

α型：ABCD　　β型：ABAB

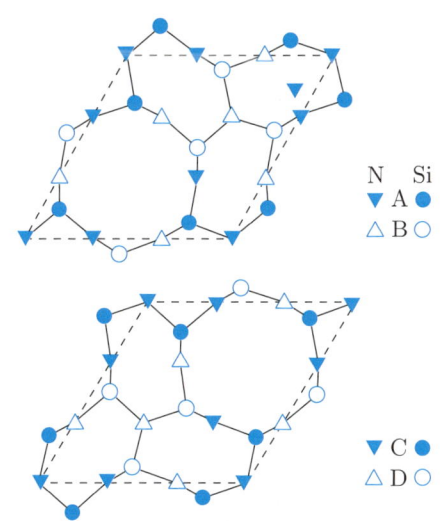

図 **4.17** 窒化ケイ素の結晶構造

表 **4.6** サイアロンの物性

	β-SiAlON	α-SiAlON
密度 (g/cm^3)	3.22	3.20
曲げ強度 (MPa) at R.T.	980	830
ヤング率 (GPa) at R.T.	305	300
破壊靱性 (MPa m$^{1/2}$)	6.8	5.0
熱膨張係数 (10^{-6}/K) 0〜1000℃	3.4	3.2
熱伝導率 (W/mK)	15	20〜25
耐熱衝撃値 (ΔT, ℃)	650	510
硬度 (GPa)	16.5	18

SiC

<特徴>　炭化ケイ素は，以下のような特徴を有する材料である．
(1)　耐熱性に優れ，高温まで機械的強度が維持できる
(2)　硬度が大きく，耐摩耗性に優れる
(3)　熱膨張率が小さく，熱伝導性に優れ，耐熱衝撃性が高い
(4)　軽量で耐食性に優れている
(5)　電気的に導体であり，半導体特性を有する

<結晶構造>　図 4.18 に六方晶系の α 型と立方晶系の β 型 SiC の結晶構造を示す．α-SiC には多くの多形があり，現在 200 種類以上が報告されている．以下に代表的な多形を示す．

β 型 (3C)，α 型 (2H, 4H, 6H, 15R)
3C (立方晶：a = 0.4359nm, S.G. F4_3m)
4H (六方晶：a = 0.3081nm, c = 10.061nm, S.G. P6_3mc)
6H (六方晶：a = 0.3073nm, c = 15.08nm, S.G. P6_3mc)
15R (菱面体晶：a = 0.3073nm, c = 37.70nm, S.G. R$_3$m)

<作製法>　α-SiC はアチソン法，β-SiC はシリカ還元法により製造されている．アチソン法とはケイ石とコークスの混合物を原料として黒鉛製のコアのまわりに充填し，コアに通電加熱して合成する方法である．また，プラズマ CVD 法からも高純度微粉末がつくられている．

<物性>　SiC の物性を表 4.7 に示す．

<用途>　機体フレーム (SiC 繊維を用いた繊維強化材料，高強度を利用)，工具，研磨・研削材 (高強度，高硬度を利用)，ガスタービンの動翼，静翼，燃焼器 (耐熱性，高温高強度，耐食性を利用)，原子炉 (高温ガス炉) の燃料被覆材，熱交換器 (耐熱性，高熱伝導性，耐食性，放射化学安定性を利用)，発熱体，赤外線放射体，MHD 発電用電極，バリスタ (導電性，耐熱性，耐酸化性を利用)，IC 放熱基板 (BeO の添加による電気絶縁性，高熱伝導性を利用)，大電流用半導体 (半導体特性を利用)

(a) 立方晶の積重ね (β 型)

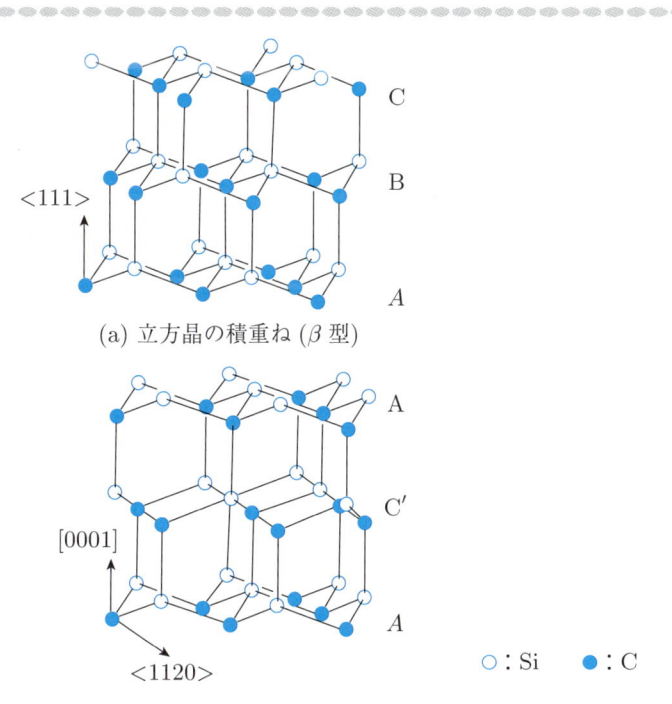

(b) 六方晶の積重ね (α 型)

○: Si　●: C

図 **4.18**　炭化ケイ素の結晶構造

表 **4.7**　SiC の特性

密度 (g/cm^3)	3.21
曲げ強度 (MPa)	225〜810
ヤング率 (GPa)	250〜490
ビッカース硬度 (GPa)	24〜35
破壊靭性 (MPa m$^{1/2}$)	3.0〜5.6
熱膨張係数 (10^{-6}/K)	4〜5
熱伝導率 (W/mK)	40〜270
耐熱衝撃値 (ΔT, ℃)	450〜525
分解温度 (℃)	2545

SiO₂

<特徴> 二酸化ケイ素(シリカ)には多くの多形がある．代表的なものは石英(quartz)，トリジマイト(tridymite)，クリストバライト(cristobalite)の3種で，それぞれ低温型(α型)と高温型(β型)がある．これらは各温度で安定な結晶構造へ転移する(図4.19)．

<結晶構造> シリカにおけるSi^{4+}およびO^{2-}のイオン半径はそれぞれ0.041 nmおよび0.14 nmで，Si^{4+}を中心にして各頂点にO^{2-}を配置した四面体構造の最小構造単位をなす．この四面体は頂点を共有しながら連続した構造を形成する．それぞれの多形に対応する構造の相違はO^{2-}と2個のSi^{4+}との間にできる結合角θの違いによるものである．β-石英のθは150°で，四面体の連結様式はらせん状であるのに対し，トリジマイトのθは180°で六角形の環状配列をとる．クリストバライトもトリジマイトとほぼ類似した構造であるが，より開放的である．石英は最も密に充填した構造となり，比重や屈折率も最大である．これら多型の結晶学的データを表4.8に示す．

<作製法> 天然のケイ石には不純物量が少ないものも多く，通常はこれらがケイ酸の原料として用いられる．さらに純度をあげるために，原料をさらに精製することもある．なお石英ガラスは不純物を嫌うため，高純度のケイ石を炭素発熱体の回りに詰めて真空中，または水素中にて1,800℃で溶融したケイ酸，四塩化ケイ素などのケイ素化合物を加水分解して得られる超高純度ケイ酸を用いて作製する．

<物性> シリカには多数の多形が存在するが，転移による体積変化が大きい場合には，破壊につながる．図4.20にシリカの熱膨張率を示す．

<用途> 石英のうち，特に透明な単結晶を水晶と呼ぶ．水晶は圧電性を有するため，振動子，表面弾性波素子に用いられている．石英ガラス(密度$2.20\,\mathrm{g/cm^3}$)は耐食性に優れ，フッ化水素酸を除くほとんどの酸に耐えるうえ，熱伝導率は$0.8\sim 1.7\,\mathrm{W/mK}$で低いが，熱膨張係数が$0.5\sim 1.4\times 10^{-6}/\mathrm{K}$ときわめて小さいので，急熱急冷にも耐えることから化学器具材，熱器具材として広く用いられている．また，紫外，可視領域に広い透光性を有するため，光ファイバーなどの光学材料に用いられる．

SiO$_2$

β-石英 $\underset{\longleftarrow}{\overset{870℃}{\longrightarrow}}$ β-トリジマイト $\underset{\longleftarrow}{\overset{1,470℃}{\longrightarrow}}$ β-クリストバライト $\underset{\longleftarrow}{\overset{1,723℃}{\longrightarrow}}$ 溶液

(六方晶系, d=2.53)　　(六方晶系, d=2.26)　　(立方晶系, d=2.21)

↑↓ 573℃　　　　　↑↓ 117℃　　　　　↑↓ 275℃

α-石英　　　　　　α-トリジマイト　　　α-クリストバライト

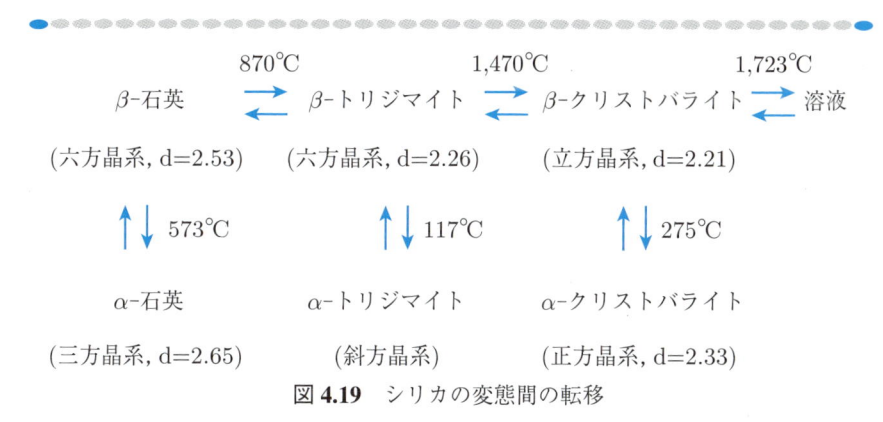

(三方晶系, d=2.65)　　(斜方晶系)　　　　(正方晶系, d=2.33)

図 4.19 シリカの変態間の転移

表 4.8 シリカ各相の結晶学データ

シリカ相	多形	晶系	格子定数 a, b, c (nm); α, β, γ (°)	密度 (g/cm^3)	屈折率
石英	低温型	三方	a=0.4913, c=0.5405	2.65	$\omega=1.544, \varepsilon=1.553$
	高温型	六方	a=0.501, c=0.547	2.51	$\omega=1.541, \varepsilon=1.533$
トリジマイト	室温出現型	単斜	a=1.8494, b=0.4991, c=2.5832, $\beta=117.75$	2.27	$\alpha=1.471\sim1.479$, $\beta=1.472\sim1.480$, $\gamma=1.474\sim1.483$
	高温型	六方	a=0.5052, c=0.827	2.20	
クリストバライト	低温型	正方	a=0.4978, c=0.6948	2.34	$\omega=1.487, \varepsilon=1.484$
	高温型	立方	a=0.7157	2.18	n=1.487~1.492

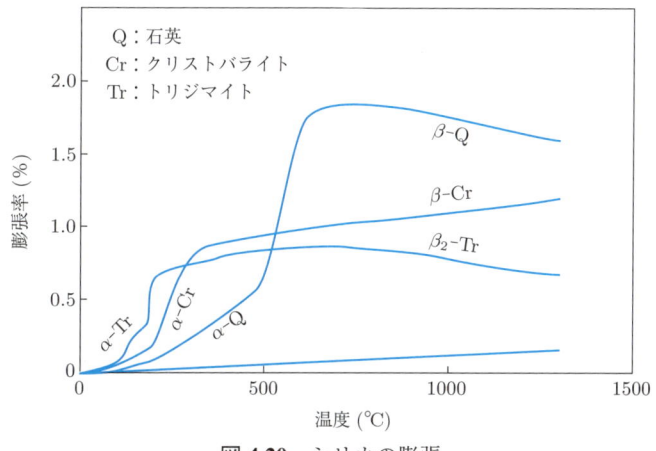

図 4.20 シリカの膨張

SnO₂

<特徴> 酸化スズは透明電極やガスセンサとして広く利用されており，代表的な n 型の酸化物半導体材料である．

<結晶構造> 酸化スズは天然にスズ石 (cassiterite) として産出する．ルチルと同様の結晶構造であり，その結晶系と格子定数は次のとおりである．

正方晶系：$a = 0.4737$nm, $c = 0.3185$nm, S.G. $P4_2/mnm$

図 4.21 にその構造を示す．Sn^{4+} が正方単位格子の 0, 0, 0 および 1/2, 1/2, 1/2 を占め，O^{2-} が x, x, 0；−x, −x, 0；1/2+x, 1/2−x, 1/2；1/2−x, 1/2+x, 1/2 に位置している．

<作製法> 一般的には水酸化物やシュウ酸塩を熱分解することによって得られている．しかしこうして得られた酸化スズは無定形であるため，純粋なスズを空気中で燃焼して酸化スズを得ることが多い．

<用途> 酸化スズは難焼結性物質であり，酸素が不足した n 型半導体である．このような酸化スズの用途として最も代表的なものは，ガスセンサであろう．図 4.22 はその動作原理を示したものである．n 型半導体である酸化スズには電荷担体としての電子が存在しており，空気中の酸素が吸着して半導体内部の電子を捕獲する．このため，酸化スズ表面近傍における電子濃度は減少し，抵抗は高くなっている．このような状態である表面に炭化水素や一酸化炭素などの可燃性ガスが近づくと，ガスは表面に吸着している酸素と反応して水や二酸化炭素になる．このとき，酸素に捕獲されていた電子は酸化スズに戻ることになるため，酸化スズの抵抗値が減少する．また，図 4.23 に示したように酸化スズは可視光域で透明であることから，透明伝導膜としての性質も詳細に調べられている．さらに，スズをドープした酸化インジウム (ITO) 薄膜は数百 nm で 90% 以上の透過率と $10\Omega/cm^2$ 以下のシート抵抗値を有するため，液晶パネルなどの透明電極として実用化されている．

○ : Sn^{4+}

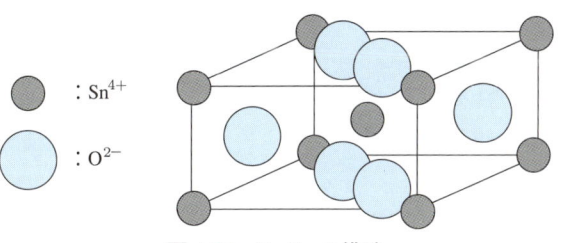

○ : O^{2-}

図 **4.21** SnO_2 の構造

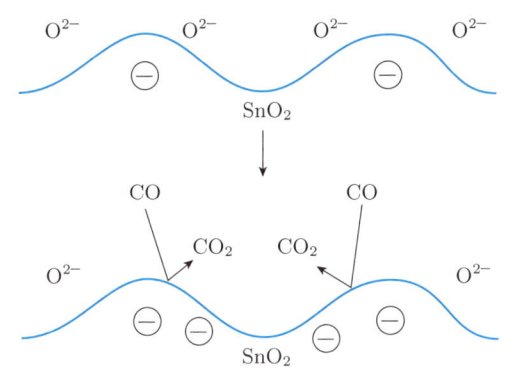

図 **4.22** 酸化スズガスセンサの動作原理

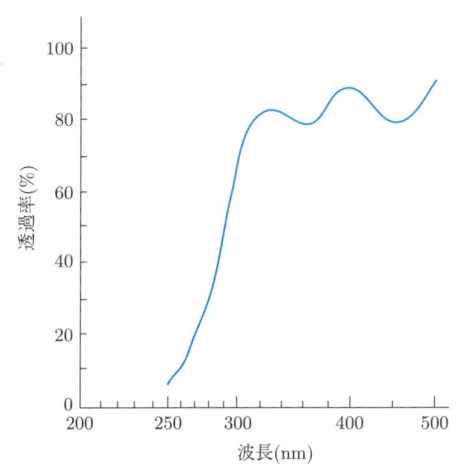

図 **4.23** SnO_2 フィルムの光透過

TiO$_2$

〈概要〉 二酸化チタン (titanium dioxide) には，鉱物のルチル (金紅石)，ブルッカイト (板チタン石)，アナターゼ (鋭錐石) に対応する三種の変態がある．ルチルは正方晶系でエネルギー的に最も安定である．ブルッカイトは斜方晶系で 816～1,040 ℃ で生成し，アナターゼは正方晶系で低温で生成する．

〈結晶構造〉 いずれも Ti^{4+} に O^{2-} が六配位した，歪んだ八面体の稜が共有された構造をとる．図 4.24 にルチル型とアナターゼ型の単位格子を示す．それぞれの単位格子には，TiO$_2$ が 2 個，および 4 個含まれている．

〈作製法〉 金属チタンを加熱することによって容易に生成する．また，高純度な二酸化チタンは TiCl$_4$ を加熱分解することによっても得られる．工業的にはイルメナイト (チタン鉄鉱) から製造される．

〈物性〉 ルチルとアナターゼの基本的な物性を表 4.9 に示す．なお，アナターゼ型は約 900 ℃ に加熱すると，ルチル型に変わる．このような変態や表中の密度の値からも分かるように，ルチル型に比べてアナターゼ型は熱的安定性に欠けており，生成熱もルチルが 945 kJ/mol であるのに対して，940 kJ/mol とわずかではあるが小さい．また，二酸化チタンの特性は多形が異なってもほとんど同じであり，いずれも化学的に安定で，フッ酸，熱濃硫酸以外の酸・アルカリや有機溶媒，水などには不溶である．また，室温においては亜硫酸ガスや塩素ガスなどの反応性が強いガスとも反応しない．

〈用途〉 隠ぺい力の大きい白色顔料 (チタンホワイト) として多量に用いられ，磁器原料，研磨剤，医薬品としての用途が多い．近年，紫外線吸収効果を有することが明らかになり，化粧品用原料としての需要が伸びている．

　白金を陰極に，二酸化チタンを陽極にして光を照射すると，水を分解して水素と酸素が得られる (図 4.25)．これは二酸化チタンが光触媒として働くためであり，水の分解以外に大気や水の浄化作用もあることから注目されている．

TiO$_2$

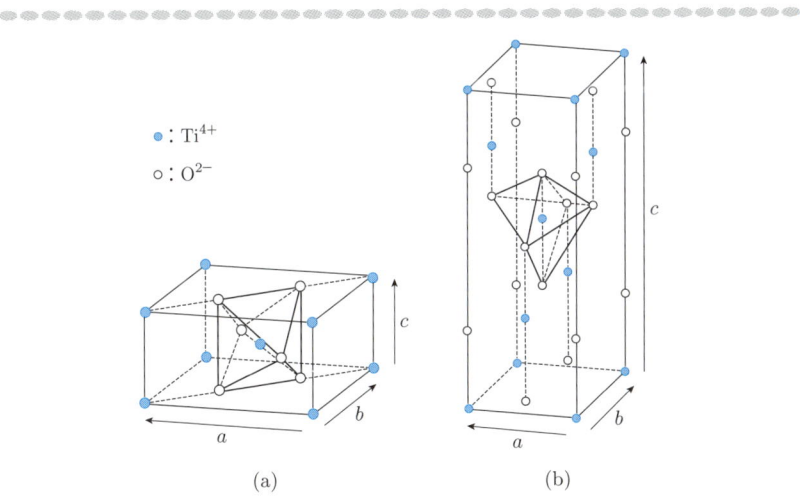

○ : Ti^{4+}
○ : O^{2-}

(a)   (b)

図 4.24 ルチル型 (a) とアナターゼ型 (b) の単位格子

表 4.9 ルチル型とアナターゼ型の比較

	ルチル型 TiO$_2$	アナターゼ型 TiO$_2$
結晶系	正方晶	正方晶
格子定数 a,c	a=0.458nm c=0.295nm	a=0.378nm c=0.949nm
比重	4.2	3.9
屈折率	2.71	2.52
モース硬度	6.0〜7.0	5.5〜6.0
誘電率	114	31
融点	1858°C	高温でルチルに転移

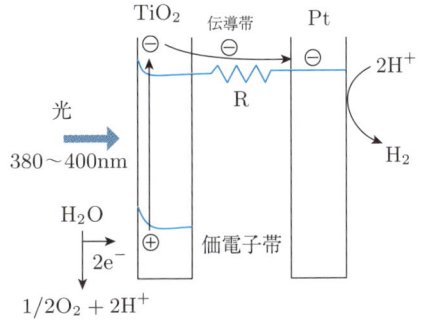

TiO$_2$のバンドギャップが 3.0 〜 3.2eV あることから、H$_2$O を H$_2$ と O$_2$ とに分解することができる。非常に酸化力が強いことからヒドロキシラジカル (·OH) やスーパーオキサイドアニオン (·O$_2^-$) も発生.
→抗菌・殺菌効果, 防汚効果, 空気・水の洗浄効果

図 4.25 光触媒による水の分解 [ホンダ・フジシマ効果]

WO_3

<特徴> 酸化タングステン (III)(tungsten trioxide) は絶縁体であり，その誘電率は極めて大きい．その結晶構造は図 4.26 に示す ReO_3 構造であり，図中の丸い破線で示される位置には酸素は存在せず，結晶構造中に大きな空隙が存在している．この空隙にはさまざまな元素が侵入可能であり，タングステンブロンズと称される一連の化合物が生成する．なお，内部に入った元素から電子が放出されてその電子が WO_3 の伝導帯に入るため，導電性が発現する．酸化タングステン (III) は黄色の斜方晶系の結晶であり，熱すると橙色になる．

<結晶構造> 歪んだ酸化レニウム (ReO_3) 型構造をとり，W を中心に六個の O を頂点とする正八面体形が O を介してつながった構造で，W–O の結合距離は 1.86〜1.91Å である．融点は 1473℃，沸点は約 1840℃ で，空気中で安定であるが，室温付近で多形を示す．

<作製法> Na_2WO_4 などのタングステン酸塩の飽和水溶液を加熱後，沸騰した濃硫酸中にゆっくり滴下する．沈殿生成後，そのまま 1 時間程度加熱して放置する．沈殿物を 5% の硝酸アンモニア水溶液で洗浄し，Cl^- イオン含まれていないことを確認後乾燥して 600℃ まで加熱して目的物を得る．

<物性> 図 4.27 に Na_xWO_3 の X による生成相への影響を示すが，常温における生成相はさまざまであることが理解できる．また，図 4.28 に同化合物の抵抗率を示すが，立方晶系においては，X の値が大きいほど抵抗率は小さくなっている．

<用途> タングステンブロンズ (M_xWO_3：M = Li, Na, H, Ag) は，電圧印加によって物質の色が可逆的に変化するエレクトロクロミック材料であり，すなわちディスプレイ材料として有望である．これは次式で示されるように電圧印加によってイオンと電子の結晶中への出入のためである．そのようすを図 4.29 に示す．

$$WO_3 (無色) + xM^+ + xe^- \rightleftarrows M_xWO_3 (青色)$$

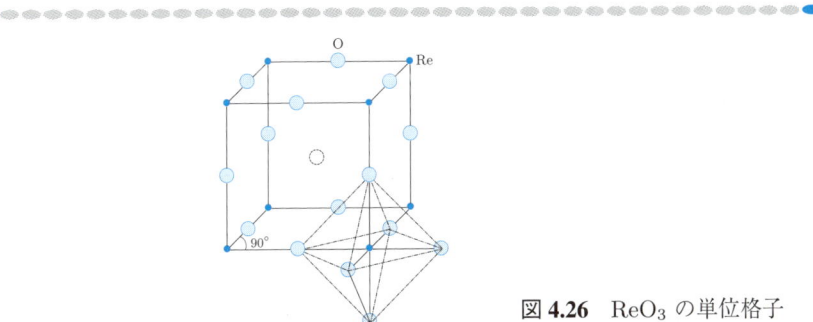

図 4.26　ReO_3 の単位格子

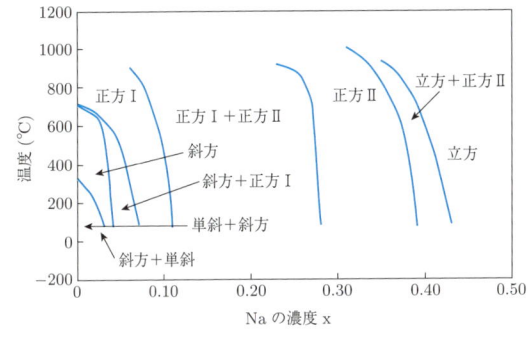

図 4.27　Na_xWO_3 の平衡状態図

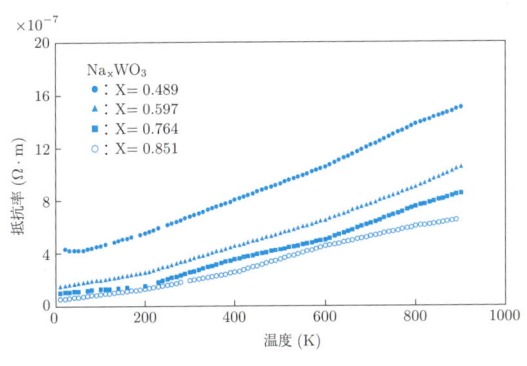

図 4.28　Na_xWO_3 の単結晶の抵抗率の温度変化

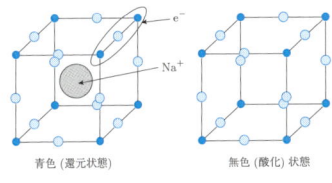

図 4.29　タングステンブロンズの着消色機構

YAG

<特徴> アルミン酸イットリウム ($Y_3Al_5O_{12}$) は YAG (yttrium aluminum garnet) と略され，無色透明の立方晶系結晶でガーネット型構造をとる．

<結晶構造> 一般式 $A_3B_2Si_3O_{12}$ で表されるユニットからなり，A に Y，B に Al が入り，Si の代わりに Al が入った人工鉱物である．

<作製法> Y_2O_3 と Al_2O_3 を約 1,500℃ で固相反応させることにより得られ，融点は約 1,900℃ である．蛍光体やレーザー材料として使う場合には付活剤を添加する．光デバイスのアイソレーターなどに用いられる単結晶は，融液からの回転引き上げ法によって作製される．

<物性> Nd^{3+} をレーザー活性媒質とする YAG レーザーの物性を表 4.10 に示す．

<用途> Nd^{3+} を微量に固溶させた YAG は固体レーザー発振素子として利用される．レーザー発振は，一度励起された電子が振動緩和過程によって励起準位より低い準安定状態に移り，この準位に蓄積される現象を利用する (図 4.30)．準安定状態から基底状態に電子が移ることをレーザー遷移といい，この際に $h\nu$ のエネルギーをもつ光が放出される．この光を増幅し，さらに鏡を利用してレーザー結晶中を繰り返し通すことにより，位相のそろったレーザー光が得られる．Nd^{3+}：YAG 固体レーザーの発振波長は 1,064 nm の赤外線である．この YAG レーザーはその発振形態によって四つに分類されるが，その分類とそれぞれの特徴を表 4.11 に示す．YAG レーザーは連続動作が可能であるという利点を有するが，その出力は小さい．

　YAG を母結晶とし，希土類元素を付活した蛍光体もある．蛍光体とは刺激エネルギー (電気，紫外線，電子線など) を光に変換するもので，蛍光灯やカラーテレビなどに使われている．YAG に Ce^{3+} イオンを付活すると，436 nm の可視水銀ランプで励起されて約 540 nm の発光ピークを示す．また，YAG に Tb^{3+} イオンを付活したものはブラウン管用蛍光体に使われている．

YAG

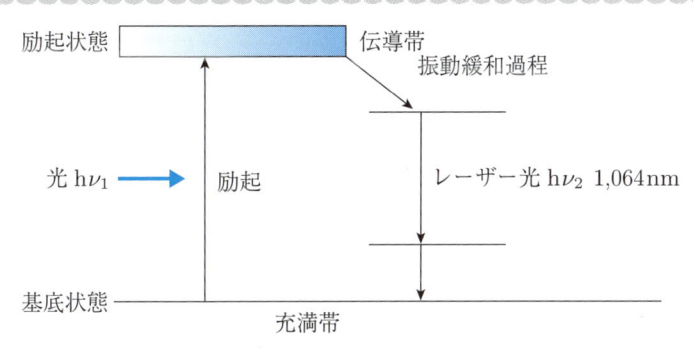

図 4.30 YAG：Nd^{3+} 固体レーザー中心のエネルギー準位

表 4.10 Nd：YAG の諸特性（Nd^{3+} 濃度：1mass%，25℃ にて）

化学式	$Y_{2.97}Nb_{0.03}Al_5O_{12}$
Nd^{3+} の質量 (mass%)	0.725
レーザー波長 (nm)	1064.1
ライン幅 (nm)	0.12〜0.30
遷移準位	$^4F_{3/2} \to {}^4I_{11/2}$
熱伝導率 (W/cm·K)	0.14
屈折率 (n)	1.823
$dn/dT(10^{-6})$	$7.3 \times /℃$
融点 (℃)	1,956
比重	4.55
モース硬度	8〜8.5

表 4.11 YAG レーザーの発振形態による分類

項目	連続		パルス		ジャイアントパルス	超短パルス
	連続波	パルス波	高速くり返し	低速くり返し		
励起ランプ	アークランプ	アークランプ	フラッシュランプ	フラッシュランプ	フラッシュランプ	フラッシュランプ アークランプ
Q スイッチ	なし	A.O. 回転ミラー	なし 回転ミラー	なし	E.O.	A.O. 色素
パルス幅		150〜200ns	0.1〜20ms	0.1〜10ms	10〜40ns	1ns 以下
パルスくり返し数		〜50kHz 以下	100〜200 pulse/s	1〜50 pulse/s	1〜50pulse/s	
尖頭出力値		10〜20kW	〜1kW	10〜20kW	数 MW	
平均出力値	3〜400W	〜100W	3〜400W	3〜400W	〜数 W	
主な用途	加工，研究	加工	加工	加工	計測，加工	研究，計測

YBCO

<特徴> 超伝導とは電気抵抗が突然ゼロになる現象である．従来は金属合金がその対象であったが，1986 年に Bednorz と Mueller は，La-Ba-Cu-O 系酸化物が Tc (臨界温度) = 30K の超伝導体になることを明らかにしてノーベル賞を受賞したことは記憶に新しい．これを契機に世界中で酸化物系超伝導体の探索が始まり，翌年に Tc = 90 K の YBCO ($YBa_2Cu_3O_{7-x}$) が発見された．この超伝導体は液体窒素を利用できることから，超伝導体の産業へ応用が真剣に検討された．その後発見されたより Tc が高い酸化物超伝導体を含めた超伝導体の進歩のようすは第 2 章の図 2.15 に示したとおりである．いずれも Cu を含むペロブスカイト型構造を基本とすることが特徴である．表 4.12 に銅酸化物超伝導体に認められる特徴を示し，図 4.31 の YBCO 単位格子には酸素どうしの結びつきを破線で示す．

<結晶構造> 図 4.31 に YBCO の単位格子を示した．図中に Cu と O の結びつきを破線で示してある．Cu には 2 種類あり，その一つは a 軸に沿った平面 4 配位位置を，もう一つは隅を共有するピラミッド型の 5 配位位置を占めている．酸素量によって格子定数はわずかに変化するが，理想的な組成といわれる $YBa_2Cu_3O_{6.92}$ の結晶系と格子定数は次のとおりである．

斜方晶系：$a = 0.3824\,nm$, $b = 0.3886\,nm$, $c = 1.1667\,nm$, S.G.Pmmm

<作製法> セラミックスの合成法として最も一般的な酸化物混合法によって作製するが，焼成後の冷却条件 (時間・時間・雰囲気) によっても特性は変化する．たとえば $YBa_2Cu_3O_{6.92}$ を作製する場合には，それぞれの酸化物を化学量論組成で混合・仮焼・焼成した後，500 ℃ の酸素雰囲気下でアニールすることによって得られている．

<用途> さまざまな応用が考えられており，重量物の磁気浮上というリニア新幹線への実用化もその一つであろう．また電気抵抗が零であることから，エネルギー貯蔵用や大電流ケーブルとしての実用化も期待されている．いずれの場合にも酸化物超伝導体は加工が困難であることを克服しなければならない．さらに，各種電気接続部への利用も期待されている．これは金属とは異なって熱伝導率が低いためにエネルギーの放散が抑制できるためである．また，ジョセフソン素子としてコンピュータに利用することも検討されている．このためには超伝導体を薄膜化する必要があり，ここでも加工性の悪さが実用化を阻害している．

表 4.12 銅を含む酸化物超伝導材料の特徴

1. 電気的に活性な銅-酸素平面が存在する．
2. 絶縁体層が存在する．
3. 電子的に活性な平面同士は約 0.36nm 離れている．

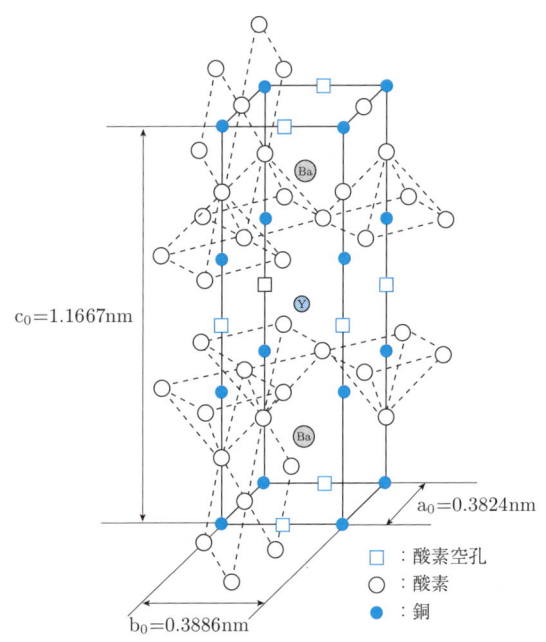

$c_0 = 1.1667$nm
$a_0 = 0.3824$nm
$b_0 = 0.3886$nm

□：酸素空孔
○：酸素
●：銅

図 4.31 $YBa_2Cu_3O_{7-x}$ の単位格子

ZnO

<特徴>　酸化亜鉛は，古くから亜鉛華という名称で白色顔料として利用されてきた．しかし近年は，電気電子用材料としての用途が多い．これは，酸化亜鉛は $ZnO_{1-\delta}$ (ただし，δ は極微小な正数) と表されることからも明らかなように，化学量論組成に比べて酸素原子がわずかに欠如した組成を有し，n型半導体の性質を示すためである．

<結晶構造>　酸化亜鉛は紅亜鉛鉱 (zincite) として天然に産出し，その結晶系と格子定数は次のとおりである．

六方晶系：$a = 0.32496$ nm, $c = 0.52065$ nm, S.G. $P6_3mc$

その構造は図4.32に示したとおりである．六方最密充填したすべてのOにZnをc軸に沿って載せた構造であり(b)からそれぞれの原子のまわりを他の原子が囲んで四面体を構成していることが分かる．

<作製法>　可溶性な亜鉛塩の水溶液に炭酸ナトリウムを加えて炭酸亜鉛を沈殿させ，それを熱分解して得る．

<用途>　各種電子材料として用いられているが，その代表はバリスタである．バリスタ (varistor) とは variable resistor の略であり，印加電圧 (V) が低いうちは高抵抗のために電流 (I) をほとんど流さないが，ある電圧以上では急激に低抵抗化して大電流を流す素子であり，このような特性を発現するバリスタの構造を図4.33に示す．低抵抗の ZnO 粒子のまわりを Bi_2O_3 を主成分とする高抵抗相が取り囲んでいる．その電流-電圧特性の一例を図4.34に示すが，粒子径や高抵抗相の厚さ，さらにはそれらの抵抗値を帰ることによって，立ち上がり電圧などの特性を変化させている．バリスタ特性は次式で表される非直線係数 α を用いて表される．
$$I = kV^{\alpha}$$

α は一般に 5〜100 であり，α の値が大きいほど電流の立ち上がり勾配が大きくなる．なお，粒界相である Bi_2O_3 の存在がバリスタ特性の発現には必須であると考えられていたが，現在ではトンネル効果によることが明らかになりつつある．このようなバリスタは日常生活に不可欠なものとなっており，低電圧用のバリスタは IC 保護用としてコンピュータなどに，また家電製品においてはリレー接点の損傷防止用として，さらに大型のバリスタが避雷器や鉄道車両機器の保護用などとして利用されている．

: Zn^{2+}
: O^{2-}

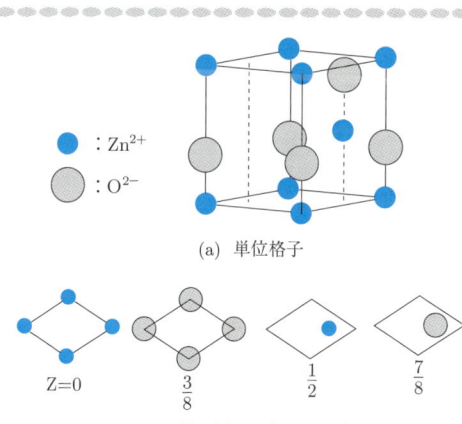

(a) 単位格子

$Z=0$ $\frac{3}{8}$ $\frac{1}{2}$ $\frac{7}{8}$

(b) c軸に沿った各層のようす

図 4.32　ZnO の結晶構造

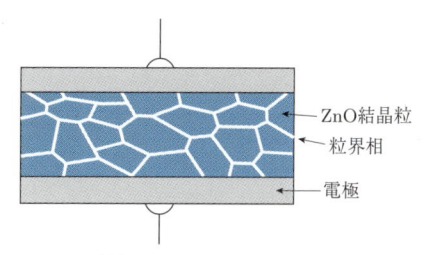

ZnO結晶粒
粒界相
電極

図 4.33　ZnO バリスタ

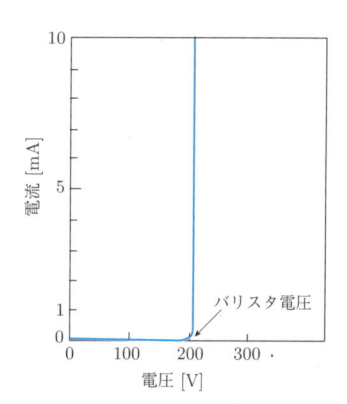

バリスタ電圧

図 4.34　バリスタの電流-電圧特性

アパタイト

<特徴>　アパタイトは $M_{10}(ZO_4)_6(X_2)$ の組成で表される鉱物名であり，特に M, Z, X がそれぞれ Ca, P, OH であるものはヒドロキシアパタイトと呼ばれ，生体親和性を有する．ここではヒドロキシアパタイトについて説明する．

<作製法>

・湿式合成

Ca と P を含む水溶液から合成する方法であり，均一混合が容易である．高アルカリ溶液中におけるアパタイトの難溶性を利用した方法で，一般的には窒素ガス中で行われる．沈殿物は非結晶であり，これを約 90℃ にて熟成してアパタイト結晶を得る．

・乾式合成

適当なカルシウム塩とリン酸塩とを Ca/P 比が 1.67 となるように配合し，水蒸気雰囲気で 1000℃ 以上に加熱する．

<結晶構造>　完全なヒドロキシアパタイトは単斜晶であるが，現実には微量の元素が置換したり，格子欠陥も存在するので六方晶系に属することになる ($a = 0.9415$nm, $c = 0.6879$nm, S.G. $P6_3/m$)．図 4.35 は，a, b 軸平面へ投影したヒドロキシアパタイトの結晶構造である．また，図 4.36 は同じ結晶構造を c 方向の斜め上から眺めた図であり，カルシウムからなる 3 角形が積み重なっていることが理解できる．

<物性>　表 4.13 にヒドロキシアパタイトの物性データを示す．アパタイトは水質浄化用として利用されている．また，熱安定性に優れているため，触媒，吸着材，湿度センサ，固体電解質，イオン交換体などとして用いられている．

<用途>　人工歯根，人工骨，人工軟骨，骨充填材などの歯や骨の生体硬組織の代替材料，人工血管，人工気管，薬物除放剤

アパタイト

○ : Ca　△ : PO₄　◯ : X=F, OH, Cl

図 4.35　アパタイト結晶の構造
　　　　(a, b軸平面への投影図)

ヒドロキシアパタイト

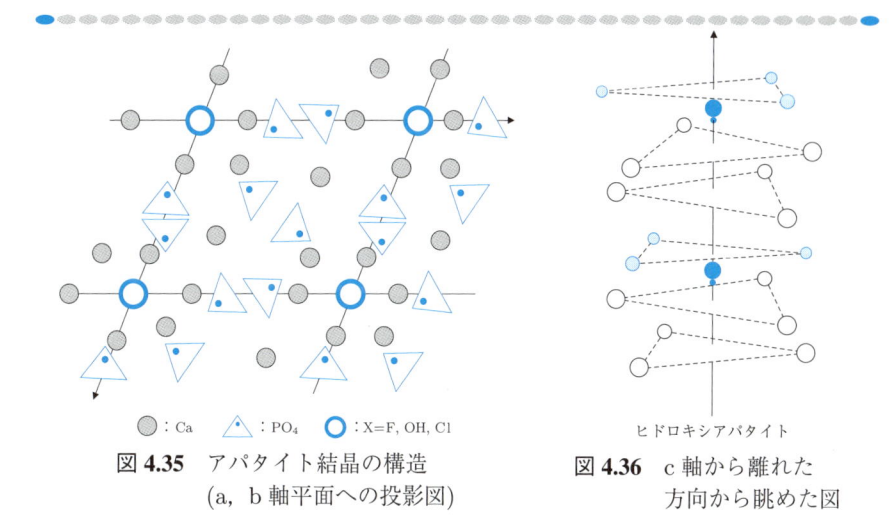

図 4.36　c軸から離れた
　　　　方向から眺めた図

表 4.13　アパタイトの物性

密度 (g/cm^3)	3.16
融点 (℃)	1,250℃以上で分解 (N_2中)
曲げ強度 (MPa)	100〜220
ヤング率 (GPa)	70〜120
ビッカース硬度 (GPa)	4.5〜6.0
モース硬度	5
破壊靱性 (MPa m$^{1/2}$)	0.69〜0.96
熱膨張係数 (10^{-6}/K) 35〜800℃ 平均	13.7
熱伝導率 (W/mK)	1.3
圧縮強度 (MPa)	450〜650

コーディエライト

<特徴> 電子回路用基板として使用される材料には，① 絶縁性がよく，② 機械的強度が大きく，③ 使用雰囲気において安定であり，④ 熱伝導性に優れるなど，多くの特性が求められる．これらの特性を満足するものの一つにコーディエライト ($2MgO \cdot 2Al_2O_3 \cdot 5SiO_2$) がある．低温焼成が可能であり，かつ誘電率が低いために，低温焼成基板として応用されている．また排気ガス浄化用ハニカム触媒担体として，世界中で使用されている．

<結晶構造> 化学量論組成物の結晶系と格子定数は次のとおりである．

斜方晶系：$a = 0.9721$ nm, $b = 1.7062$ nm, $c = 0.9339$ nm, S.G. Cccm

単位格子のc軸投影図を図4.37に示す．Mg^{2+} は6配位，Al^{3+} と Si^{4+} は4配位位置を占めており，c軸に沿った大きな空間を有する構造である．

<作製法> 化学組成に対応した酸化物を混合し，たとえば，1,000℃では7日間，1,180℃では4日間，1,380℃では3日間加熱すると得られる．

<物性> コーディエライト焼結体は緻密化が難しい．そのため，緻密化のためには一度原料を高温加熱して溶解した後，失透温度まで下げて一部をセラミックス化する．こうして得られたコーディエライトガラスセラミックスの特性を表4.14に示す．

<用途> 上にも述べたように，コーディエライトは基板材料として実用化されている．これは，コーディエライトの小さな誘電率を利用するのであるが，溶化温度範囲が狭いために焼結性は悪いという欠点がある．しかし，コーディエライトをガラス-セラミック複合材料として用いたり，Mgの一部をBaで置換することによって溶化範囲を広げるなどの処理によって焼結性を向上させることが可能になる．また，図4.38にコーディエライトの熱膨張率を示す．この図から分かるように熱膨張率がきわめて小さいことから，自動車の排ガス浄化用触媒担体としてハニカム構造のコーディエライト焼結体が利用されている．これはコーディエライトの焼結性の悪さを利用して作製した多孔質体を応用するものであるが，熱膨張率が小さいことから熱衝撃性にも優れ，かつ触媒担体として望ましい気孔率や気孔分布を有しており，排ガス浄化用として最適である．

コーディエライト

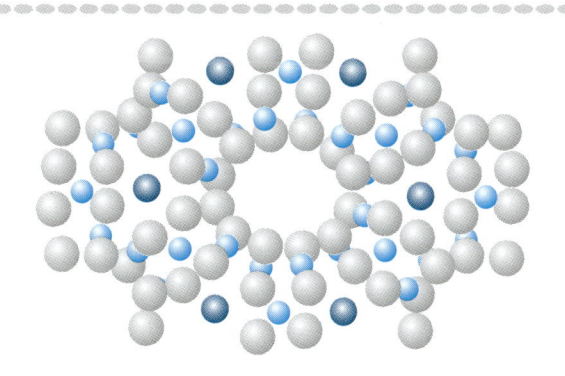

○: O^{2-}　●: Mg^{2+}　●: Si^{4+}, Al^{3+}

図 4.37　コーディエライトの単位格子 (c 軸投影図)

表 4.14　コーディエライトガラスセラミックスの特性

線膨張係数 (0〜300 ℃) ($\times 10^{-6}$/℃)	5.7
密度 (g/cm^3)	2.6
ヤング率 ($\times 10^6$ kg/cm^3)	12
ポアソン比	0.24
体積抵抗率 (25℃)($\Omega \cdot$ cm)	5×10^{16}
誘電率 ε (1 MHz, 20℃)	5.6
誘電損失 (1 MHz, 20℃)	0.017

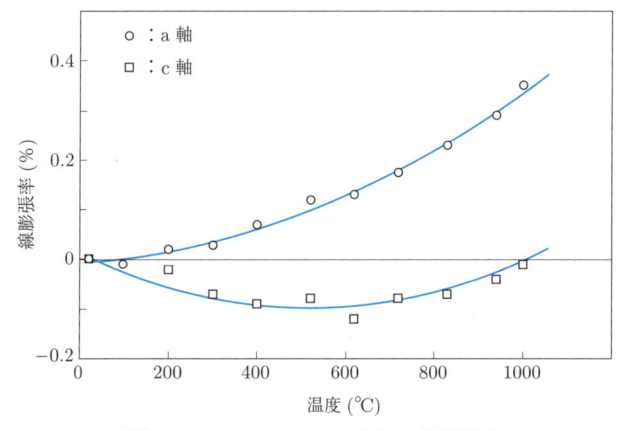

○: a 軸
□: c 軸

図 4.38　コーディエライトの熱膨張率

光メモリー

<概要>

光メモリーには情報の記録消去方式により，ヒート(熱)モード型とフォトン(光子)モード型がある．ヒートモード型は，レーザー光の照射により熱的にガラス(アモルファス)と結晶の相変化を起こさせ，この二相の光の反射率の違いを利用するものである．結晶部は反射率が高いためよく光るが，ガラス部はあまり光らないので，光る部分"1"，光らない部分"0"として，1と0の組合せのメモリー bit とする原理である(図4.39)．レーザー光は固定波長で，直径約 $1\,\mu m$ のスポットに絞る．TeO_x 系，Ge-Se-Te 系，カルコゲン系非晶質膜などが使用される．これに対して，フォトンモード型は，種々の波長のレーザー光を発振できる波長可変レーザーを使用して，直径約 $1\,\mu m$ に絞られた特定波長のレーザー光を照射し，物質内で光吸収するイオンまたは有機分子が光化学反応を起こし，別の状態となって光を吸収しなくなる(ホールの形成)現象を利用する(図4.40)．このように特殊なスペクトルになることを光化学ホールバーニング(photochemical hole burning：PHB)と呼ぶ．光吸収されない波長を"1"とし，光吸収される波長を"0"とする．一般に，非晶質物質においてはこの光吸収スペクトルはブロードであるために，このホールがより多く生成する．Sm^{2+} 含有のハロゲン化化合物，ホウ酸塩ガラスや有機物―酸化物半導体物質，有機色素―非晶質シリカハイブリッド化物質においての PHB の発現やその機構についての研究が進展している．これらのヒートモード型とフォトンモード型を整理して表4.15に示す．

光メモリー **207**

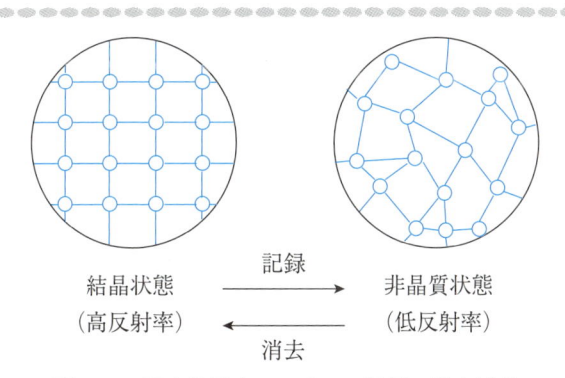

結晶状態　　記録　　非晶質状態
（高反射率）　⇄　（低反射率）
　　　　　　消去

図 4.39　相変化型光メモリーの記録・消去原理

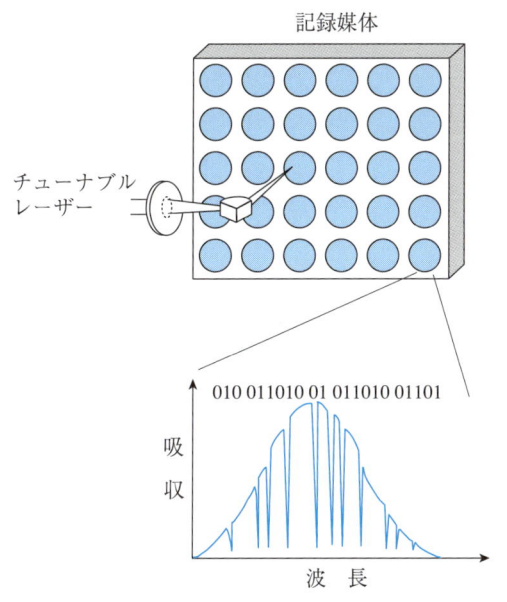

記録媒体

チューナブルレーザー

010 011010 01 011010 01101

吸収

波長

図 4.40　PHB の模型図

表 4.15　光メモリーの種類，原理とレーザー

タイプ	原理	光の性質特性	レーザー径と波長	対 CD 記録倍率
ヒートモード型	相変化	反射率差	約 $1\mu m$，単一波長	約 7 倍
フォトンモード型	ホール形成	吸収率差	約 $1\mu m$，波長可変	約 1000 倍

非線形光学ガラス

<概要> 通常の光の場合，物質の屈折率は光の電場の強さ (光の強度) によらず一定であるが，レーザー光などの強い光に対しては非線形光学効果により，屈折率は，通常の屈折率 (線形屈折率)n_0 と電場の強さ E の二乗に比例する項 n_2E^2 の和で与えられ，$n = n_0 + n_2E^2$ で表される．比例定数 n_2 は非線形屈折率と呼ばれる．光の屈折は光の電場 E での分極によって起こるが，分極 P は

$$P = P_0 + \chi^{(1)}E + \chi^{(2)}E^2 + \chi^{(3)}E^3 + \cdots \qquad (1)$$

で表される．ここで $\chi^{(1)}$ は線形感受率で線形屈折率の原因となる項，$\chi^{(2)}$ および $\chi^{(3)}$ は二次および三次の非線形感受率で非線形屈折率の原因となる項である．

このような非線形性により，屈折率変化，光変調，周波数変化，位相変化などの非線形光学特性が現れる．これは以下のように光デバイス素子に応用できる．(1) 光スイッチ：ピコ秒，フェムト秒の高速で光導波路の光路を切り換えることができる．(2) 高調波発生：入射された光波の一部を 1/2 (二次非線形の場合) または 1/3 (三次非線形の場合) の波長をもつ光波に変換する現象で，前者を第二高調波発生 (SHG：second harmonic generation)，後者を第三高調波発生 (THG：third harmonic generation) という．たとえば波長 $1.06\,\mu m$ の赤外光から $0.53\,\mu m$ の緑色光，あるいは $0.35\,\mu m$ の紫外光を発生させることができる．(3) 位相共役：入射光と反射光の位相が一致するので光を弱めることなく光の方向を反転させることができる．

二次非線形性を示す物質は中心対称性のない物質，すなわち特定の結晶配向構造をもつ物質か，クラスターの配向した物質に限られる．ガラスは無秩序で全体としては等方的に原子配列しており，中心対称性を有するため，三次非線形性を示す．表 4.16 に酸化物ガラスの $\chi^{(3)}$ の値を示す．また，CuCl，CdS_xSe_{1-x}，Au などの超微粒子などをガラスマトリックス中に分散させたガラス複合体にレーザー光を照射すると，量子閉じ込め効果により非線形性が現れる．光の強度変化時間はピコ秒オーダーと超高速であり，種々の応用が期待されている．実用化のためには，光透過性がよく，三次非線形感受率の値が大きいこと，非線形光学効果の応答時間が短いことなどが要求される．

表 4.16 均一酸化物ガラスの三次光学非線形感受率

	ガラス (mol%)	$\chi^{(3)}$ ($\times 10^{-14}$ esu)
	SiO_2	2.8
(1)	$30PbO \cdot 70SiO_2$	7.1
	$67PbO \cdot 33SiO_2$	46
	$60PbO \cdot 40SiO_2$	47
(2)	$40Li_2O \cdot 60B_2O_3$	4.8
	$40Na_2O \cdot 60B_2O_3$	3.9
	$70Na_2O \cdot 30B_2O_3$	6.6
	$30Ag_2O \cdot 70B_2O_3$	12.2
(3)	$60PbO \cdot 35Ga_2O_3$	238
	$10TiO_2 \cdot 60PbO \cdot 30GaO_{1.5}$	85
	$10NbO_{25} \cdot 60PbO \cdot 30GaO_{1.5}$	75
	$10WO_3 \cdot 60PbO \cdot 30GaO_{1.5}$	67
(3)	$10La_2O_3 \cdot 90TeO_2$	11.9
	$15La_2O_3 \cdot 85TeO_2$	11.0
	$20La_2O_3 \cdot 80TeO_2$	10.4
(5)	TeO_2	141
	$7.5Li_2O \cdot 92,5TeO_2$	128
	$10Na_2O \cdot 90TeO_2$	58.6
	$10BaO \cdot 90TeO_2$	90
	$10NbO_{2.5} \cdot 90TeO_2$	141
	$30NbO_{2.5} \cdot 70TeO_2$	169
	$50PbO \cdot 50TeO_2$	205
(6)	$35PbBr_2 \cdot 65TeO_2$	278

$\chi^{(3)}$ の測定は SiO_2 ガラス以外は三次高調波発生法によって測定．SiO_2 を標準とする．

フォトクロミックガラス

<概要>

　遷移金属元素や希土類元素イオンを含むガラスは，これらの元素によって酸素などの陰イオンがつくる電場が変化し，原子の最外殻電子の起動エネルギーが細かく分裂する．そのエネルギー差に相当する波長の可視光を受けると，その波長の光は吸収されるために着色する．また，微粒子金属がガラス中に分散したコロイド状態の場合にガラスは赤，黄，褐色などに着色し，そのさまざまな色を利用して食器や工芸ガラスに用いられている．その着色の例を表 4.17 に示す．このようなコロイド微粒子による着色は，熱処理条件を選んで作製することによって変えられる．それを利用したものの代表であるフォトクロミックガラスについて説明する．

　物質に光 (紫外線および短波長の可視光線) を照射すると，その物質が着色あるいは暗色化し，光の照射をやめると物質がもとの色に戻る現象をフォトクロミズムという．サングラスとして実用化されているフォトクロミックガラスレンズは，その代表的なものである．図 4.41 にこのガラスの暗色—退色曲線を示す．光照射で暗色化 (光透過率の減少) し，光を遮断すると消色化 (もとの光透過率に戻る) する．このようにフォトクロミズムとは，吸収スペクトルの異なる二種の化学種が，光の作用によって可逆的に変化する現象である．フォトクロミックガラスの場合には，ガラスに光が照射されると，ガラス中のハロゲン化銀 (AgX：X は Cl および Br，直径は 10～20 nm) が分解して銀のコロイド粒子ができ，それにより可視光線透過率が減少するためガラスが着色し，光を遮ると，銀とハロゲンが再結合して透過率が増加するため，ガラスは透明になる．この過程を反応式で表すと

$$nAgX \underset{}{\overset{光照射}{\rightleftarrows}} nAg^0 + nX^0 \qquad (2)$$

で表される．Ag^0 は銀原子，X^0 は Cl^0 および Br^0 でハロゲン原子 (正孔とも呼ぶ) を表す．ハロゲン化銀粒子がガラス媒質に囲まれているので，この反応は可逆的に起こり，疲労現象はみられない．

キーワード：コロイド，着色，熱処理，ハロゲン化

表 4.17　着色イオン

イオン	原料	着色因子と色
Ti	TiO_2	Ti^{3+} (青紫), Ti^{4+}
V	V_2O_5	V^{3+} (緑), V^{5+} (黄～赤)
Cr	Cr_2O_3	Cr^{3+} (緑), Cr^{5+} (黄)
Mn	MnO_2, $KMnO_4$	Mn^{2+} (無), Mn^{3+} (赤紫)
Fe	Fe_2O_3	Fe^{2+} (青～緑), Fe^{3+} (黄緑)
Co	Co_2O_3, Co_3O_4	Co^{2+} (赤), Co^{3+} (青)
Cu	Cu_2O, CuO	Cu^{+} (無), Cu^{2+} (青)
W	WO_3	還元 (青), 酸化 (無)

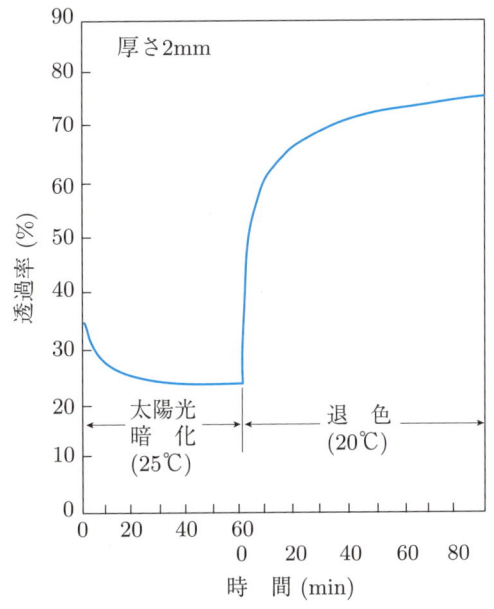

図 4.41　フォトクロミックガラス (ハロゲン化銀含有) の暗化退色曲線

フラーレン

<特徴> フラーレン (fullerene) とは，炭素クラスター分子 (C_n) の総称で，炭素の同素体の一つであり，同じ炭素の同素体であるダイヤモンドやグラファイトとは異なりフラーレンは分子を構成する．1985 年，グラファイトに高エネルギーのレーザー光を照射してプラズマを発生させ，原子あるいはクラスター状に蒸発してくる炭素のなかから 60 個の炭素原子だけで構成されている分子 C_{60} が発見され，フラーレンの歴史が始まった．

<結晶構造> C_{60} 分子は 20 個の 6 員環と 12 個の 5 員環からなる切頭正二十面体と呼ばれ，きわめて対称性が高い．室温では高速で自由回転しており，完全な球として扱われる．C_{60} は，六方最密充填構造および立方最密充填構造 (面心立方構造) をとることが知られており，球状分子である C_{60} は化学的にきわめて安定である．C_{60} を構成する 60 個の炭素原子はそれぞれ一つの 5 員環と二つの 6 員環に囲まれた，等価な環境にある．各炭素の価電子はグラファイトの sp^2 混成軌道が球の表面に沿って湾曲し，部分的に平面性を失ったような 3 配位軌道とそれにほぼ垂直な π 軌道から成り立っており，その化学結合はダイヤモンドとグラファイトの中間の性質をもっている．図 4.42 に C_{60}，および C_{70} の構造を示す．その形状から C_{60} はサッカーボール，C_{70} はラグビーボールにたとえられている．

<作製法> 炭素質電極を用いるアーク放電などによって気相成長する"すす"から溶剤分別によって単離する．カーボンナノチューブはグラファイトが円筒状になった構造であり，その直径は 1～50nm であり，フラーレンと同様に六員環と五員環からなる．フラーレンとカーボンナノチューブ (図 4.43) などのケージ状炭素は"フラーレンズ"と称されている．

<物性> フラーレンにおいては，多面体の面と頂点，および辺の数には一定の法則があり，それを"オイラーの定理"と呼ぶ．これは『頂点の数 (V)，面の数 (F)，および辺の数 (E) の間に "$V + F = E + 2$" なる関係が成り立つ』ことを指しており，その一例を表 4.18 に示す．

<用途> フラーレンは球状という特性を利用して分子ベアリングなどの潤滑剤として，また内部が空いていることを利用した医療用としての用途が期待されている．またカーボンナノチューブは，導電性フィラーや顕微鏡の探針などへの応用が試みられている．

(a) C_{60}　　　　　　　　(b) C_{70}

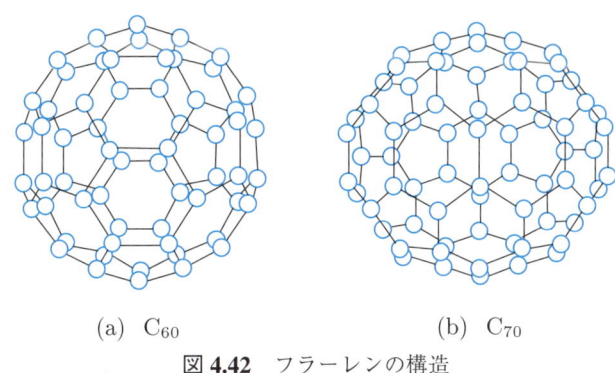

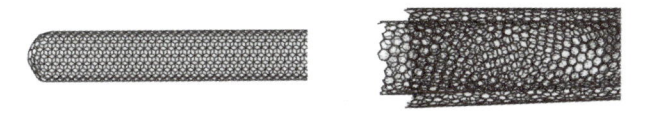

図 4.42　フラーレンの構造

(a) 単層　　　　　　　　(b) 2層

図 4.43　カーボンナノチューブ

表 4.18　オイラーの公式と多面体の例

多面体	V	F	E
正四面体	4	4	6
立方体	8	6	12
正八面体	6	8	12
C60	60	32	90
C70	70	37	105

ムライト

＜特徴＞ ムライト (mullite) は陶磁器や耐火物の主要鉱物として古くから知られているが，天然に産出することはほとんどない．ムライトの組成式はほぼ $3Al_2O_3 \cdot 2SiO_2$ であり，融点が高く，膨張係数はアルミナに比べて小さい．また，共有結合性に富むため，機械的強度が大きいという特徴を有している．ムライトは定比組成の化合物であるシリマナイト ($Al_2O_3 \cdot SiO_2$) に少量のアルミナ (Al_2O_3) が固溶した構造を有する不定比組成化合物であり，構造内には酸素空孔が存在している．図 4.44 は Al_2O_3-SiO_2 系の状態図であるが，この図からもムライトがアルミナと固溶体を生成することが理解できる．

＜作製法＞ ムライトの高密度焼結体を得るには，一般に加圧焼成法が用いられてきたが，近年，ゾル-ゲル法などの方法によって微細なムライト粉末が市販されるようになり，比較的簡単に緻密な焼結体が得られるようになった．

＜物性＞ アルミナと同様の高強度は高温でも劣化せず，また高温における酸化性や耐蝕性にも優れているため，高温における構造材料として利用されている．また，図 4.45 は代表的な酸化物のクリープひずみ速度であるが，耐クリープ性が良好であることからも高温構造材料として適していることが分かる．

このため，ムライトは耐火物や炉材として利用されてきたが，その特性を最大限に利用するためには高純度ムライトを用いる必要がある．たとえば，セラミックスの連続製造に欠かせないローラハースキルンでは，最大で 1,400 ℃ の加熱しかできなかったが，ローラに高純度ムライトを利用することによって 1,600 ℃ での操業が可能であることが分かった．そのため，焼結体の高密度化が促進されることになり，より付加価値の高い構造材料の製造が期待されている．

以上述べたようにムライトは優れた特性を有する酸化物であるが，高温材料として用いる場合の最大の欠点は破壊靱性値が小さいことである．これを解決するために，各種物質との複合化が盛んである．たとえば，靱性を有するジルコニア (ZrO_2) との複合化によって，靱性値が大幅に向上することが確認されている．

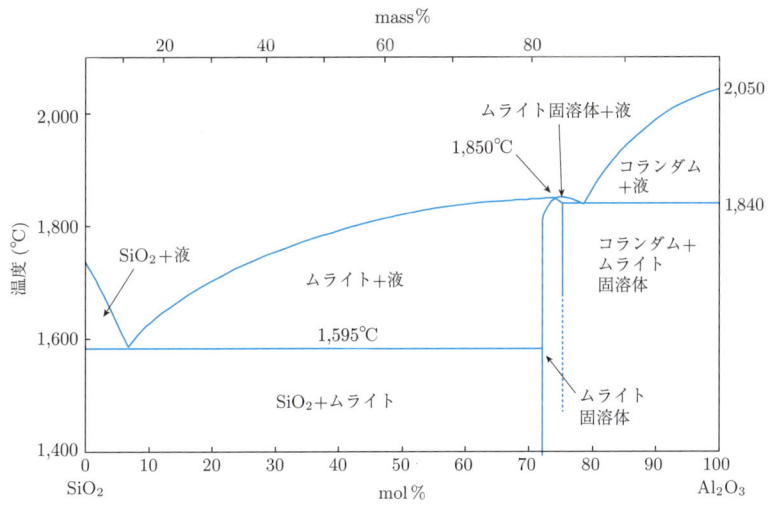

図 **4.44** Al$_2$O$_3$-SiO$_2$ 系状態図

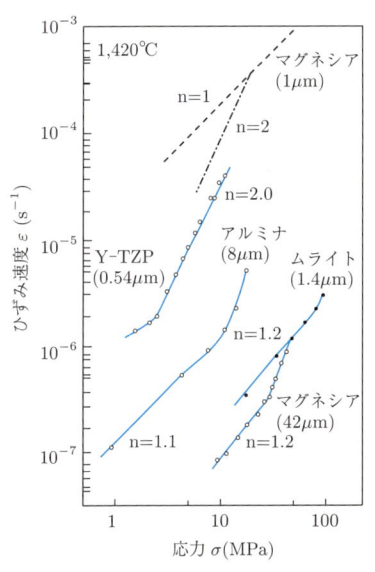

図 **4.45** 代表的酸化物セラミックのクリープひずみ速度
(カッコ内に平均粒径を示す)

メソポーラスマテリアル

＜概要＞ 界面活性剤の分子集合体を利用して合成されたメソポーラスマテリアルは，メソの大きさのシャープな細孔を有するため，新材料への応用が期待されている．メソ領域とは$2\sim50\,\mathrm{nm}$の範囲の大きさを指し，$2\,\mathrm{nm}$以下のミクロ領域と$50\,\mathrm{nm}$以上のマクロ領域の中間に位置する．メソポーラスマテリアルの前駆物質であるメソ構造体は，無機種と界面活性剤分子集合体のナノオーダーの規則構造に起因し，分子径の大きな化合物の関与する吸着や触媒反応，さらに機能分子の固定化媒体やナノ構造構築の場としても注目される．

メソポーラスシリカの前駆物質となるメソ構造体の合成に関する最初の報告は，1990年の柳沢らによる層状ケイ酸塩の一種カネマイト($NaHSi_2O_5 \cdot nH_2O$)とアルキルトリメチルアンモニウム (C_nTMA, nはアルキル鎖の炭素鎖数) イオンとの反応により得られるものである．この物質はFSM-16と命名され，メソ孔形成における界面活性剤分子集合体の役割が示された．1992年にはMobilのグループにより，ゼオライトの合成に広く用いられている水熱合成反応においてC_nTMA塩をテンプレートとして用いると，界面活性剤の自己組織体が超分子テンプレートとなり，C_nTMAの分子集合構造(液晶構造)を反映したMCM-41 (ヘキサゴナル：六方構造)，MCM-48 (キュービック：立方構造) およびMCM-50 (ラメラ：層状構造) などのシリカメソ構造体が得られることが報告された．図4.46にMCM-41の合成スキームを示す．

図4.47にメソポーラスマテリアルのX線回折(XRD)パターンを示す．2θが10度以下の低角域において，各構造に特有のピークが現れる．高角域では非晶質に特有なハローしかみられず，Åオーダーでの原子配列の規則性が低いことが示唆される．透過型電子顕微鏡により，細孔の配列構造を観察することもできる．シリカ細孔壁の厚さは$0.8\sim1.5\,\mathrm{nm}$と見積もられ，SiO_2が$1\sim2$シートの非常に薄い構造である．細孔直径は$1.5\sim30\,\mathrm{nm}$で，比表面積と細孔容積は，それぞれ約$1,000\,\mathrm{m^2/g}$, $1\,\mathrm{cm^3/g}$と大きな値を示す．ピュアなシリカ以外に，種々の金属をシリケート骨格内に導入したメタロシリケートや，非Si系のAl_2O_3やTiO_2などの遷移金属酸化物のメソポーラスマテリアルも合成されている．

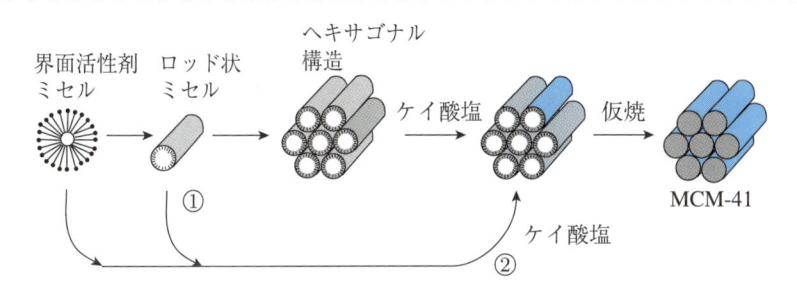

図 4.46　MCM-41 の合成スキーム

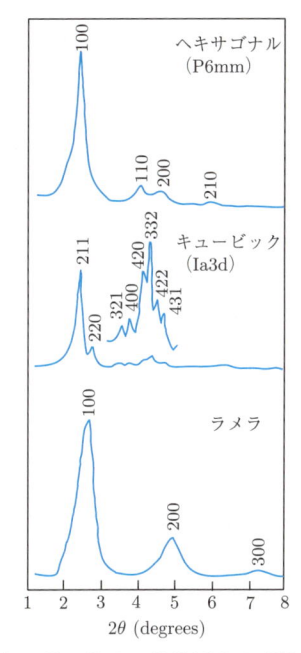

図 4.47　メソポーラスマテリアルの XRD パターン

メソ構造体の生成に関して，当初は ① 液晶構造の生成後にそのまわりがシリカで覆われるという，液晶テンプレート機構が提案された．その後，^{14}N MAS NMR などを用いた種々の検討を経て，② シリカで覆われたロッド状ミセルが生成し，それが集まってヘキサゴナル構造となる，すなわち，無機種と界面活性剤の相互作用とその後の自己集合という協奏的テンプレート機構が提案されている．

リン酸カルシウム

<特徴> $CaO-P_2O_5$ 系には，ハイドロキシアパタイト (HAp) 以外にも他種類のリン酸カルシウム化合物が存在する．$CaO-P_2O_5$ 状態図では，Ca/P 比が厳密に 1.67 の場合にのみ HAp が生成することになる．$CaHPO_4·2H_2O$[DCPD]，$CaHPO_4$[DCPA]，$Ca_2P_2O_7$[CPP] (α, β の多形あり)，$Ca_3(PO_4)_2$[TCP] (α, β, γ の多形あり)，$Ca_4(PO_4)_2O$[TeCP]，$Ca_8H_2(PO_4)_6·5H_2O$[OCP] などが存在する．そのほかに湿式合成で結晶化物の前駆物質として得られる非晶質リン酸カルシウム (ACP) が存在する．

<作製法> α-TCP (図 4.48)：β-ピロリン酸カルシウムと炭酸カルシウムの固相反応，または β-TCP を 1,125℃ 以上で加熱し，急冷することにより得られる．

β-TCP (図 4.49)：水酸化カルシウムの懸濁液にリン酸を加えることによって得られる沈殿物を 900℃ で加熱することにより得られる．

OCP：ブルッシャイト [DCPD] を酢酸ナトリウム溶液中で 40℃ でゆっくりと加水分解することにより薄い板状の結晶として容易に得ることができる．

DCPA, DCPD：DCPA はリン酸一水素ナトリウム水溶液と，リン酸二水素カリウム水溶液を混合し，pH を 4〜5 に保ち，約 100℃ で反応を起こさせて得られた沈殿を，リン酸水溶液や無水エタノールで室温で脱水することにより得られる．DCPD は同様な反応を室温で行わせれば，沈殿として得られる．また，DCPA は濃リン酸水溶液に炭酸カルシウムを加えることによっても得られる．リン酸の濃度を低下させれば DCPD となる．DCPD は 180℃ で脱水し，DCPA となる．さらに加熱すると，リン酸イオンが縮合し，330℃ でピロリン酸カルシウム (CPP) になる．

TeCP：低水蒸気分圧下でモネタイトと炭酸カルシウムの固相反応で合成される (急冷しないと HAp と酸化カルシウムに分解する)．

ACP：たとえば $Ca(NO_3)_2$ のようなカルシウム塩溶液と $(NH_4)_2HPO_4$ のようなリン酸塩溶液を中性から塩基性にすると生成する．

<物性> 表 4.19 に β-TCP の物性データを示す．

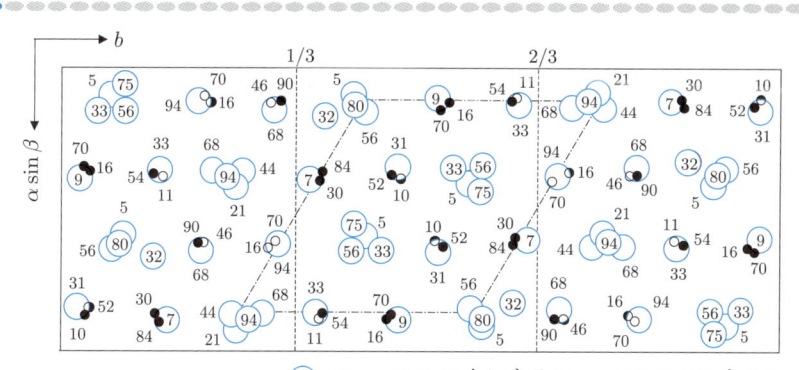

○: Ca ●: Caの上にあるP ○: Caの下にあるP

図 4.48 α-TCP の結晶構造

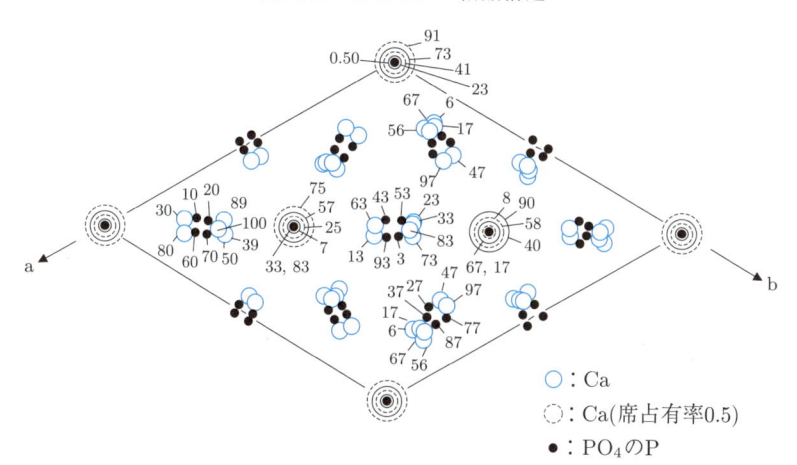

○: Ca
◌: Ca(席占有率0.5)
●: PO$_4$のP

図 4.49 β-TCP の結晶構造

表 4.19 β-TCP の物性

密度 (g/cm^3)	3.07
曲げ強度 (MPa)	110〜174
ヤング率 (GPa)	33〜100
ビッカース硬度 (GPa)	4.7〜4.9
破壊靱性 (MPa m$^{1/2}$)	1.1〜1.3
熱膨張係数 (10^{-6}/K)	15
圧縮強度 (MPa)	400〜700

索 引

● あ 行 ●

アッベ数　162
アナターゼ型構造　32
アパタイト　202
アモルファスシリコン　110
アルコキシド　136
アルミナ　66
アルミノケイ酸塩　108
安定化ジルコニア　114
イオン結合　80
イオン交換　108
イオン伝導　74
イオン導電体　114
イオン輸率　74
板ガラス　152
イルメナイト　26
インプラント　118
ウイスカー強化型　56
ウルツ鉱型　34
うわぐすり　148
釉薬　126
液相焼結　52
液相侵食　104
エコマテリアル　102
エリンガム図　12
炎症　118
応力　84
応力拡大係数　82

● か 行 ●

加圧成形　40
化学的侵食　104
拡散機　74
拡散反応　138
核生成　54
可視光　100

ガラス　144
ガラス固化体　106
ガラス転移温度　54
仮焼　134
岩塩構造　24
機械的性質　80
気相侵食　104
逆スピネル　78
逆スピネル構造　28
キャラクタリゼーション　64, 158
強磁性　78
凝縮　48
共晶型　8
強度試験法　86
強誘電性　70
局部侵食　104
清澄　152
巨大分子　34
許容因子　26
空孔　44
屈折率　94, 162
クラッド　94
グラファイト　36
クリンカー　146
蛍光体　98
結合強度　24
結晶　6
結晶化ガラス　54
結晶格子　156
結晶成長　54
建築用ガラス　128
コア　94
光学定数　162
格子欠陥　16
格子定数　6
構造材料　150

索　引

構造セラミックス　60
硬組織代替材料　117
高レベル放射性廃棄物　106
固相-固相反応　50
固相焼結　52
固体　4
固体電解質　74, 114
固体反応法　138
固溶　20
固溶体　8
コロイド　210
混合　144
コンデンサ　70

● さ 行 ●

再編型転移　18
材料　4
酸化チタン　96
酸素欠陥ペロブスカイト型構造　76
紫外線　122
紫外線防止　100
磁器　126
磁気分極　78
示差熱分析　46, 154
磁性　64, 78
失透　54
シャモット　150
自由エネルギー　10, 12
準安定状態　10
純度　134
焼結　50
消衰係数　162
焼成　38
状態図　8
蒸発　48
ショットキー欠陥　16
徐冷　152
シリカ　94
ジルコニア　30
浸液法　162
真空蒸着法　142
人工関節　117
人工骨　117

人工歯根　117
人工臓器　117
侵入型固溶体　20
水熱合成法　140
水和反応　130
スパッタリング法　142
スピネル　28
スラリー　40
成形　38
正スピネル構造　28
生体活性　118
性能指数　112
ゼーベック効果　102, 112
ゼオライト　108
石英ガラス　88
絶縁性　64, 66
石灰石　146
炻器　126
セメント　144
セラミックス　4
せん亜鉛鉱型　34
全率固溶型　8
層状物質　36
相転移　18
相律　8
素地　148
靱性　82
塑性変形　84
ゾル-ゲル法　136, 142

● た 行 ●

第 2 法則　14
耐火物　144
耐火れんが　150
体積拡散　48
ダイヤモンド型　34
太陽電池　96
多形　10, 18
多孔質結晶　108
多重バリア　106
脱水　46
脱炭酸　46
単位格子　6

炭化ケイ素　　66
弾性変形　　84
置換型固溶体　　20
窒化アルミニウム　　66
着色　　210
超音波診断　　120
超高齢化社会　　117
長繊維強化型　　56
超伝導　　76
超微粒子　　122
治療用ガラス　　128
沈殿法　　136
泥しょう　　148
テープ成形　　40
転位　　16
転移　　10
電気炉　　134
点欠陥　　16
電子セラミックス　　60
電子伝導　　72
陶器　　126
統計処理　　86
透光性セラミックス　　92
陶磁器　　144
導電性　　64
土器　　126
特性X線　　156
ドクターブレード　　40
トンネル窯　　148

● な 行 ●

二酸化チタン　　122
乳棒・乳鉢　　134
熱重量分析　　154
熱衝撃破壊抵抗　　88
熱処理　　210
熱的性質　　80
熱伝導率　　88
熱てんびん　　46
熱電変換　　102
熱分解法　　138
熱膨張率　　88
粘性流動　　48

粘度　　40
粘土　　144, 150
粘土鉱物　　38

● は 行 ●

バイオセラミックス　　118
坏土　　148
破壊　　82
バリスタ　　44
ハロゲン化　　210
反強磁性　　78
半導体　　72
バンドギャップ　　72
バンド構造　　72
光アイソレーター　　90
光起電力効果　　110
光触媒　　96
光通信用ガラス　　128
光ファイバー　　90, 120
非晶質　　6
ひずみ　　84
ヒドロキシアパタイト　　118
ビヒクル　　100
非輻射遷移　　98
非平衡状態　　10
比誘電率　　70
標準状態　　12
表面エネルギー　　42
表面拡散　　48
ファインセラミックス　　4
フィックの第1法則　　14
付活剤　　98
複合材料　　56
輻射遷移　　98
物質　　4
物質移動　　48
物理的侵食　　104
ブラック反射　　156
フレンケル欠陥　　16
フロート法　　152
分極　　70
分極アパタイト　　117
粉砕　　144

粉砕・混合　134
ベガードの法則　20
へき開性　36
ベクトルマテリアル　117
ベッケ線　163
ベルヌーイ法　140
ペロブスカイト　26
グリフィスの理論　82
変位型転移　18
包晶型　8
ボールミル　146
ホタル石型構造　30
ポルトランドセメント　130
本多・藤島効果　96

● ま 行 ●

マイスナー効果　76
曲げ強度　86
ミラー指数　6
無機　4
無機顔料　100, 122
無機ホスト材料　108
ムライト　66
面心格子　24

● や 行 ●

ヤング率　82, 84
融点　50, 80
誘電性　64, 68
溶解―析出過程　52
ヨウ化カドミウム型　36
窯業　144
溶融法　152

● ら 行 ●

粒界　44
粒界拡散　48
粒子　44
粒子分散強化型　56
ルチル型構造　32
ルミネッセンス　98
レーザー　90
レーザー・メス　120
連続炉　150

ロータリーキルン　146

● わ 行 ●

ワイブル関数　86

● 欧 字 ●

6配位　24
A_2X_3型　22
ABX_3型　22
AB_2X_4型　22
AES　160
AX型　22
AX_2型　22
C_2S　130
C_3S　130
CaF_2　30
CRT用ガラス　128
CVD法　142
DTA　154
EPMA　160
ESCA　160
FZ法　140
Hanawalt法　156
ICP原子蛍光分析法　158
IR　160
LCA　102
NTC　120
PLZT　92
PMN　70
p-n接合　110
PTC　120
PVD法　142
QOL　117
Raman　160
SEM　158
SIMS　160
Si_3N_4　52
SOFC　114
TEM　158
TG　154
VAD　94
XPS　160

著者略歴

片山　恵一（かたやま　けいいち）
1976 年　東京工業大学大学院理工学研究科修了（工学博士）
現　在　前東海大学工学部教授

大倉　利典（おおくら　としのり）
1990 年　東京都立大学大学院工学研究科修了（工学博士）
現　在　工学院大学先進工学部教授

橋本　和明（はしもと　かずあき）
1993 年　千葉工業大学大学院工学研究科修了（工学博士）
現　在　千葉工業大学工学部教授

山下　仁大（やました　きみひろ）
1982 年　東京大学大学院工学系研究科修了（工学博士）
現　在　東京医科歯科大学生体材料工学研究所教授

ライブラリ工科系物質科学＝8
工学のための**無機材料科学**
——セラミックスを中心に——

2006 年 4 月 10 日 ⓒ	初版発行
2018 年 10 月 10 日	初版第 3 刷発行

著者	片山　恵一 大倉　利典 橋本　和明 山下　仁大	発行者　森平　敏孝 印刷者　中澤　眞 製本者　米良　孝司

発行所　**株式会社　サイエンス社**

〒151-0051　東京都渋谷区千駄ヶ谷 1 丁目 3 番 25 号
〔営業〕(03)5474-8500(代)　振替　00170-7-2387
〔編集〕(03)5474-8600(代)　FAX　(03)5474-8900

組版　ビーカム
印刷　(株)シナノ　製本　ブックアート

《検印省略》

本書の内容を無断で複写複製することは，著作者および出版者の権利を侵害することがありますので，その場合にはあらかじめ小社あて許諾をお求め下さい．

ISBN4-7819-1016-5

PRINTED IN JAPAN

サイエンス社のホームページのご案内
http://www.saiensu.co.jp
ご意見・ご要望は
rikei@saiensu.co.jp　まで